世纪英才高等职业教育课改系列规划教材（机电类）

模具制造工艺与制作

余德志 主 编

张友湖 周利军 副主编

人民邮电出版社

北京

图书在版编目（CIP）数据

模具制造工艺与制作 / 余德志主编. -- 北京：人
民邮电出版社，2011.9
世纪英才高等职业教育课改系列规划教材. 机电类
ISBN 978-7-115-25659-1

Ⅰ．①模… Ⅱ．①余… Ⅲ．①模具－制造－高等职业
教育－教材 Ⅳ．①TG76

中国版本图书馆CIP数据核字(2011)第113871号

内 容 提 要

本书讲述的是模具钳工操作、模具设计、模具制作方面的内容，主要包括：钳工入门知识、划线、锯削、锉削、錾削、钻削、螺纹加工、刮削、手工与机械形式的研磨与抛光、样板制作、锉配加工、电火花加工、冷冲模设计与加工、塑料模设计与加工、模架的选用与装配等。本书注重钳工基本技能的训练，同时兼顾高职模具专业性质，全面演绎模具整个设计与制造过程，对相关工艺进行详细说明，在学习知识的同时，有利于提高学生专业技能。

本书可作为高职高专模具、机电一体化、数控技术、机械制造等专业钳工技能训练教学用书，也可作为模具专业毕业设计参考书。

世纪英才高等职业教育课改系列规划教材（机电类）

模具制造工艺与制作

◆ 主　　编　余德志
　　副 主 编　张友湖　周利军
　　责任编辑　丁金炎
　　执行编辑　严世圣　王小娟

◆ 人民邮电出版社出版发行　　北京市崇文区夕照寺街 14 号
　　邮编　100061　　电子邮件　315@ptpress.com.cn
　　网址　http://www.ptpress.com.cn
　　三河市潮河印业有限公司印刷

◆ 开本：787×1092　1/16
　　印张：14
　　字数：346 千字　　　　　　　　2011 年 9 月第 1 版
　　印数：1 – 3 000 册　　　　　　2011 年 9 月河北第 1 次印刷

ISBN 978-7-115-25659-1
定价：29.00 元
读者服务热线：(010)67132746　印装质量热线：(010)67129223
反盗版热线：(010)67171154
广告经营许可证：京崇工商广字第 0021 号

　　实训教学是高等职业院校教学的一个重要环节，如何培养社会需求的高职人才，使之成为走上社会即能上岗、上岗即能生产的技能型人才，除在实训中坚持以社会需求为原则外，还应着重以务实的、科学的教学方法达到培养技能人才的目的。本书从工作过程的实训练习方案入手，以具体工件加工作引导，诠释基本技能，让学生掌握相应工艺技术，然后以设计过程到加工方案，详尽描述具体过程。这样既对学生专业理论进行了重新疏理，使之达到理论与实践的高度融合，又以实战的方式演绎产品生产的全过程，突出了制造过程，还缩短了教学与生产的差距，为学生更快地进入社会生产创造有利条件。

　　本书从模具钳工基础知识开始，主要讲述锉、锯、錾；型面刮削；研磨与抛光加工；孔加工及样板制作；锉配加工；电火花加工等内容，到根据专业要求，通过生产产品，根据模具设计过程、根据设计模具各零部件的结构及尺寸要求，对模具的加工制造步骤加以阐述。这样有助于学生全面了解模具的设计、加工过程，还能强化技能和专业知识，对培养全方位技能人才有一定的作用。

　　本书教学理念是以实用技能为主线，辅以理论阐明，重于操作步骤，实用性较强。内容讲述通俗易懂，并配图说明，由浅入深，由基础技能到综合能力，便于自学。

　　本书所示训练课题、模具设计零部件的尺寸及技术要求可根据实习情况作适当修改。为了更好地利用资源，节约成本，有的技能训练工件可以作为后续训练项目延用，而丝毫不影响教学效果。模具设计训练课题可根据实习班级人数采用 6～10 人为一组，共同完成。这样，训练的目的达到了，还增强了团队合作精神。

　　本书编纂过程中，虽然力求数据可靠、合理，但由于本人水平有限，难免有所偏误，敬请指正。

编　　者

Contents 目　录

开篇导学　入门知识

![知识目标]

- 模具钳工工作任务
- 设备工作原理、使用及操作注意事项
- 常用量具及测量方法
- 常见形位误差的测量、检查方法

![技能目标]

- 明确实习意义、初步理解模钳工工作性质
- 了解实习场地及设备使用注意事项、安全文明生产
- 正确使用测量量具，掌握读值方法
- 掌握形位误差的检测方法和技巧，并能计算出其误差值

![建议学时]

4 学时

导学一　模 具 钳 工

0.1　模具及模具制造

1. 模具

模具是由机械零件构成，在与相应的压力成形机械（如冲床、塑料注射机、压铸机等）相配合时，可直接改变金属或非金属的形状、尺寸、相对位置和性质，使之成形为合格制件或半成品的成形工具。

2. 模具制造

一套完整的成型模具是由模具设计和模具制造两个部分完成的。模具的设计通过对产品进行可行性的分析，运用现代 CAD 系统软件可以较快地设计出来。而模具制造涉及机械加工、制作工艺、人工加工修配等。

机械加工主要有：车削、铣削、镗削、钻削、刨

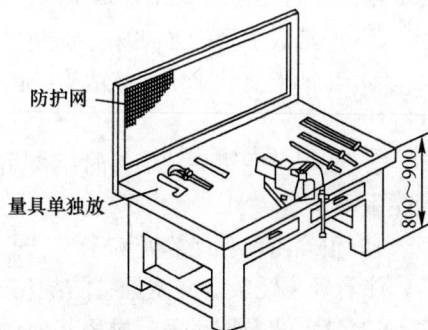

图 0-1　工量具的摆放

1

削、电解加工、电火花线切割、加工中心、磨削等多工种复合机床上的加工。

制作工艺主要有：模具的制作工艺工序的安排、模具的热处理工艺。

人工加工修配主要有：手工锯、攻丝与套丝、刮、锉、铰孔、錾削、锪孔、打磨、研磨、抛光、装配与调试等。

模具是否能够成为合格制件的成型工具，模具的制作工艺水平是关键。

模具制造是指在采用相应的制造装备和制造工艺的条件下，直接对模具构件用材料（一般为金属材料）进行加工，以改变其形状、尺寸、相对位置和材料的结构性质，达到符合设计要求的构件，经配合调试装配成为模具的加工方法。

因此，模具的制作加工是一个相对复杂的过程，其中人工的技能起着重要的作用，这也是本书通过各项训练课题的技能操作和掌握，从而具备一定的模具加工技术，在生产中发挥重要的作用。

3. 模具钳工工作任务

钳工操作一般是利用虎钳和各种手动工具、量具进行某些切削加工或是一些机械设备难以加工的部位及不易达到的工艺精度的加工，它还包括一些装配、调试和维护安装等。钳工可以穿插在其他加工方法之间，也可以穿插在其他加工方法之后。其他加工方法中，如锯、钻、扩、铰、锪等可以归为或体现在钳工中，钳工中一些方法如攻丝、套丝等也可归为或体现在其他加工方法过程中。

有经验的模具钳工人员可以针对模具的特点及模具在成型中可能出现的技术障碍或设计误区进行钳工操作改进，如掌握哪些地方可以倒角，哪些地方不能倒角；哪些地方允许有斜度，哪些地方不能有斜度；哪些必须要用润滑油；哪些地方要求有较高的尺寸精度；哪些地方需要较高的表面光饰性等。

4. 钳工操作注意事项及实习要求

① 掌握锯、錾、锉、刮、铰、磨、钻及攻套丝各种钳工操作的正确姿势和钳工工具的正确使用，练好钳工安全实训基本功。

② 做好钳工劳动保护，在錾削和用砂轮机磨削时必须戴好防护眼镜；清除切屑要用毛刷，不许直接用手或用口吹，避免伤及手和眼。

③ 使用砂轮机磨削刀具时，操作者严禁正对高速旋转的砂轮，避免砂轮意外伤人。

④ 禁止使用无柄或裂柄的锉刀，锉刀柄应安装牢固，避免意外伤手。

⑤ 锤头与柄必须加契铁固紧并保持锤头柄无油污，避免使用时锤头滑出伤人。

⑥ 使用钻床钻孔时，工件必须压平夹紧，按钻头直径大小和工件材料选择适当的转速和进给量。孔将钻通时，注意减压减速进给，避免钻头扎刀。

⑦ 严禁戴手套操作钻床，避免被钻头绞缠，发生工伤事故。

⑧ 在钻床上装御工件、钻头或钻夹头，以及进行主轴变速及测量工件尺寸时，都必须停机进行。

⑨ 使用台虎钳夹持工件时不得用外力敲击虎钳手柄进行锁紧，防止虎钳传动螺母断裂，只能手动锁紧。

⑩ 正确使用和保养游标卡尺、千分尺、高度尺、量角器、百分表和划线平板等精密量器具，注意轻拿轻放，防锈蚀，防损伤，保证测量精度。

⑪ 禁止敲击划线平台或用其他尖锐物件划伤平台表面，

⑫ 工量具摆放时，应分别放在钳桌的左、右上角，分开摆放，且不能使其伸到钳台边沿

以外。见图 0-1。

⑬ 实习时各自选好工位，不得串岗或在实习间内打闹。

⑭ 加强设备的维护使用保养；注意并搞好设备卫生清洁及现场卫生。

⑮ 安全文明生产。

导学二 模具制造常用设备

0.2 常用设备与操作注意事项

1. 台虎钳

台虎钳是用来夹持工件的通用夹具，有固定式和回转式两种结构类型。图 0-2 所示为回转式台虎钳，其结构和工作原理说明如下。

活动钳身通过其上的导轨与固定钳身的导轨孔作滑动配合。丝杆装在活动钳身上，可以旋转但不能轴向移动，并与安装在固定钳身内的螺母配合。当摇动手柄使丝杆旋转，就可带动钳身相对于固定钳身作进退移动，起夹紧或放松工件的作用。弹簧靠挡圈和销固定在丝杆上，其作用是当放松丝杆时，可使活动钳身能及时地退出。在固定钳身和活动钳身上，各装有钢质钳口，并用螺钉固定，钳口的工作面上制有交叉的网纹，使工件夹紧后不易产生滑动，且钳口经过热处理淬硬，具有良好的耐磨性。固定钳身装在转座上，并能绕转座轴心线转动，当转到要求的方向时，扳动固定钳身上手柄使夹紧螺钉旋紧，便可在夹紧盘的作用下把固定钳身固紧。如图 0-2 所示。

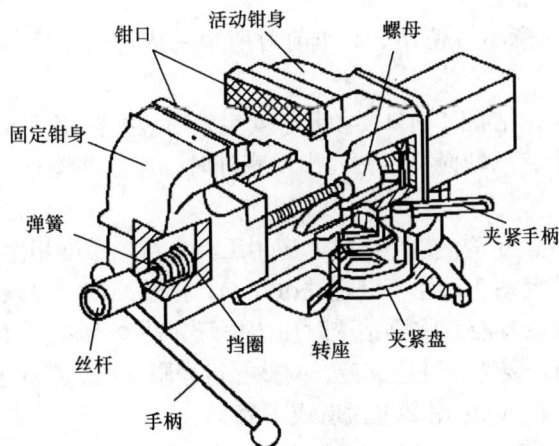

图 0-2 台虎钳

台虎钳的规格以钳口的宽度表示，有100mm（4英寸）、125mm（5英寸）、150mm（6英寸）等。

2. 钳台桌

钳台桌（见图 0-1）是用来安装台虎钳、放置工量具和工件等。其高度为 800～900mm，装上台虎钳后，取得操作者工作的合适高度，一般以钳口高度恰好齐人手肘为宜，长度和宽度随工作需要而定。

3. 砂轮机

砂轮机主要用来刃磨钻头、錾子等刀具或其他工具等。它由电动机、砂轮和机身组成。砂轮机操作注意事项如下。

① 未经实习指导教师许可不得随便使用。

② 使用时要精神集中，要检查砂轮机运转是否正常，只有正常情况下才能使用。

③ 砂轮必须有砂轮罩，托架距砂轮不得超过 5mm。

④ 凡使用者要戴防护镜，不得正对砂轮，应站在侧面。使用砂轮机时，不准戴手套，严禁使用棉纱等物包裹刀具进行磨削，磨削刀具发热时根据情况可蘸水后再继续磨削。

⑤ 不得二人同时使用砂轮，严禁在砂轮侧面磨削，严禁在磨削时嬉笑与打闹。

⑥ 磨削时的站立位置应与砂轮机成一夹角，且接触压力要均匀，严禁撞击砂轮，以免碎裂。

⑦ 砂轮只限于磨刀具、不得磨笨重的物料或薄铁板及软质材料（铝、铜等）和木质品。

⑧ 砂轮机启动后，需待砂轮运转平稳后方可进行磨削，压力不可过大或用力过猛。砂轮的三面（两侧及圆周）不得同时磨削工件。

⑨ 新砂轮片在更换前应检查是否有裂纹，更换后需经10min 空转后方可使用。在使用过程中要经常检查砂轮片是否有裂纹、异常声音、摇摆、跳动等现象，如果发现应立即停车报告指导教师或安全员。

⑩ 使用后必须拉闸，要保持卫生。

4. 钻床

钻床用来对工件进行各类圆孔的加工，有台式钻床、立式钻床和摇臂钻床等。

钻床操作注意事项如下。

① 未经指导教师同意不得使用，工作前对所用钻床进行全面检查，确认无误时方可工作。

② 严禁戴手套操作，钻孔时袖口要扣紧，女生发辫应挽在帽子内。

③ 钻孔时精神集中，严禁谈笑，钻孔出现意外时，应立即停车。如果发生故障，立即报告。

④ 工件装夹必须牢固可靠。钻小件时，应用工具夹持，不准用手拿着钻。

⑤ 使用台钻时，最大钻孔直径不得超过ϕ12mm，调整高度时必须握紧手把。

⑥ 钻钢件必须使用冷却液，将要钻透时压力要轻，严禁手摸、嘴吹铁屑。

⑦ 使用自动走刀时，要选好进给速度，调整好行程限位块。手动进刀时，一般按照逐渐增压和逐渐减压原则进行，以免用必过猛造成事故。

⑧ 钻头上绕有长铁屑时，要停车清除。禁止用风吹、用手拉，要用刷子或铁钩清除。

⑨ 精铰深孔时，拔取圆器和销棒，不可用力过猛，以免手撞在刀具上。

⑩ 不准在旋转的刀具下，翻转、卡压或测量工件。手不准触摸旋转的刀具。

⑪ 使用摇臂钻时，横臂回转范围内不准有障碍物。工作前，横臂必须卡紧。

⑫ 横臂和工作台上不准存放物件，被加工件必须按规定卡紧，以防工件移位造成重大人身伤害事故和设备事故。

⑬ 工作结束时，将横臂降到最低位置，主轴箱靠近立柱，并且都要卡紧。清理现场。

导学三　量具与测量

0.3　常用量具

1．量具类型

为了确保零件和产品的质量，就必须用量具来测量。用来测量、检验零件及产品尺寸和形状的工具叫量具。量具按用途和特点分为3种类型。

（1）万能量具

这类量具一般都有刻度，在测量范围内可以直接测量出零件和产品形状及尺寸的具体数值，如游标卡尺、千分尺、百分表和万能量角器等。

（2）专用量具

这类量具不能直接测量出实际尺寸，只能测定零件和产品的形状及尺寸是否合格，如卡规、塞尺等。

（3）标准量具

这类量具只能制成某一固定尺寸，通常用来校对和调整其他量具，也可作为标准量件进行比较，如量块。

2．常用量具及测量方法

（1）钢尺

钢尺是一种常用的测量工具，它是由薄钢制成的尺，可以直接量出工件的尺寸。其测量精度较低。

生产中常用的钢尺有钢板尺、钢卷尺等，钢板尺的规格尺寸有150mm、300mm、500mm、1 000mm；钢卷尺的规格尺寸有1 000mm、2 000mm、5 000mm等多种。

用钢尺测量工作时，必须注意查看钢尺各部分有无损伤。测量工件时，应使尺的零线与工件边缘相重合。

（2）游标卡尺

游标卡尺是一种中等精度的量具，可以直接量出工件的外径、孔径、长度、宽度、深度和孔距等尺寸。游标卡尺的结构及测量与识读，如图0-3所示。

① 游标卡尺的刻线原理　尺身（主尺）每小格为1mm，当游标（副尺）上的50格正好与尺身（主尺）上49mm对正。尺身（主尺）与游标（副尺）每格之差为：1-49/50=0.02mm，此差即为1/50mm游标卡尺的测量精度。

② 游标卡尺的读法　读出游标（副尺）上零线左面尺身（主尺）的毫米整数；读出副尺上哪一条刻线与主尺一某一刻线对齐（第一条零线不算，第二条起每格算0.02mm），把主尺和副尺上的尺寸加起来即为测得的尺寸。

③ 游标卡尺的测量范围和精度　游标卡尺的规格按测量范围分为：0～150mm、0～200mm、0～300mm、0～500mm、300～800mm、400～1 000mm等。

除上述普通游标卡尺外，还有游标深度尺、高度游标尺和齿轮游标卡尺等。其刻线原理和读数方法与普通游标卡尺相同。

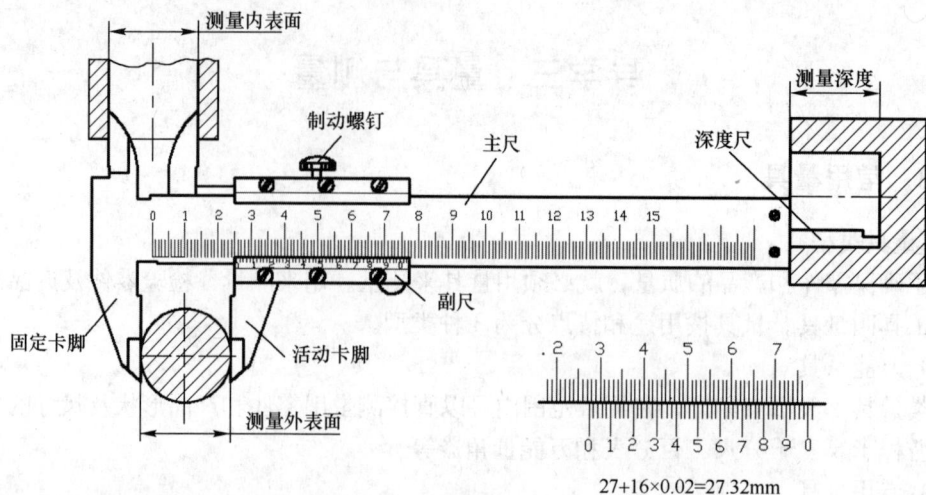

27+16×0.02=27.32mm

图 0-3　游标卡尺测量与识读

（3）外径千分尺

外径千分尺是一种精密量具，它的测量精度比游标卡尺高，而且比较灵敏。因此，对于加工精度要求较高的工件，要用外径千分尺来测量。

① 外径千分尺的结构　外径千分尺主要是由尺架及尺架左端的砧座构成，右端是表面有刻线的固定套管，里面是内螺纹衬套、测微螺杆，右面螺纹可沿此内螺纹回转，并用轴套定心。在固定套管的外面是有刻线的微分筒，它用锥孔与右端锥体相连。转动手柄，通过偏心锁紧可使其固定不动。

② 外径千分尺的刻线原理及读数方法　测微螺杆右端的螺距为 0.5mm，当微分筒转一周时，螺杆就移动 0.5mm。微分筒圆锥面上共刻有 50 格，因此微分筒每转一格，螺杆就移动 0.5/50=0.01mm。固定套管上刻有主尺刻线，每格 0.5mm。

在外径千分尺上读数的方法可分三步：

① 读出微分筒边缘在固定套管主尺的毫米数和半毫米数。

② 看微分筒上哪一格与固定套管上基准线对齐，并读出不足半毫米的数。

③ 把两个读数加起来就是测得的实际尺寸。

如图 0-4 所示，前图固定套筒露出的数值（整数部分）是 5mm，微分筒刻线所对齐的数值是 0.37mm，即 37 格，0.5mm 刻线没露出来，所以读数是 5mm＋0.37mm=5.37mm。

后图固定套露出的数值是 5mm，微分筒刻线所对齐的数值是 0.37mm，0.5mm 刻线已露出来，所以读数是 5mm＋0.5mm＋0.37mm=5.87mm。

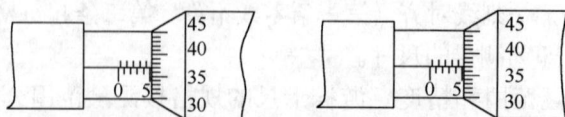

图 0-4　千分尺的识读

（4）直角尺

直角尺用来检查和测量工件内外直角。直角尺的测量角度为一定值 90°，因此只可用来进行比较测量，如 90° V 形弯曲件的弯曲角度是否正确等。

直角尺分整体和组合两种结构形式。整体直角尺由整块金属板制成。组合直角尺由尺座和尺苗两部分组成，长而薄的一边称尺苗，短而厚的一边称尺座。

(5) 万能游标角度尺

万能游标角度尺是用来测量工件内外角度的量具，它的测量范围是 0～320°。

① 万能游标角度尺的结构　如图 0-5 所示，万能游标角度尺由刻有角度刻线的尺身（主尺）1 和固定在扇形板 4 上的游标 3 组成。扇形板可以在尺身上回转移动，形成与游标卡尺相似的结构。直角尺 5 可用支架 7 固定在扇形板上，直尺 6 用支架固定在直角尺 5 上。如拆下直角尺，也可将直尺 6 固定在扇形板上。

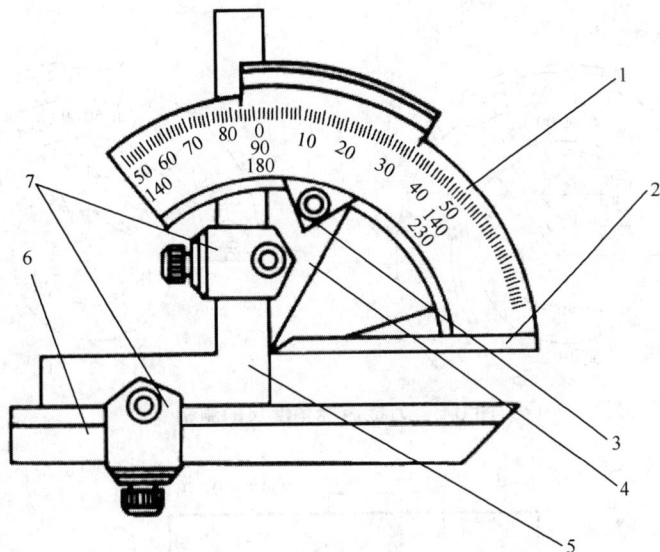

图 0-5　万能游标角度尺的结构

利用主尺、直角尺、直尺的不同组合，可以分别得到 0～50°、50°～140°、140°～230°、230°～320° 四种不同的组合角度。如图 0-6 所示。

② 万能游标角度尺的刻线原理与读法　尺身刻线每格 1°，游标刻线是将尺身上的 29° 所占的弧长等分为 30 格，即每格所对应的角度为 29°/30，因此游标 1 格与尺身 1 格相差：1°-29°/30=1°/30=2′ 即万能游标角度尺的精度为 2′。

万能游标角度尺的读数方法和游标卡尺的相似，先从尺身上读出游标零线前的整度数，再从游标上读出角度 "′" 的数值，两者相加就是被测的角度数值。

(6) 通用量具的测量

零件设计图样标注的尺寸，有的不能直接测量，需经过换算才能得到。如图 0-7 所示孔距的图样标注尺寸，要得到该孔距的尺寸，只能用游标卡尺直接测出 A、B、C 三孔孔距，再计算得出图样标注的孔距尺寸。方法如下。

用游标卡尺测得三孔孔距 AC=55.03mm、AB=46.12mm、BC=39.08mm。

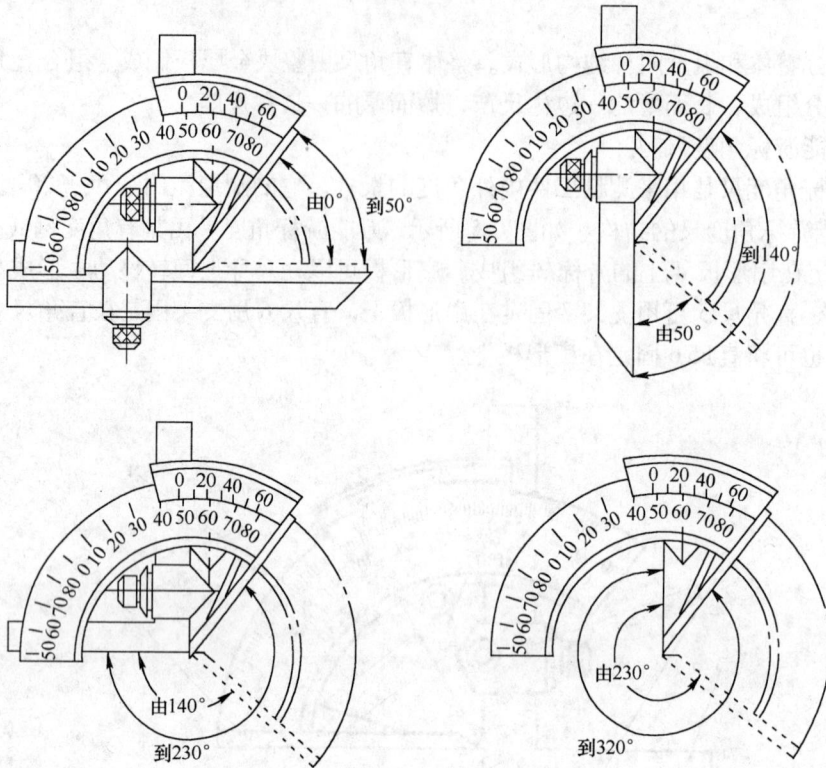

图 0-6 万能游标角度尺的测量

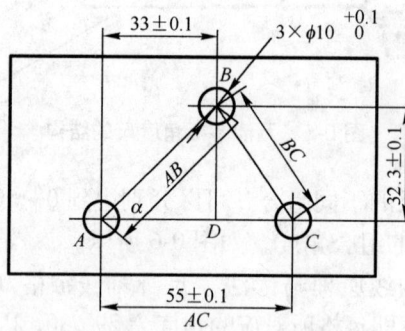

图 0-7 孔距测量

利用余弦定理

$$\cos\alpha = \frac{AC^2 + AB^2 - BC^2}{2AC \cdot AB}$$

$$= \frac{55.03^2 + 46.12^2 - 39.08^2}{2 \times 55.03 \times 46.12} \approx 0.7148$$

$$\alpha = 44.38°$$

$$BD = AB \times \sin 44.38° = 46.12 \times \sin 44.38° = 32.26(\text{mm})$$

$$AD = AB \times \cos 44.38° = 46.12 \times \cos 44.38° = 32.96(\text{mm})$$

图示尺寸 33 ± 0.1mm 实际尺寸为 32.96mm。

图示尺寸 32.3 ± 0.1mm 实际尺寸为 32.26mm。

以上采用游标卡尺测量换算法得到图样孔距的实际尺寸，如用游标高度尺划线测量法也可得到图样孔距实际尺寸，并以此检验是否符合图样尺寸要求。

3．专用量具及测量方法

一般零部件的线性尺寸可以用通用量具直接测量，而对于形状复杂的零部件（包括大型覆盖件），曲线、曲面形状使用通用量具难以完成其质量检测。这类零部件常用三坐标测量机、平面曲线样板和三维检验样板架等进行检测。

（1）三坐标测量机

三坐标测量机（仪）可用于复杂形状零件的三维测量。结构有单柱式、龙门式，可配置智能数显仪和万向电子测头，进行三维精密测量。

汽车覆盖作、冲压件生产中，抽检和末检可借助三坐标测量机进行质量控制。可以按设计，工艺要求进行定点测量，也可按预定程序进行连续检测。由于计算机辅助和采用数显，测量尺寸无须进行换算，可直接读数或进行比较。

（2）样板

样板分平面样板和立体样板（样板制作见项目五——样板制作与锉配）。曲线、曲面形状不能直接测量时，可借助平面样板和三维的立体样板检查加工后的零件曲面形状是否合格。如图 0-8 所示样板检测工作。

样板检测零件属比较测量，当工艺要求需用样板检测某一部分曲线或曲面形状时，应提出关键检测点、面与样板不符合程度的最大允许值。可用游标卡尺测量，也可用塞尺塞入其间隙处。不符合程度的实测值作为检测结果。

（3）塞尺

塞尺又叫厚薄规。如图 0-9 所示。它是用来检验两个结合面之间的间隙大小的片状量规。

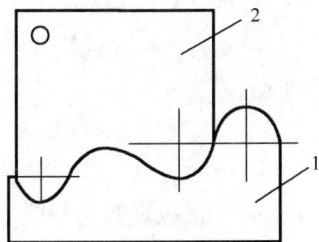

1—工件； 2—样板

图 0-8 用样板检测工件

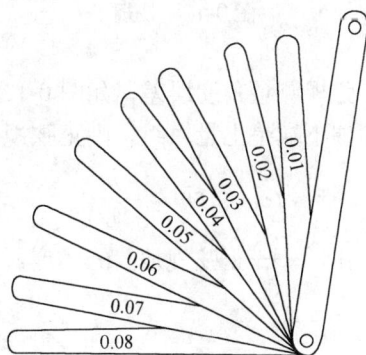

图 0-9 厚薄规

塞尺有两个平行的测量平面，长度为 50mm、100mm 或 200mm，由若干钢片叠合在夹板里。厚度为 0.01～0.3mm。

使用塞尺时，根据要求所测量的间隙大小合理选择一片或多片一起插入间隙内。塞尺的钢片很薄，容易弯曲和变形折断，使用时不能用力强行塞入。用完后要擦拭干净，及时合到夹板中去。

（4）R 规

R 规也叫半径规。主要用来测量内外圆弧面。

4．标准量具及测量方法

量块也叫块规，是标准量具。块规精度极高，可作为长度标准来检验和校正其他量具。与百分表配合使用可用比较法对高精度的工件尺寸进行精密测量；与正弦规配合使用可精密测量对称度、角度，或对机床进行精密找正、调整等。

块规是按尺寸系列分组成套的，有 42 块一套或 87 块一套等几种，装在专用木盒内以便保管与维护，见图 0-10。块规为长方形六面体，每块有两个测量平面，两测量面之间的距离为块规的工作尺寸。一套块规组合成各种不同的长度，以便使用。由于测量面非常平直与光洁，若将两块或数块块规的测量面擦净，互相推合，即可牢固地粘合在一起。为了减小难以避免的误差，使用组合的块规数不宜过多，一般不超过 4 块。块规往往与正弦规配合使用测量角度误差。

正弦规是利用三角函数中的正弦关系，与量块配合测量工件角度和锥度的精密量具。正弦规由工作台、两个直径相同的精密圆柱、侧挡板和后挡板组成，如图 0-11 所示。根据两精密圆柱的中心距 L 和工作台平面宽度 B 的不同，分为宽型与窄型两种。

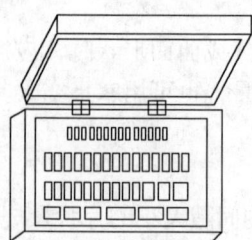

图 0-10　块规

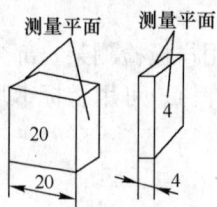

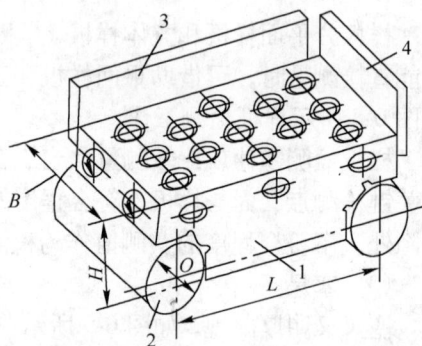

1—工作平面；2—圆柱；3—后挡板；4—侧档板
图 0-11　正弦规

用正弦规测量角度误差，如图 0-12 所示。将正弦规放在平板上，一端圆柱与平板接触，另一端圆柱下端垫上量块组，则正弦规与平板间组成一角度 α。

其关系式为：
$$\sin\alpha = \frac{h}{L}$$

式中：α——正弦规放置的角度；h——量块组尺寸；L——正弦规两圆柱的中心距。

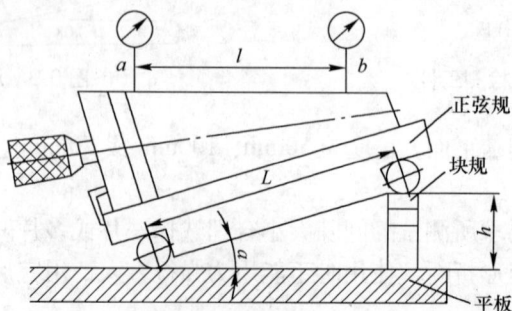

图 0-12　正弦规测量角度

0.4 常见形位误差的测量、检查方法

1. 直线度误差的测量

直线度包括在给定的平面内和给定方向上（给定一个方向或任意方向）的直线度。图 0-13（a）为在给定平面内的直线度误差的测量方法。

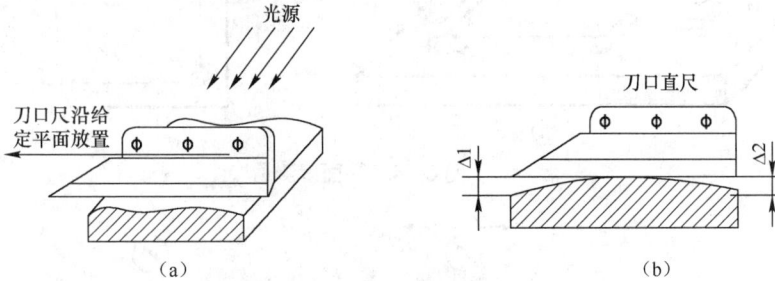

图 0-13 直线度的测量

将刀口直尺放在被测工件表面上，使其与被测实际轮廓面接触，移动刀口形直尺，测出两者之间的最大间隙，即为被测表面的直线度误差。间隙的大小应根据光隙来确定：一般间隙在 0.8μm 左右呈蓝光，在 1.5μm 左右呈红光，大于 2.5μm 呈白光，光隙较大时可以用塞尺测量。

用光隙法测量中间凸起的零件时，应调整刀口直尺，使两端的光隙相等，如图 0-13（b）所示。当 Δ1 = Δ2 时，得到的误差 Δ = Δ1 = Δ2 才是正确的。

2. 平面度误差的测量

平面度误差是指一个实际表面不平的程度。平面度误差根据定义规定按最小条件来评定，即评定基准是理想平面，平面度误差是包容实际表面且距离为最小的两平行平面间的距离。由于该平行平面对不同的实际被测平面具有不同的位置，且又不能事先得出，因而测量时需先用过渡基准平面来进行评定。评定的结果称为原始数据。然后将获得的原始数据再按最小条件进行数据变换，得出实际的平面度误差。平面度误差一般是将其转化为直线度测量，最后根据测量结果综合得出。

平面度的测量方法之一：如图 0-14（a）所示，将被测工件放在支承平板上，调整被测平面上的 1、2 两点等高，3、4 两点等高，沿平板上面拖动表架，指示器在被测平面上的最大和最小读数之差，近似地作为平面度的误差。必要时，可将被测表面分为若干点，测出各点的读数，用计算法或图解法计算出平面度误差。

平面度的测量方法之二：对角线法。所采用的过渡基准平面，是通过被测表面的一条对角线，且平行于被测表面的另一对角线的平面。对矩形被测平面，测量时布线方式，如图 0-14（b）所示，其纵向和横向布线应不少于三个位置。测量时首先按布线方式测出各截面上各点相对于端点连线的偏差，然后再算出相对过渡基准平面的偏差。

3. 圆柱度误差的测量方法

图 0-15 所示为圆柱度误差的测量方法。将被测零件置于平板上的 V 形铁上，在被测零件回转一周过程中，记录某一横截面上的最大与最小读数。按上述方法测量若干横截面，然后取各测量截面内测得的所有读数中最大与最小读数的差值的一半，作为该零件的圆柱度误差。

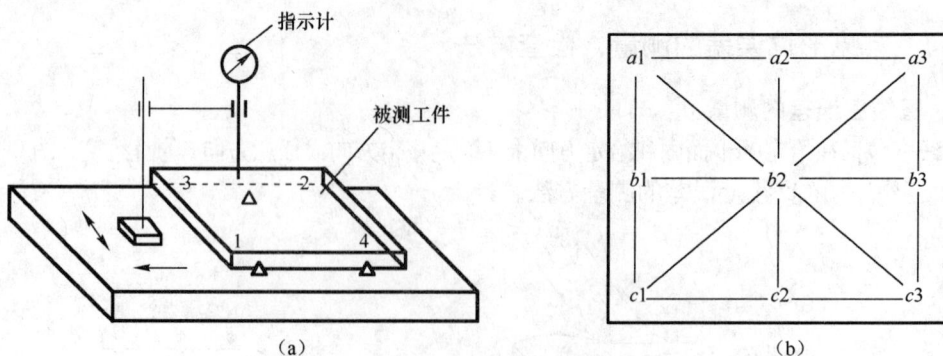

图 0-14 平面度测量

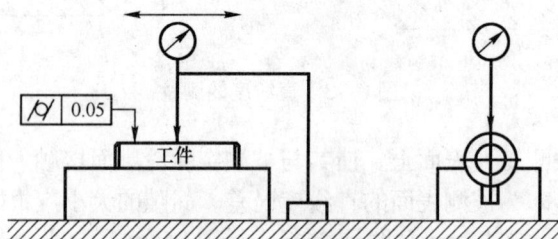

图 0-15 圆柱度测量

4．垂直度误差的测量

垂直度有平面对平面、直线对平面、平面对轴线和轴线对轴线的垂直度。下面以模架与导柱轴心线之间的平面对轴线的垂直度检查为例，说明垂直度的测量方法。如图 0-16 所示，将装有导柱的下模座放在测量平台上，可在 X、Y 两个方向进行测量。测得的误差为 Δx、Δy，两个方向的垂直度误差的平方的和的开方，即为导柱轴心线的垂直度误差 Δ 。

5．平行度误差的测量

平行度有平面对平面、直线对平面、平面对轴线和轴线对轴线的平行度误差。如图 0-17 所示，以上、下模座的平行度检测为例加以说明。将模座放在测量平台上，用测量仪触头触及被测表面，沿凹模周界对角线测量被测表面。测量时，根据指示表显示的数值，确定最大值和最小值，平行度误差即为最大与最小值之差。在测量模座平行度时应注意：测量上模座时以上平面为基准检查平行度；测量下模座时以下平面为基准检查平面度。

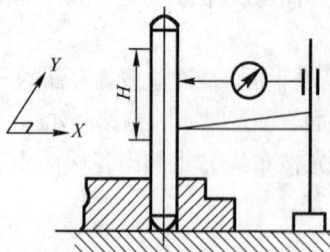

图 0-16 垂直度测量

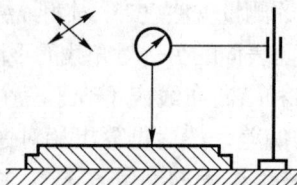

图 0-17 平行度测量

0.5 测量训练

如图 0-18 所示，台阶板精度的检测训练。

检测步骤：（按图样尺寸加工后）

① 用游标卡尺或 50~75mm 规格的外径千分尺测量 60 ± 0.03mm；

② 用直角尺检测垂直度。可用塞尺配合测出误差数值；

③ 和第一步相同方式测量其他竖直方向尺寸；

④ 用百分表检测各 20mm 平面与 A 面的平行度误差；

⑤ 用刀口直尺检测各 20mm 平面度误差。

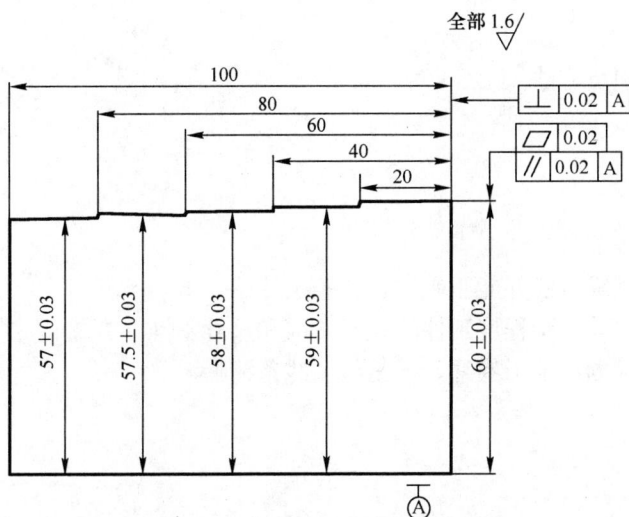

图 0-18　测量台阶面（材料：45 钢；厚度为 6mm）

实训项目一　划　　线

知识目标

- 划线相关知识及方法

技能目标

- 正确使用划线工具
- 掌握一般的划线方法并能正确地在线条上冲眼
- 能合理确定中等复杂程度工件的找正基准和尺寸基准，并进行立体划线
- 能按图样要求划出加工界线，无重线、线条清晰

建议学时

9 学时

1.1　划　　线

1.1.1　划线基础知识

划线是指根据图纸或实物的尺寸，用划线工具在实体材料上划出加工界线的方法。

划线是机械加工中重要的加工工序，是零件加工工艺重要组成部分。如图 1-1 所示，要在 70mm×45mm×15mm 的工件上完成钻孔，则首先要划出孔的中心线，打上样冲眼，再开始钻孔和铰孔工艺。

划线的重点是划线基准的选择。合理地选择划线基准是保证加工界线准确性的重要工艺步骤。

1.　划线的作用

划线工作不仅可以在毛坯表面上进行，也可以在已加工过的表面上进行，如在加工后的平面上划出钻孔的加工线等。主要作用如下：

①　可以确定工件上各个加工表面的加工位置，并确定其加工余量；

②　可全面检查毛坯件的形状和尺寸是否符合加工要求、满足加工条件，对半成品划线可检查上一工序的尺寸是否正确；

③　采用借料划线可以使误差不大的毛坯件得到补救，使加工后的零件仍能符合要求；

④　便于复杂工件在机床上装夹，可以按划线找正定位；

⑤　在板料上划线下料，可做到正确排料，使材料合理使用。

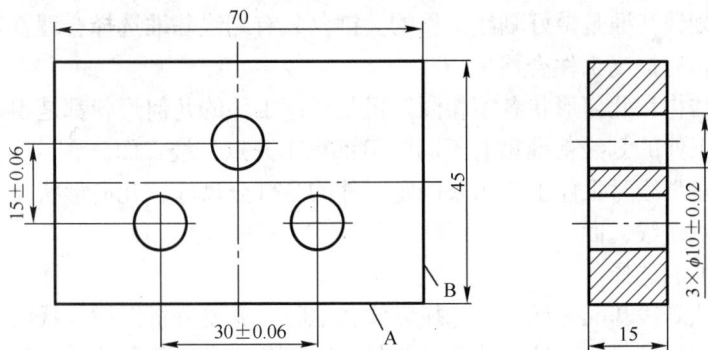

图 1-1 零件划线工艺

2．划线的分类

（1）平面划线

见图1-2（a）。只需要在一个表面上划线后即能明确表示出加工界线的划线称为平面划线。如在板料、条料上划线，在板料上划出螺纹样板、齿形样板等。（参见后面章节的样板加工）

平面划线与平面作图类似，只需在工件表面上按图样要求划出所需的线或点。

（2）立体划线

见图1-2（b）。同时在工件上几个不同表面上划线，才能明确表示出加工界线的方法叫立体划线。

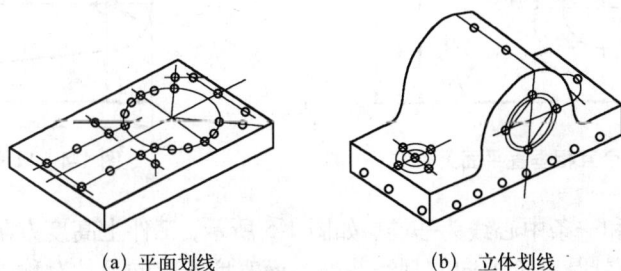

（a）平面划线　　　　　（b）立体划线

图 1-2 划线

立体划线比较复杂，需要借助相应的划线工具，测量工具、辅助垫块等，找出复杂工件的基础划线基准，并以此基准确定其他各个面与此相关的基准，定位。据此划出工件的整体加工界线。

但在划线时，应认真研究工件图样上各部分尺寸及要求，分析工件结构，了解工件的加工工艺，然后选定划线基准，考虑下一道工序要求，确定加工余量和需要划出的线条。

立体划线常需要翻转工件，需要重新定位和找正，每一次翻转必须以上一道划线的线或点作为定位和找正的基准，再进行相关的划线工序。这样也会造成一定的划线误差，延长工作时间。所以，立体划线应充分利用一些划线工具，满足划线要求，尽量一次划出。

3．划线基准的选择

（1）基准的概念

基准是零件上用以确定其他点、线、面位置所依据的那些点、线、面。

合理地选择划线基准是做好划线工作的关键。只有划线基准选择合理，才能提高划线的质量和效率，并相应提高工件合格率。

虽然工件的结构和几何形状各不相同，但是任何工件的几何形状都是由点、线、面构成的。因此，不同工件的划线基准虽有不同，但都离不开点、线、面。

划线基准是指划线时工件上的用来确定工件的各部分尺寸、几何形状及工件上各要素的相对位置的某些点、线、面。

(2) 划线基准的选择

划线时，应从划线基准开始。在选择划线基准时，先要分析图样，找出设计基准，使划线基准与设计基准尽量一致，这样才能够直接量取划线尺寸，简化换算过程。

划线基准一般可根据以下三种类型选择。

① 以两个互相垂直的平面为基准。如图 1-3 所示，从零件上互相垂直的两个方向的尺寸可以看出，每一方向的许多尺寸都是依照它们的外平面（在图样上是一条线）来确定的。此时，这两个平面就分别是每一方向的划线基准。

② 以两条轴线为基准。如图 1-4 所示，凹凸模上两个方向的尺寸与其两孔的轴线具有对称性，并且其他尺寸也从轴线起始标注。此时，这两条轴线就分别是这两个方向的划线基准。

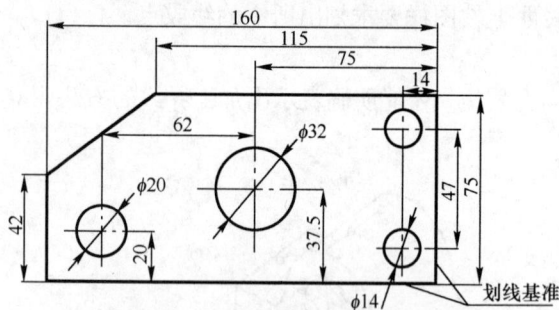

图 1-3　以两个互相垂直平面为基准

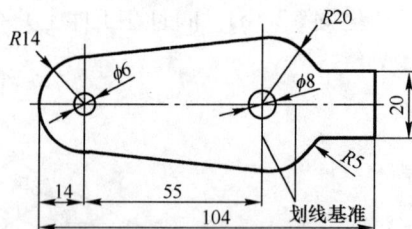

图 1-4　以两条轴线为基准

③ 以一个平面和一条中心线为基准。如图 1-5 所示，工件上高度方向和孔的尺寸是以底面为依据的，此底面就是高度方向的划线基准。而宽度方向的尺寸对称于中心线，所以中心线就是宽度方向的划线基准。

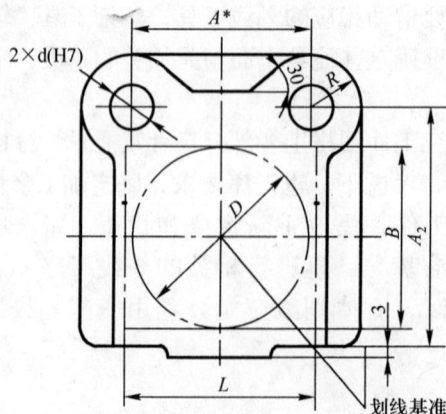

图 1-5　以一个平面和一条中心线为基准

　　划线时在零件的每一个方向都需要选择一个基准，因此，平面划线时一般要选择两个划线基准，而立体划线时一般要选择三个划线基准。

　　实际上，在确定工件的加工工艺基准时，可以参照划线基准。

　　4．划线工具及使用方法

　　（1）钢板尺

　　钢板尺是一种简单的尺寸量具。它的长度规格有 150mm、300mm、500mm、1 000mm 等多种。它主要用来量取尺寸、测量工件，在划线时作划线的导向工具。

　　（2）划线平台

　　标准的划线基准平台（也叫划线平板）如图 1-6 所示。它的表面是经过精刨或刮削加工，由铸铁制成，工件放置在平台表面进行划线操作。平台表面不准碰撞、敲打或划伤，长期不使用时，应涂油防锈并加保护罩。

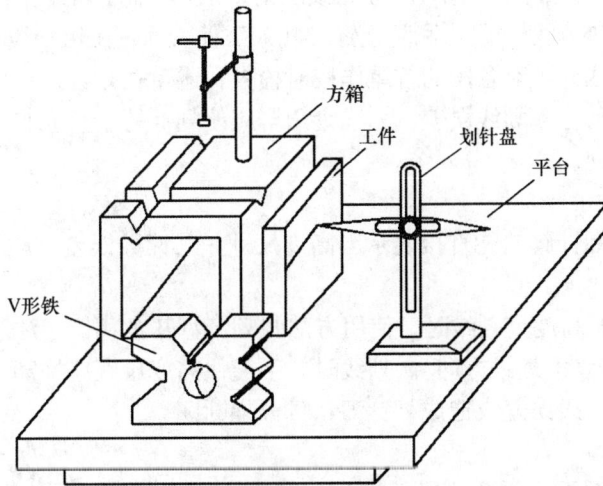

图 1-6　划线工具

　　（3）划针

　　划针是用来在工件上划线条，是用弹簧钢或高速钢制成，直径一般为 3～5mm，尖端磨成 15°～20°的尖角，并经热处理淬火使之硬化。

　　使用说明：如图 1-7 所示，在用钢直尺和划针划连接两点线时，应先用划针和钢直尺定好一端的位置，然后调整钢直尺使之与前一点原划线位置对准，再开始划出两点的连线；划线时划针尖要紧靠导向工具（或样板）的边缘，上部向外侧倾斜15°～20°，如图 1-7（a）所示；向划线移动方向倾斜约 45°～75°，如图 1-7（b）所示。针尖要保持尖锐，划线时要尽量做到一次划成，使划出的线条既清晰又准确；划线时要从上向下划出，不得逆向划线或连续反复原地划线。不用时，划针不能插在衣袋里，最好套上塑料管不使针尖外露。

　　（4）划针盘

　　划针盘是用来在划线平板上对工件进行划线，或找正工件在平板上的正确安放位置，划针的直头端用来划线。如图 1-6 所示。

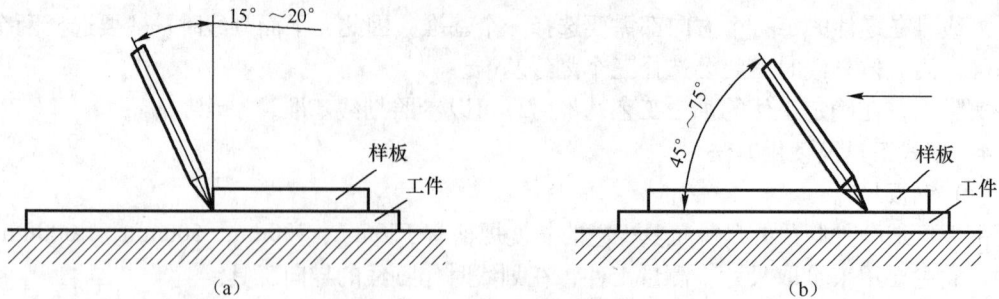

图1-7 划针的使用

使用说明：用划线盘进行划线时，划针应尽量处于水平位置，不要倾斜太大，划针伸出部分应尽量短些，并要牢固地夹紧，以避免划线时产生振动和尺寸变动；划线盘在划线移动时，底座底面始终要与划线平台贴紧，无摇晃或跳动；划针与工件划线表面之间保持夹角40°~60°（沿划线方向），以减少划线阻力和防止针尖扎入工件表面；在用划线盘划较长直线时，应采用分段连接划法，这样可对各段的首尾作校对检查，避免在划线过程中由于划线的弹性变形和划线盘本身的移动造成划线误差。划线盘用毕应使划针处于直立状态，这样可以保证安全并减少所占用的空间。

（5）游标高度尺

游标高度尺附有划针脚，能直接表示出高度尺寸，其读数误差一般为0.02mm，可直接作为划线工具。

使用说明：用游标高度尺划线时，使用方法与划针盘基本相似，注意划针脚必须与工件表面形成夹角40°~60°（沿划线方向）。划线时，手握住高度尺底座拖动，不可逆向划线，以免因高度尺抖动造成划线误差或造成划针刀口部分崩断。

（6）划规

划规用来划圆和圆弧、等分线段、等分角度及量取尺寸等。如图1-8所示。

使用说明：划规两脚的长短要磨得稍有不同，而且两脚合拢时脚尖能靠紧，这样才可划出尺寸较小的圆弧；划规的脚尖应保持尖锐，以保证划出的线条清晰。用划规划圆弧时，作为旋转中心的一脚应加以较大的压力，另一脚则以较轻的压力在工件表面上划出圆弧，这样可使中心不致滑动。

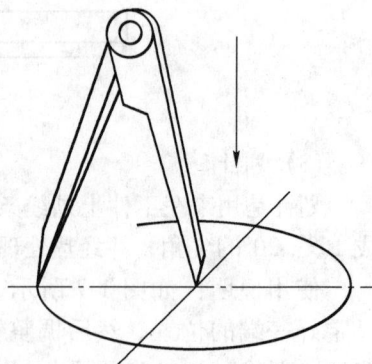

图1-8 划规

（7）样冲

样冲用于在工件的加工线条上冲点，用作加强界限标志（称检验样冲点），并可为划圆弧或钻孔定中心（称中心样冲点）。它一般用工具钢制作，尖端处淬硬，其顶尖角度在用于加强界限标记时大约取40°，用于钻孔定中心时约取60°。样冲使用方法如图1-9所示。

使用说明：先将样冲外倾使尖端对准线的中点，然后再将样冲立直冲点，位置要准确，中点不可偏离线条。在曲线上冲点距离要小些，如直径小于20mm的圆周线上应有4个冲点；直径大于20mm的圆周线上应有8个以上冲点；在直线上冲点距离可大些，但短线至少有3个冲点；在线条交叉转折处必须冲点。冲点深浅要掌握适当，薄壁或表面光滑冲点要浅，粗糙表面要深些。

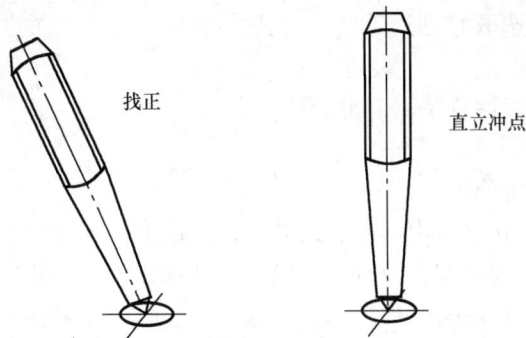

找正

直立冲点

图 1-9　样冲的使用

（8）90角尺

90角尺划线时常用作划平行线或垂直线的导向工具，也可用来找正工件平面在划线平台上的垂直位置。

（9）角度规

角度规常用于划角度线。

（10）划线方箱

划线方箱用于夹持工件并能翻转位置而划出垂直线。一般附有夹持装置并制有 V 形槽。如图 1-6 所示。

（11）直角铁

直角铁可将工件夹在直角铁的垂直面上进行划线。装夹时可用 C 形夹头或将夹头与压板配合使用。

（12）V 形铁

V 形铁通常是两个一起使用，用来安放圆柱形工件，划出中心线和找出中心等。如图 1-6 所示。

（13）调节支承工具

调节支承工具一般为锥顶千斤顶，通常是三个一组，用于支持不规则的工件，其支承高度可作一定的调整。带 V 形块的千斤顶，用于支承工件的圆柱面。

（14）辅助工具

辅助工具包括垫铁、C 形夹头、夹钳以及找正中心或划圆时打入工件孔中的木条、锡条等。

5．划线的涂料

为了使划出的线条清晰，一般都要在工件的划线部位涂上一层薄的涂料。常用的有石灰水，一般用于表面粗糙的铸、锻件毛坯上的划线；紫药水或蓝墨水作为涂料主要用于已加工表面的划线。

6．划线步骤

① 分析图样或实物，明确划线部位及各部分尺寸、形状和要求；了解有关的加工方法和过程。

② 选定划线基准。

③ 根据图样，检查毛坯工件是否符合加工要求。

④ 清理工件后涂色。

⑤ 正确安放工件并选取好划线工具、量具。

⑥ 开始划线。

⑦ 仔细检查划线准确性及是否有漏划线条。

⑧ 冲眼。

7. 图 1-1 工件的划线分析

由图设计尺寸可知，孔之间中心距有公差要求，该工件属精密划线。划线以 A、B 两互相垂直且已加工好的平面为基准，分别用划线高度游标尺划出钻孔轴线与校正线，钻孔修正线是为钻孔过程中修正钻孔用的。外围的钻孔框线边长与钻孔直径相同，钻完孔后与钻孔框线完全相切，则证明钻孔正确。如图 1-10 所示。

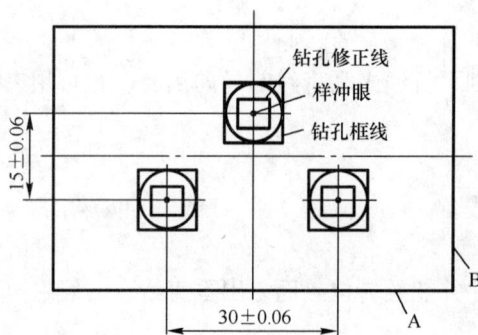

图 1-10 划线

如果第一次没有修正过来，还有第二次修正的机会。钻孔修正框线划得越多，钻孔修正的次数也越多。

修正框线线条不宜过粗，在 0.1mm 以内。因为要用框线保证孔距。一般情况下，两孔中心距尺寸只能保证 ±0.06 mm，小于 ±0.06 mm 就要用精密孔钻模了。

在划线之前应将工件涂色，以便线条清晰。以上分析，可据此列出划线步骤。

1.1.2 划线技能训练

技能训练 1：平面划线

1. 实训课题材料

名称	规格（mm）	材料	单位	数量	备注
冲模凸模	82×52×2	Q235	块		

实习工件图如图 1-11 所示。

2. 实习步骤

① 准备好划线工具，对实习工件表面清理并涂色。

② 看懂图样，按图样选取划线基准。基准的选择要注意工件在薄板上的位置要安排合理。

③ 按图样尺寸要求依次完成划线。

④ 对图形、尺寸复检校对确认无误后，打上样冲眼以作标示。

⑤ 为了熟悉图形的作图方法，实习操作前可作一次纸上练习。

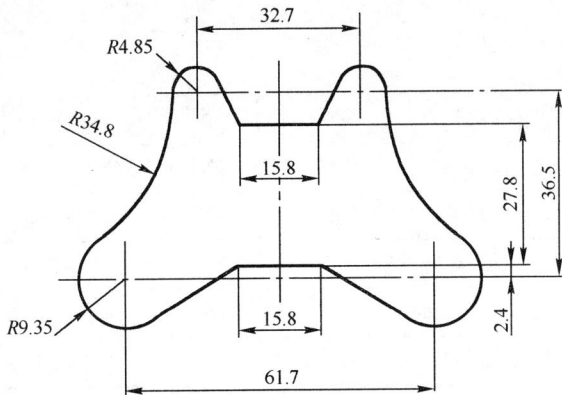

图 1-11 冲模凹模划线

技能训练 2：立体划线

1. 实训课题材料

名称	规格（mm）	材料	单位	数量	备注
圆柱体	$\phi35\times120$	45钢	根		后续制作錾口手锤准备

实习工件图如图 1-12、图 1-13 所示。

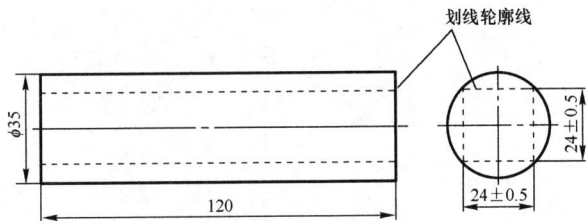

图 1-12 工件

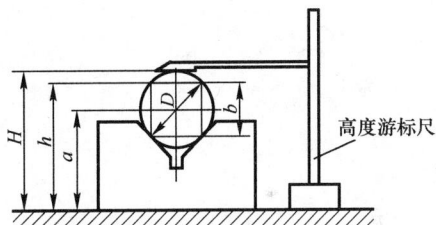

图 1-13 圆柱体划线

2. 实习步骤

① 准备好划线工具，对实习工件表面清理并涂色。

② 将圆柱体放置在 V 形铁上，用高度游标卡尺测得总高度 H，计算出工件的中心高 a，及工件加工素线高 h。如图 1-13 所示。

③ 划出两互相垂直的十字中心线。先划好其中一条直线，以此为基准线，旋转 90°，用直角尺找正，划好第二条中心基准线。

④ 以加工素线高 h 划出加工轮廓线。同样以中心线为基准，用直角尺找正，翻转划出四周加工轮廓线。

⑤ 在划线的基础打上样冲眼。

3. 实习成绩评定

见表 1-1。

表 1-1   划线练习记录与成绩评定表

项次	项目与技术要求	配分	评定方法	实测记录
1	正确划出工件加工轮廓线	24	超差全扣	

续表

项次	项目与技术要求	配分	评定方法	实测记录
2	线条清淅、无重线	18	重线一处扣 4 分	
3	尺寸达要求	12	超差全扣	
4	划线方法、划线基准正确	12	不正确每次扣 5 分	
5	划线工具使用正确	16	每次扣 2 分	
6	冲眼布局合理	12	每处扣 2 分	
7	涂色薄而均匀	6	目测	
8	纪律与安全实习		违者每次扣 2 分	

实训项目二　平面加工

知识目标

- 锯削训练
- 锉削训练
- 錾削训练

技能目标

- 正确掌握锯削、锉削、錾削方法，姿势、动作、速度规范
- 根据不同材料性能正确选用锯条
- 能自行纠正锯缝歪斜，并能有效防止锯条折断
- 锉削平面时，正确掌握锉刀的用力平衡
- 掌握一般工件锉削的加工精度
- 基本掌握键槽、切割薄板的錾削方法
- 达到一定的錾削精度

建议学时

30 学时

2.1　锯　　削

2.1.1　锯削基础知识

用手锯对材料或工件进行切断或切槽等的加工方法称为锯削。锯削可以分割材料、去除多余材料等，是机械加工常用的一种加工方式。

锯削是一种常用的加工形式，多为去除材料，为后续的加工作准备。凸台斜面配作锯削加工如图 2-1 所示。在加工工件之前，需去除加工多余材料，如图中虚线部分。

锯削加工的重点是保证锯路的平直。在锯削加工时，要注意锯条与锯割线重合，保证锯条不至于歪斜，这样才能保证锯削加工工件的质量。

1. 手锯和锯条

手锯　手锯分可调式和固定式两种。

可调式锯弓的安装距离可以调节，能安装几种长度不等的锯条；固定式锯弓只能安装一种长度的锯条。

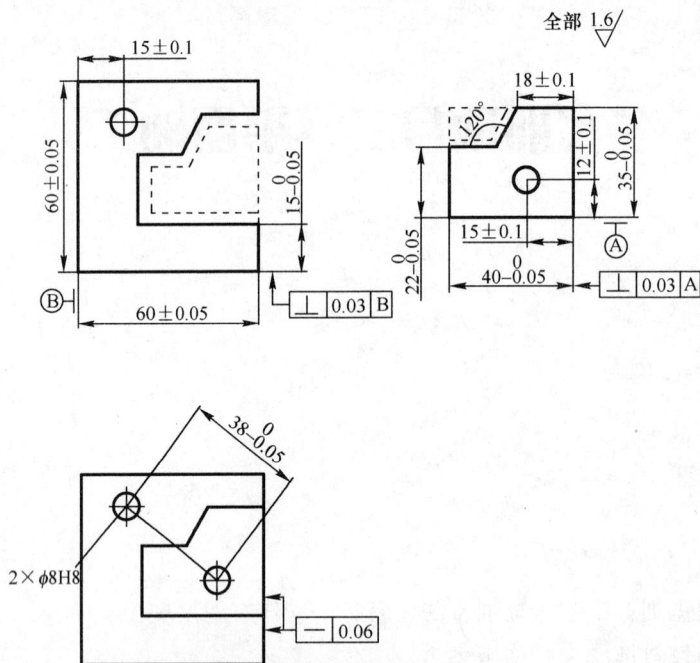

图 2-1　凸台斜面配作锯削加工

锯弓两端都装有夹头，两端都可以根据锯削需要进行角度调转，一端固定时，另一端可以通过调节活动夹头上的蝶形螺母把锯条拉紧。

当锯缝的深度超过锯弓的高度时，应将锯条转过 90° 重新装夹，使锯弓转到工件的旁边，当锯弓调转仍受高度限制时，还可把锯条调向锯齿向锯弓内进行锯削。

锯条　锯条的长度一般以两端的中心孔距来表示，常为 300mm，宽为 12mm，厚为 0.7mm。一般为冷轧软钢渗碳拉制而成，经热处理淬硬。锯条的粗细规格分（按每 25mm 长度内的齿数）：

粗齿（齿数为 14~18）　锯削一般材质或较厚的材料、有色金属时选用；

中齿（齿数为 22~24）　锯削中等硬度的钢材、厚壁的钢管等；

细齿（齿数为 32）　锯削稍硬材料、钢管、薄板、角钢等。

2. 手锯的握法、锯削姿势、锯削的压力与速度

（1）握法

右手满握锯柄，左手轻扶在锯弓前端。如图 2-2 所示。

（2）姿势

正确握好锯弓后，视线落在锯缝上，右脚尖踩在台虎钳中心线上、伸直并稍向前倾；左脚与台虎钳中心线形成一个 30° 左右的夹角、膝盖稍弯曲成马步，重心在左脚。在锯削时，身体应随着锯削动作自然摆动，锯削前推时，身体向前倾、重心前移；回程时，身体后倾、重心后移。如此反复。以右脚为定点，身体摆动角度控制在 15° 左右。如图 2-3 所示。

（3）压力

锯削时，推力和压力主要由右手控制，左手轻扶在锯弓的前端配合右手扶正锯弓。手锯推出切削时用力，返回时自然收回不加压力。工件快断时，压力、动作幅度要小。

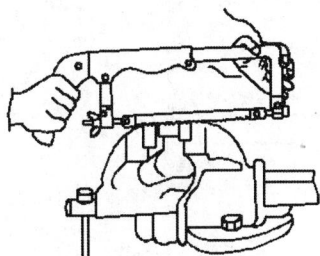

图 2-2　手锯的握法

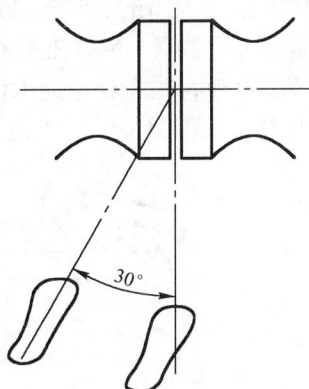

图 2-3　锯削姿势

（4）运动与速度

锯削时一般可采用小幅上下摆动式运动，即向前推锯时，右手下压、左手自然上抬；锯削回程时，右手上提、左手自然跟下。锯缝要求平直时，锯削一般以平推为宜。

锯削速度一般控制在 40 次/分钟左右，锯削硬材料稍慢些、锯削软材料稍快些。同时，锯削运动行程尽可能让每个锯齿参与切削。

3．锯削操作方法

（1）工件的夹持

工件一般应安装在台虎钳的左侧，便于操作。工件伸出钳口侧面不应过长，锯缝偏移钳口侧面约 20mm 为宜。锯缝线要与钳口侧面保持平行（使锯缝线与铅垂线方向一致），夹紧要牢靠。

（2）锯条的装夹

手锯在前推时进行材料的切削。因此，锯条安装应使齿尖方向朝前，图 2-4（a）所示为正确装夹。图 2-4（b）所示为错误装夹。安装锯条时，活动夹头上的蝶形螺母不宜拧得太紧或太松，宜稍紧。太紧时，如在锯削中用力稍有不当，锯条易折断；太松时，锯削易使锯缝歪斜，锯条易扭曲、折断。松紧程度可用手扳动锯条，感觉稍硬实即可。锯条安装后要尽量保证锯条平面与锯弓中心平面平行。

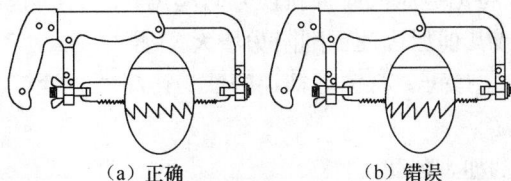

（a）正确　　　　　　（b）错误

图 2-4　锯条的装夹

（3）起锯方法

起锯分远起锯和近起锯，如图2-5（a）、（b）所示。锯弓在工件靠近身体的一侧起锯即为近起锯；在工件背离身体的一侧起锯即为远起锯。

起锯时，左手大拇指甲摁在锯缝线上，采用近起锯或远起锯，锯削工件与锯条起锯时的夹角即为起锯角，约为15°。起锯行程要短、压力要小、速度要慢。起锯角不宜太大，否则因起锯不平稳，锯齿被工件棱边卡住引起崩裂；起锯角也不宜太小，否则锯齿不易及时切入材料，容易发生位移，或使工件表面锯出很多锯痕，从而造成误差。

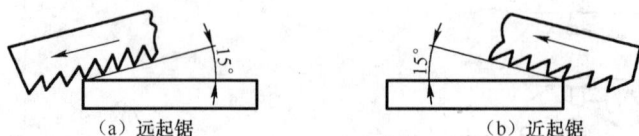

（a）远起锯　　　　　（b）近起锯

图 2-5　起锯方法

锯削时常采用远起锯，这样能更顺利地切入材料，而近起锯如掌握不好，锯齿易被棱角卡住，使锯齿崩断，但这时也可将手锯后拉，以期将棱角稍作磨平再正常起锯。在起锯槽有 2~3mm 深度时，锯条已不会轻易滑出槽外，左手大拇指可不再作导引，扶正锯弓正常锯削。

（4）正常锯削

正常锯削时，除保证合理的锯削速度、姿势、压力外，还应经常观察锯缝，当需要锯缝平直时，应每锯进 2~3mm 观察一次，在工件切割的锯线前后观看，以防锯缝歪斜。锯削稍硬材料时可适当加润滑油；锯削管材时可同时沿锯线多个方向锯削，但以快锯透管壁为准，这样可不致使锯齿崩断；板料锯削时最好厚度在 2mm 以上，太薄则易使锯齿崩断，应尽量增加薄板刚度，不使其颤动，防止锯齿崩断。

4．锯削注意事项

① 装夹工件时，锯缝线一定要与铅垂线方向一致，否则在锯削时易使锯缝歪斜，当锯缝稍有歪斜时应及时纠正，这时可稍稍将锯条向歪斜相反的方向偏扭，逐步矫正。歪斜过多，借正就困难，就不能保证锯削质量。

② 锯削时，锯条必须与锯线重合，与钳口侧面平行。平稳用力，不可使爆发力或强行锯削，防止锯条崩断飞出伤人。

③ 中途休息时，应小心将锯条从锯缝中取出，不可停放在锯缝里，以防锯条折断；重新锯削时，应将锯条缓慢拉动切入，再正常锯削。应尽量避免在旧锯缝中换新锯条，若新锯条无法切入旧锯缝可用楔块将锯缝胀大或重新换方向起锯。

④ 若因材料黏性大或其他原因使锯削阻力增大，锯削困难，应放慢锯速和减小压力或单手拉锯，将锯缝粘连的铁屑排尽使锯缝扩宽，然后再正常锯削。

5．凸台斜面配作锯削加工分析

凸台斜面配作工件，凹件与凸件在配作前要去除多余材料，在锯削前需划出锯削加工线，并预留配作加工余量 0.5mm，在凹面和斜面部分为方便锯削需先钻孔，再按划线锯削多余材料。锯削加工路线如图 2-6 所示。工件为薄板类工件，选择锯条时，可选用细齿锯条。

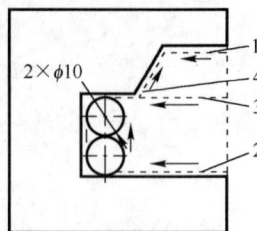

图 2-6　锯削加工路线

2.1.2 锯削技能训练

1．实训课题材料

名称	坯料规格(mm)	材料	单位	数量	备注
四方体	$\phi35\times120$	45 钢	根		为后续錾口手锤加工准备
长方体	$90\times70\times30$	HT15-33	块		为后续锉削、刮削、研磨准备

2．实习工件图

实习工件图如图 2-7、图 2-8 所示。

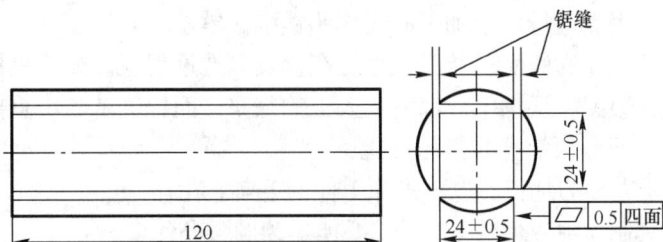

图 2-7　长方体

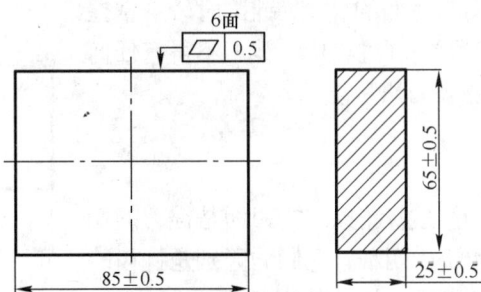

图 2-8　四方体

3．实习步骤

① 按图样对两件实训工件进行划线（正方体划线训练时已划好），注意锯削线划 2mm 宽。

② 锯件正方体四面边长达到 24 ± 0.5mm，要求锯削面平整，无明显台阶，锯纹整齐。

③ 锯件长方体（铸铁块）尺寸达图样要求，要求锯削面平整，无明显台阶，锯纹整齐。

练习记录及成绩评定见表 2-1。

表 2-1　　　　　　　　　　　　　　锯削练习记录与成绩评定表

项次	项目与技术要求（mm）		单项配分	评定方法	实测记录	得分
1	四方体	边长达 24 ± 0.5	10	超差全扣		
2		四面平面度 0.5	5	超差全扣		
3		表面纹路整齐	10	目测		
4	长方体	六面平面度 0.5	5	超差全扣		
5		外形尺寸达要求	5	超差全扣		
6		表面纹路整齐	10	目测		

续表

项次	项目与技术要求（mm）	单项配分	评定方法	实测记录	得分
7	锯削姿势规范	20	目测		
8	安全文明生产	10	违者全扣		

2.2 锉 削

2.2.1 锉削基础知识

用锉刀对工件表面进行切削加工的操作叫锉削。锉削一般用于平面、曲面、内孔、沟槽等各种复杂表面及零件的修配、装配调整。在模具制造过程中，无论机械化程度多么高，在模具的最后修配、装配和试调中，都需要人工的修整。而锉削是其中重要的加工方法之一，是一项应用广泛，而必须掌握的操作技能。

锉削不仅用于零件的加工，也可去除工件的毛刺。在样板制作、电级工具制作中应用较多。图 2-9 所示为圆弧凸件的加工。

锉削加工的重点是平面与曲面的加工。锉削时较难掌握的是锉刀的平衡施力，在平面锉削过程中，锉刀不得有任何的摆动。这样才能保证工件表面质量要求。

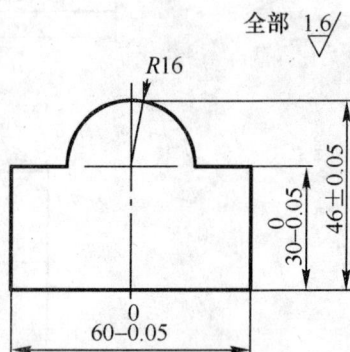

图 2-9 锉削圆弧凸件

1. 锉刀概述

（1）锉刀的构造

锉刀主要由锉身和锉柄组成。锉身的锉刀面是锉刀的切削加工部分，锉齿有剁齿和铣齿两种，它们的区别是锉齿的后角不同，剁齿的后角大于 90°；铣齿的后角小于 90°。

锉齿的排列图案即锉纹分：单齿纹，即是一个方向的齿纹，多为铣齿，用于锉削较软的材料；双齿纹，指交叉排列的齿纹，多为剁齿，用于锉削稍硬的材料。

锉刀有的两个侧面都没有锉纹，但有的其中一边有锉纹，另一边是没有锉纹称光边，主要是用它锉内直角的一个面时，不会锉伤直角的另一个面。

锉刀由碳素工具钢制成（T12-T13），经热处理硬度达到洛氏硬度 62～67HRC。锉刀锉削时每个锉齿相当于一把錾子，对金属表面进行切削。

（2）锉刀的分类

锉刀按其用途分：普通锉、整形锉、异形锉。

① 普通锉按形状分为平锉、方锉、三角锉、半圆锉、圆锉，其截面形状如图 2-10 所示。

平锉　　　　方锉　　　　三角锉　　　　半圆锉　　　　圆锉

图 2-10 普通锉刀形状

平　锉　　主要用于锉削平面、球面等；

方　锉　主要用于锉削方孔、沟槽、直角面等；

三角锉　主要用于锉削内角、孔、沟槽等；

半圆锉　主要用于锉削内孔、弧面；

圆　锉　主要用于锉削内孔、弧面。

② 异形锉按形状分：刀口形锉、菱形锉、扁三角锉、椭圆形锉、圆肚形锉等。它主要用于特殊型面的锉削加工。

③ 整形锉又叫什锦锉或组锉，主要用于修整工件的细微处或制作样板。通常以形状各异的 5 把、6 把、8 把、10 把或 12 把为一组。

上途类型锉刀外，还有用于模具型腔加工的特形锉。

弯脖锉——专门用于模具型腔凹平面、曲面、斜面等到直形锉无法加工的型面，其截面形状有扁平形、半圆形、圆形、方形、三角形等。

转轴锉——主要用于模具型腔加工。由电动机软轴驱动，形状有圆柱形、圆锥形、球形、圆弧头柱形等，转轴锉可根据型腔加工需要自制各种形状，也可将转轴锉头部改为砂轮，成为砂轮磨头；改为硬毛毡，则成为抛光轮，是模具加工修整的方法之一，在模具加工中应用较为广泛。

锉刀按规格分尺寸规格、齿纹的粗细规格两类。

① 其长度规格有：100mm（4 英寸）、150mm（6 英寸）、200mm（8 英寸）、250mm（10 英寸）、300mm（12 英寸）、350mm（14 英寸）、400mm（16 英寸）等。

② 锉齿的粗细规格分：（以锉刀每 10mm 轴向长度内的主锉纹条数来表示）

粗齿锉　常用于加工较软钢材、有色金属及加工余量较大时的粗加工；

中齿锉　常用于加工稍硬钢材、铸铁、加工余量较少、精度要求较高的工件；

细齿锉　常用于加工稍硬钢材、铸铁、加工余量较少的精加工和表面粗糙度值小的工件或精加工。

油光锉　用于最后的修光工件表面及装配时的修整。

每种锉刀都有它的适用范围，应根据被锉削表面的形状、加工要求、材质等方面合理选用。锉刀加工时选择应注意以下几个方面。

① 锉刀锉齿粗细转换的选择。在加工余量多，加工精度高时，用粗锉进行大余量加工后，在什么时候更换细齿锉是关键，过早更换细齿锉会造成加工时间长；反之，过迟更换细齿锉也会造成表面粗糙度达不到要求。在实际加工中每人所留的精锉加工余量是不同的，主要决定于粗锉加工后工件表面平整情况和加工人员掌握锉削技巧的高低，工件表面粗糙、个人技巧低、精锉加工余量多留；反之，则应少留。

② 锉削时锉刀规格的选用。这主要按工件锉削面的大小、长短确定。工件接近达到精度要求时，工件的锉削面大，选大规格的锉刀；反之，选小规格的锉刀。面大锉刀小，锉削时锉刀左右平移量大，锉面不易锉平；面小锉刀大，易造成锉面塌边，塌角。锉削面纵向长时，选大规格锉刀；反之选小规格的锉刀。一般工件锉面纵向长 50mm 以上，选 300mm 以上锉刀，30～50mm 可选用 250mm 的锉刀，30mm 以下可选用 200mm 以下的锉刀。在考虑锉面纵长时，也应考虑锉面的宽度，特别在锉台阶面时，应尽量使用接近台阶宽度的锉刀。防止因锉刀过宽造成工件塌边现象。

③ 锉刀面质量的选择。锉刀面质量不好（锉刀面中凹、波浪形、扭曲、锉齿不均等），均会影响工件加工面的平整、光洁。特别是在精锉时，这点更重要。

各种粗细规格的锉刀适宜的加工余量和所能达到的加工精度、表面粗糙度，如表 2-2 所示，以供加工时参考。

表 2-2 锉刀齿纹的粗细规格选用

锉刀粗细	适用场合		
	锉削余量（mm）	尺寸精度（mm）	表面粗糙度（μm）
粗齿锉刀	0.5~1	0.2~0.5	$Ra\ 100~25$
中齿锉刀	0.2~0.5	0.05~0.2	$Ra\ 25~6.3$
细齿锉刀	0.1~0.3	0.02~0.05	$Ra\ 12.5~3.2$
双细齿锉刀	0.1~0.2	0.01~0.02	$Ra\ 6\ 3~1.6$
油光锉	0.1 以下	0.01	$Ra\ 1.6~0.8$

2．锉刀的装拆、握法、锉削姿势、锉削的压力与速度

（1）锉刀的装拆方法

安装时，一手持握锉柄插入锉刀尾尖端，然后将手柄在铁砧上顿牢；退下时，右手握住锉刀把，左手捏住锉刀前端，在铁砧边角处，横拉锉刀使锉刀柄上的铁箍与铁砧边相撞即可退下。

（2）锉刀的握法

以锉刀柄顶端抵住右手掌心，随即大拇指压在手柄的正前方，其余四指收拢紧握锉柄；左手大拇指根部压在锉刀前端，其余四指自然弯曲。这种握法适用于较大规格板锉。如图 2-11 所示。

横推握法锉窄长面时，锉刀横放在工件上，两手左右握住锉刀，大拇指抵住锉刀侧面，前推后回进行锉削，握住锉刀尽量短，以保持锉刀更平稳，锉削时注意平衡力均匀。如图 2-12 所示。

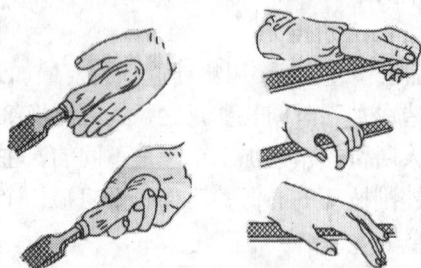

图 2-11 锉刀握法

图 2-12 推锉握法

较小规格的锉刀右手握法不变，左手食指、中指、无名指与大拇指捏住锉刀头部，如图 2-13（a）所示。

也可根据工件表面锉削面选择不同的握法，如锉削窄长轴向面时，右手仍然不变，左手大拇指与四指呈八字形压住锉刀前端。

小型锉也可采用掰锉法，右手握法与前所述相同，左手大拇指压在锉刀前端上面，四指向下回扣，如图 2-13（b）所示。

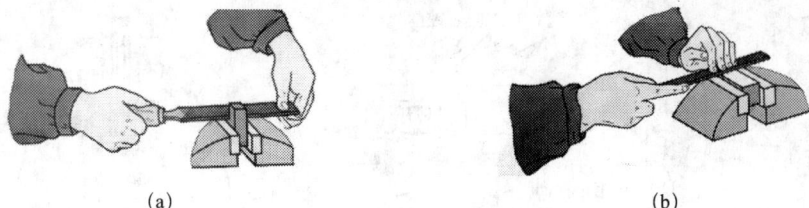

(a)   (b)

图 2-13 小型锉刀的握法

（3）锉削姿势

锉削的站立姿势与锯削相似，双手持锉放在工件上，右手胳膊大小臂基本重合与锉刀成直线，且靠近体侧，上体略向前俯倾，双臂用力，借全身力量推动锉刀前推锉削。适用于加工余量大的锉削加工。

展臂法锉削，锉削时右胳膊的大小手臂呈 V 字形，手腕部与锉刀成直线，体略前倾。适用于小余量的精锉或速度较快的修锉。

（4）锉削的压力与速度

在锉削时，主要是靠右手向前的推力和向下的压力使锉刀产生切削。因此，在锉削时，右手向前的推力是平稳均匀的，而压力要随着向前推动逐渐增加；左手的压力则随着锉刀向前推动时逐渐减小。回程时，不加压力自然收回。锉削时施力的变化，如图 2-14（a）、（b）、（c）所示（箭头长短表示施力大小不同）。

锉削速度一般应控制在 40 次/分左右，推出时速度稍慢，回程时稍快，动作自然协调。

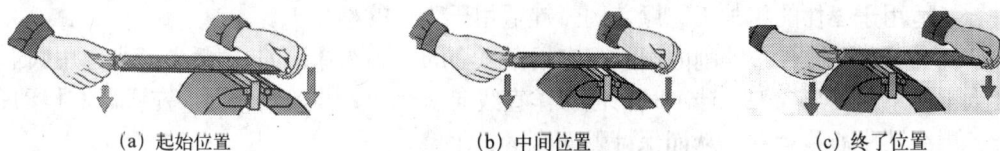

(a) 起始位置   (b) 中间位置   (c) 终了位置

图 2-14 锉削时的施力变化

3. 锉削方法

锉削时工件必须装夹牢固。装夹时，工件的锉削面必须与台虎钳钳口平行，且伸出钳口约 20mm 为宜。

（1）平面的锉法

锉削平面时，工件与锉刀必须在一个水平面上，锉刀向前推动时作直线匀速运动，锉削方法如下。

① 顺向锉，如图 2-15（a）所示，锉削运动方向与工件夹持方向一致，如锉削工件表面较宽，锉刀在回程时向横向方向作适当的移动，这是锉削最常用的一种方法。顺向锉适用于精锉。

② 交叉锉，如图 2-15（b）所示，锉刀运动方向与工件夹持方向成约 45°角，锉纹交叉。由于锉刀与工件的接触面大，锉削量也大，适用于材料的粗加工，顺向锉法锉刀容易掌握平稳，从锉痕上可以明显看出锉削面的高低变化，同时，及时调整锉刀平衡，保证工件的平面度。

（2）弧面的锉法

弧面的锉削方法与平面锉削方法有显著的不同，弧面锉削要求锉刀上下晃动，而平面锉削要求锉刀十分平稳绝不能晃动；弧面锉削时可以同时作横向移动，而平面锉削时只能在重新回程时作横向小幅移动。如图 2-16 所示。

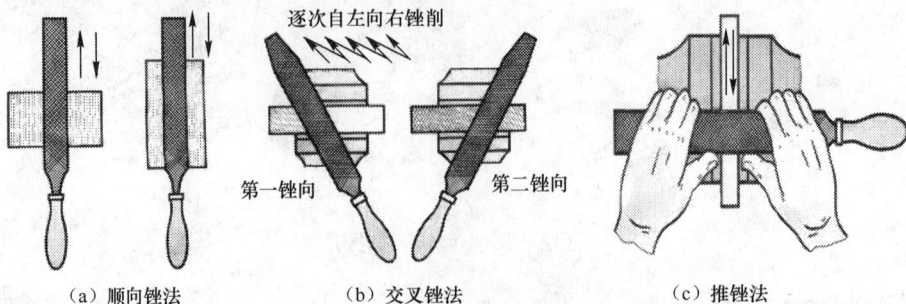

（a）顺向锉法　　　（b）交叉锉法　　　（c）推锉法

图 2-15　平面的锉削方法

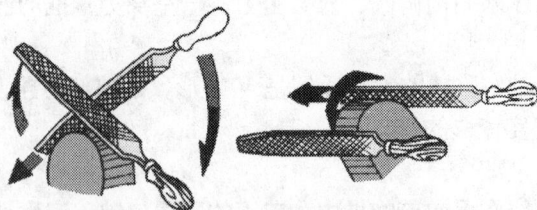

图 2-16　弧面锉削方法

① 外圆弧面的锉法。锉削外圆弧面一般使用平面锉刀，锉削时有两种方法：一种方法是顺着圆弧面晃动锉削，即在锉削时，锉刀向前，右手下压，左手握住锉刀的前端上翘，然后右手上提回程；另一种方法是横着弧面锉，即在锉削时，锉刀作直线运动的同时作横向移动，这种锉法适用于工件的粗加工。顺着圆弧锉适用于工件的精加工。

② 内圆弧面的锉法。锉削内圆弧面应根据弧面的大小选择锉刀，圆弧半径小选用圆形锉、半径大则选用半圆形锉刀。锉削时，锉刀作直线向前运动，并随着弧面向左或向右移动，同时锉刀围绕其中心线运动。从而保证弧面光滑、平整。

内圆弧面精锉时也可采用推锉方法锉削。

③ 球面的锉法。锉削球面时可参照外圆弧面的锉削方法，但同时要在多个方向锉削，才能锉出要求的球面。

（3）平面与曲面的连接方法

同时具有平面与弧面的加工件，一般应先加工曲面，然后再加工平面。这是因为如果先加工平面，锉刀侧刃在平面与弧面的连接处锉削时会破坏弧面，或是锉削平面时，因无法准确判断曲面与平面相切的地方而伤及曲面。先锉削曲面，使曲线清晰，在加工平面时便于掌握锉刀不致损伤曲面。

（4）推锉操作方法与使用

上述平面与曲面的锉削方法如再接合推锉方法的使用，会使平面或曲面获得更好的加工效果。这是由于推锉时平衡较易掌握，且切削量较小，能获得比较平整的平面和较高的表面粗糙度，适用于狭长小平面的平面度修整或凸起表面的加工、相接曲面与平面的加工、内圆弧面锉纹成顺圆弧方向的精加工。如图 2-15（c）所示。

4．锉刀的使用与保养

① 新锉刀先使用一面，等用后再用另一面，不可锉硬金属。

② 在粗锉时，应充分使用锉刀的有效全长，避免局部锉削磨损。

③ 锉刀要避免沾水、油等，也不可用手摸锉刀或擦拭工件，以免锉刀在锉削时打滑。

④ 如锉刀齿缝嵌入了铁屑，应用钢丝刷、铜针剔除。

⑤ 锉刀使用或放置时，不可与其他工具或工件堆放在一起，也不可与其他锉刀重叠堆放，以免损伤锉齿。放在钳台上的锉刀刀柄不可露出钳桌外，以免掉下伤人。

⑥ 没有装柄的锉刀或锉刀柄已裂开的锉刀不可使用。

⑦ 不准用嘴吹锉屑，以免铁屑飞入眼睑，应用毛刷清理铁屑。

⑧ 锉刀不可当作撬棍用、不可敲击，以防折断。

⑨ 使用小型锉刀或什锦锉时不可用过猛，以防折断。

5．图 2-9 圆弧凸件的锉削加工分析

圆弧凸件的锉削加工，粗加工时用粗齿平锉、精加工时用细齿平锉，在修整和清角时用整形锉加工，精加工余量预留 0.1mm 的锉削余量。加工步骤主要包括：第一步锉削基准面 1，保证精度要求；第二步以平面 1 为基准，锉削工件的侧平面 2、3，达精度要求；第三步以平面 1 为基准，锉削圆弧面，以 R 规检查圆弧，达精度要求；最后锉削平面 5、6，保证尺寸精度。如图 2-17 所示。

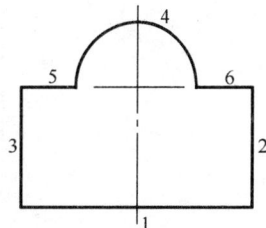

图 2-17 锉削步骤

2.2.2 锉削技能训练

1．实训课题材料

件号	名称	坯料规格（mm）	材料	单位	数量	备注
1	錾口锤子	120×24×24	45 钢	个		接上道工序
2	长方体	85×65×25	HT15-33	块		接上道工序
3	六面体	ϕ36×60	45 钢	块		

2．实习工件图

① 锉削錾口手锤如图 2-18 所示。

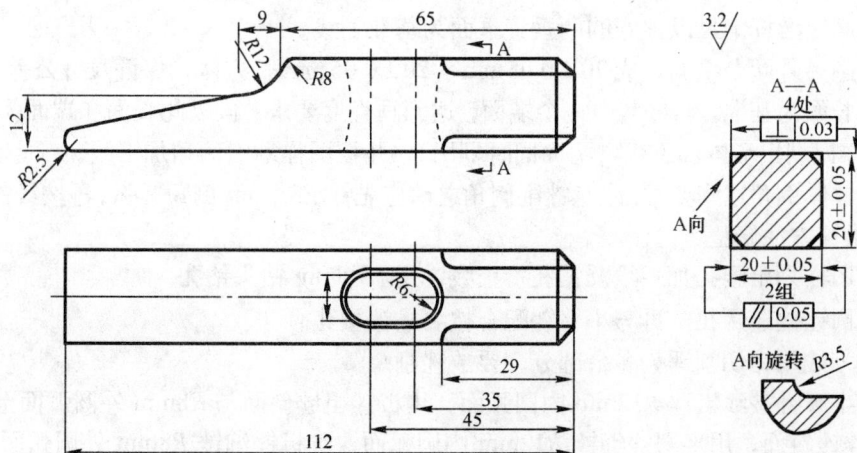

图 2-18 件 1 錾口手锤

② 锉削四方体如图 2-19 所示。

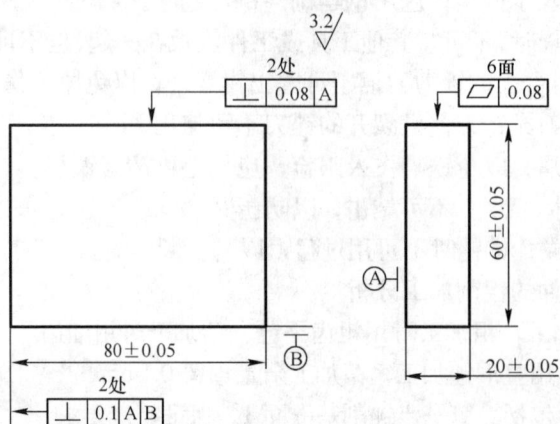

图 2-19 件 2 四方体

③ 锉削六面体如图 2-20 所示。

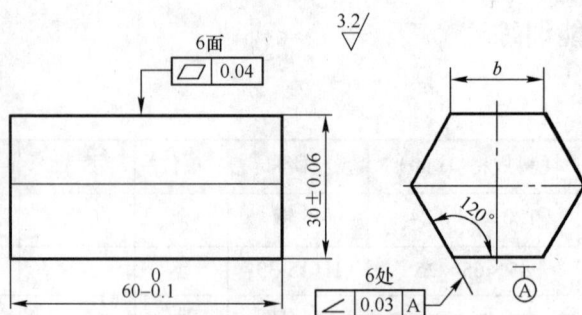

图 2-20 件 3 六面体

3. 实习步骤

（1）加工件 1（见图 2-18）。

① 接锯削上道工序，先锉削两互相垂直的平面，达平面度、垂直度要求。

② 用高度游标卡尺以锉好的两垂直平面为基准划线。

③ 锉削另外两个平面，成 20±0.05 mm × 20±0.05 mm 长方体，保证尺寸公差要求。

④ 以长面为基准，锉好其中一个端面，达到垂直度要求；再以此长面和端面为基准，用錾口锒头样板划出形体加工线（两面同时划出），并按图样划出倒角加工线。

⑤ 锉锤体倒角达到要求。注意锉削倒角之前应先锉 R3.5mm 倒角圆弧，再按线锉削倒角，精锉时用推锉方法修整。

⑥ 按图样划出腰孔加工线及钻孔检查线，用 φ9.8mm 钻头钻孔。

⑦ 用圆锉锉通两孔，再与小平锉配合按要求锉腰孔。

⑧ 按划线用锯切割锤头多余部分，要放锉削余量。

⑨ 用半圆锉按线粗锉 R12mm 内圆弧面，用板锉粗锉斜面与 R8mm 外圆弧面至划线处。后用细板锉锉斜面，用半圆锉细锉 R12mm 内圆弧面，细板锉细锉 R8mm 外圆弧面。最后用细板锉及半圆锉作推锉修整，达到各形面连接圆滑、光洁、纹理一致。

⑩ 锉 $R2.5mm$ 圆头，并保证工件总长度达要求。

⑪ 锤头倒角，用砂布将各加工面全部打光。

⑫ 将腰孔各面倒出 1mm 弧形喇叭口，最后进行热处理淬硬。

(2) 加工件 2（见图 2-19）。

① 接锯削上道工序，先锉削 80mm×60mm 的两个大平面，达厚度尺寸、平面度要求。

② 以大平面为基准锉削 80mm×25mm 的窄长面达垂直度、平面度要求。

③ 再锉削相邻的窄面，达垂直度、平面度要求。

④ 以此为基准划线，锉其他两平面达尺寸要求。

⑤ 六面全部加工完后，将各锐边作 0.5mm×45的均匀倒角。

(3) 加工件 3（见图 2-20）。

加工步骤如图 2-21 所示。

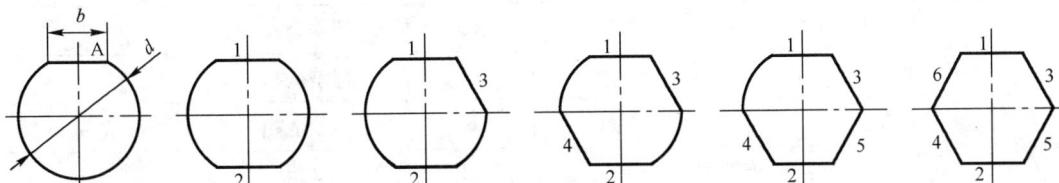

图 2-21 六面体的加工

① 用游标卡尺测量出材料的实际直径 d。

② 锉削基准面 A 达到平面度 0.04mm、表面粗糙度小于或等于 3.2μm，同时要保证与圆柱素线的尺寸要求(d-30/2) ±0.06mm。

③ 锉削相对面，以第一面为基准划出相距尺寸 30mm 的平面加工线，然后锉削，达图样要求。

④ 锉削第三面，达图样要求，同时保证与圆柱素线的尺寸为$(d-30/2)\pm0.06mm$。（120°角可用万能角度尺控制）。

⑤ 锉削第四面，达图样要求，同时要保证与圆柱素线的尺寸为$(d-30/2)\pm0.06mm$，及与上述三面边长 b 相等。

⑥ 锉削第五面，以第三面为基准划出相距尺寸 30mm 的平面加工线，然后锉削，达图样要求。

⑦ 锉削第六面，以第四面为基准划出相距尺寸 30mm 的平面加工线，然后锉削，达图样要求。

⑧ 检查。将各锐角边均匀倒棱。

4．注意事项

① 合理选择锉削方法，动作规范、到位。

② 加工夹紧时，加工好的表面装夹要垫上金属衬垫，以免虎钳夹伤工件表面。

③ 在锉削时，要掌握好加工余量，加工中不断测量。注意预留精加工余量，一般约 0.2～0.5mm 左右。

④ 基准面是作为加工控制其他各加工的尺寸、位置精度的测量参照基准，故必须加工达到所要求的平面度、垂直度要求后才能加工其他的平面。

⑤ 合理选择锉削方法，精锉时可采用顺向锉或推锉的方法。

⑥ 加工时注意要兼顾全面，不能因为要获得较好的平面度而忽略尺寸要求，不能因为要获得较好的角度要求而忽略其他尺寸、形位要求。

⑦ 正确选择测量方法，不要因测量造成二次误差。

5. 练习记录及成绩评定

件1练习记录及成绩评定见表2-3。

件2练习记录及成绩评定见表2-4。

件3练习记录及成绩评定见表2-5。

表2-3　　　　　　　　　　　　锉削练习记录与成绩评定表

项次	项目与技术要求（mm）		配分	评定方法	实测记录
1	平面度达到 0.04	（4 面）	20	超差全扣	
2	外形尺寸要求达到 20±0.06 (2 处)		20	超差全扣	
3	垂直度达到要求 0.04	（2 处）	16	超差全扣	
4	表面粗糙度 Ra=1.6μm	（4 面）	12	超差全扣	
5	锉纹整齐	（4 面）	8	超差全扣	
6	锉削姿势正确		24	目测	
7	纪律与安全实习			违者每次扣 2 分	

表2-4　　　　　　　　　　　　锉削练习记录与成绩评定表

项次	项目与技术要求（mm）		配分	评定方法	实测记录
1	平面度达到 0.1	（6 面）	12	超差全扣	
2	外形尺寸达要求	80±0.05	10	超差全扣	
		60±0.05	10	超差全扣	
		20±0.05	10	超差全扣	
3	垂直度达要求	0.1　（4 处）	8	超差全扣	
		0.08　（2 处）	6	超差全扣	
4	表面粗糙度 Ra=3.2μm	（6 面）	12	超差全扣	
5	锉纹整齐	（6 面）	8	目测	
6	锉削姿势正确		24	目测	
7	纪律与安全实习			违者每次扣 2 分	

表2-5　　　　　　　　　　　　锉削练习记录与成绩评定表

项次	项目与技术要求（mm）		配分	评定方法	实测记录
1	平面度达到 0.04	（6 面）	24	超差全扣	
2	外形尺寸要求达到 30±0.06	（3 处）	18	超差全扣	
3	尺寸差值不大于 0.08	（3 处）	6	超差全扣	
4	120°角面的倾斜度达要求 0.03	（6 处）	12	超差全扣	
5	边长均等允差 0.1		8	超差全扣	

续表

项次	项目与技术要求（mm）	配分	评定方法	实测记录
6	表面粗糙度 Ra=3.2μm　　　　　（6面）	12	超差全扣	
7	锉纹整齐、倒棱均匀	6	目测	
8	锉削姿势正确	14	目测	
9	纪律与安全实习		违者每次扣2分	

2.3　錾　　削

2.3.1　錾削基础知识

通过使用手锤打击錾子对金属工件进行切削加工的方法叫錾削。錾削的使用范围较为广泛，主要用于去除毛坯上的凸瘤、毛刺、分割材料、錾削平面和沟槽等。对手锤的熟练掌握，还能对金属材料进行整形、弯曲；在机械维修、模具装配中，手锤也是重要的使用工具，是模具钳工必须掌握的技能之一。

錾削一般在薄板类材料加工中用于去除多余材料，如图 2-22 所示，制作不锈钢瓶口启子。在制作前可以錾削方式排掉多余的材料，需预留 0.5～1mm 的加工余量。一般情况下，厚度在 4mm 以下的板材均可进行錾削加工。

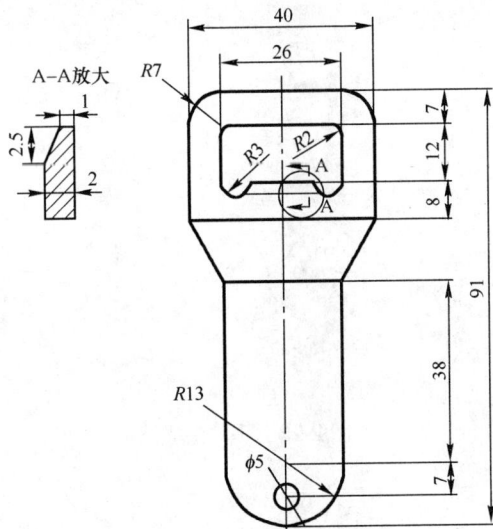

图 2-22　瓶口启子的錾削排料

錾削加工的重点是动作姿势准确规范。錾削质量的好坏、錾削加工的安全，一定要有娴熟的挥锤动作，准确的打击目标。

1. 錾削工具

錾削使用的工具是手锤、錾子、台虎钳或砧板。

（1）錾子

錾子是錾削工件使用的刀具，主要由碳素工具钢经锻打成形后再刃磨和淬火而成。錾子根据其刃口部分的形状不同分为如下几种。

扁錾（也叫阔錾、平錾）　用于錾削平面、切割材料、去除毛刺等；

尖錾（也叫狭錾）　用于开槽、分割曲线形板材；

油槽錾　切削刃很短，并呈圆弧形，为方便在内曲面上錾削油槽，其切削部分做成弯曲形状。它用于錾削平面或曲面上的油槽。

以上是模具钳工常用的几种錾子。除此之外，还有一些特殊功用的錾子，如需手工雕刻用錾子，可在模具表面上雕刻花纹、文字、简易图案等。

（2）手锤

手锤是常用的敲击工具。錾削用的锤子用碳素工具钢制成，并经热处理淬硬。锤子的规格用其质量的大小表示，一般分：0.25kg、0.5kg、1kg等。锤子与手柄的联接必须牢固可靠，注意检查安插在锤孔中的楔子，否则因楔子安插不牢固造成锤头脱落酿成事故。

2. 錾削操作

（1）手锤的握法

手锤的握法有两种：紧握法和松握法。

紧握法如图 2-23（a）所示，用右手五指紧握锤柄，大拇指合在食指上，虎口对准锤头方向（木柄椭圆轴的长轴线方向，木柄尾端露出 15~30mm），在挥锤和锤击的过程中，五指始终紧握。

松握法，如图 2-23（b）所示，只用大拇指和食指始终握紧锤柄。在挥锤时，小指、无名指、中指则依次放松；在锤击时，又以相反的次序收拢握紧。这种握法的优点是手不易疲劳，且锤击力大，是一种常用握法。

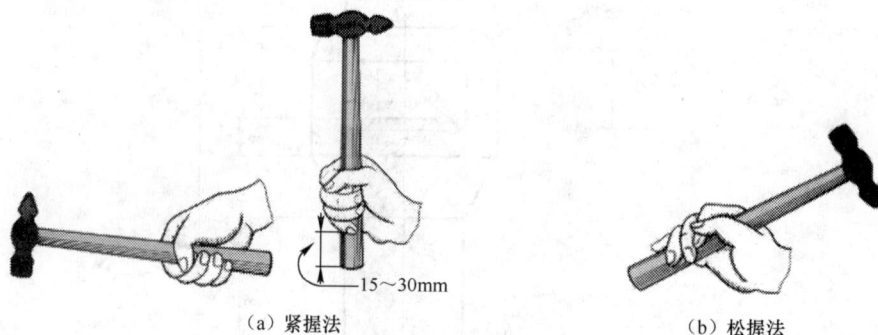

　　　　（a）紧握法　　　　　　　　　　　　（b）松握法

图 2-23　手锤的握法

（2）錾子的握法

錾子也有三种握法：正握法、反握法和立握法。

正握法，如图 2-24（a）所示，手心向下，腕部伸直，用中指、无名指握住錾子，小指自然合拢，大拇指和食指放松伸直地松握，錾子头部伸出约 20mm。

反握法，如图 2-24（b）所示，与正握法相反，手心向上，以手指头部握住錾子，掌心空心，这种握法较轻松，但掌握稍难一些。

立握法，如图 2-24（c）所示，四指前端与大拇指头部握住錾子，掌心空心，这种握法主要适用于在砧板上錾削板材。

（a）正握法　　　　　　（b）反握法　　　　　　（c）立握法

图 2-24　錾子的握法

（3）站立姿势

操作时的站立位置如图 2-25 所示，身体与虎钳中心线大约成 45°，且略前倾，左脚跨前半步，膝盖处稍有弯曲，保持自然，右脚要站稳伸直，不要过于用力。

（4）挥锤方法

腕挥，如图 2-26（a）所示，用手腕挥动手锤进行锤击。锤击力量较小，一般用于錾削余量很小或錾削开始、结尾时。

肘挥，如图 2-26（b）所示，用手腕与肘部一起挥动手锤进行锤击，肘挥时左手握錾子右手挥锤，击锤时要目视錾口刀刃，起、落锤时手要紧握锤把。肘挥力量较大，掌握也较容易，应用最多，采用松握法挥锤省力又不易疲劳。

臂挥，如图 2-26（c）所示，用整个手臂挥动手锤进行锤击，臂挥时右手握锤动作：第一是尽量往右上角抢锤，第二是向后弯曲小臂，第三是迅速用力击锤并要稳、准、狠。臂挥锤击力量最大，錾削余量也是最大，掌握难度也较大，挥锤十分熟练的情况下选用。

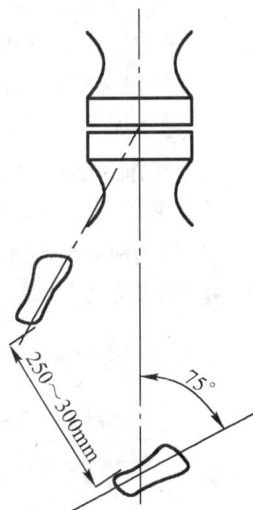

图 2-25　站立姿势

（5）锤击速度

錾削时的的锤击要稳、准、狠，动作要一下一下地有节奏进行，一般在肘挥时速度约 40 次/分，腕挥时稍快些。錾削动作如图 2-27 所示。

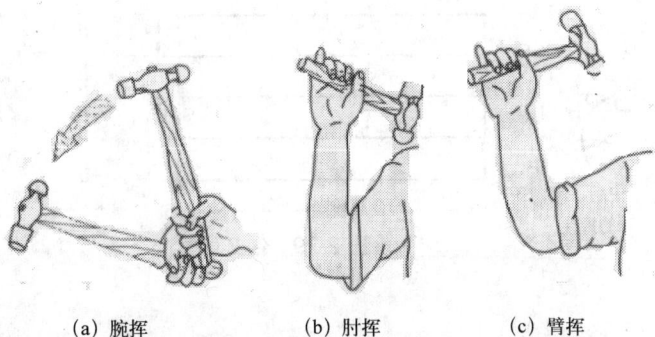

（a）腕挥　　　　　（b）肘挥　　　　　（c）臂挥

图 2-26　挥锤方法

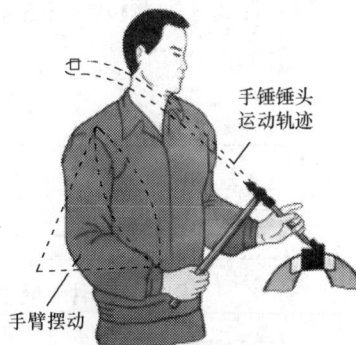

手锤锤头运动轨迹

手臂摆动

图 2-27　錾削动作

（6）起錾方法

"剪切法"錾削　用扁錾切割薄金属板料时，錾子与装夹板料的钳口交叉形成约 45°夹角，錾口契角贴近钳口的刃面与钳口平面形成 0～1°的夹角。这样錾切的板料裁口整齐，不伤钳口。

錾削平面　錾削平面时，工件装夹必须牢靠，伸出钳口高度约 10～15mm 即可，采用斜角起錾方法，錾削出一个斜面后，再按正常的錾削角度慢慢向中间錾削。

（7）錾削注意事项

① 检查手锤是否牢固，不得有松动、錾子应锋利无缺口或磨损、工件装夹牢固。

② 錾削时注意切削角度，一般应在 0～6°，后角过大，錾子易向工件深处扎入；过小，錾削平面不平或在錾削部位滑出。

③ 錾削时应经常观察錾削表面，每錾削几次后，作短暂停顿，调整后再继续錾削。

④ 錾削快完时，一般情况下应调头錾去余下的部分，否则，尽头部分会塌陷或崩裂。

⑤ 錾子应松动自然地握正、稳。眼睛的视线要落在錾削部位，初学者尤其要注意，不可盯着錾子的锤击头部或眼睛跟着手锤转动，否则，极易伤击手部。

⑥ 錾削挥锤要稳健有力，手锤落点准确到位，要注意掌握和控制好手的运动轨迹、位置。否则，锤击无力，錾削达不到应有的效果，还会伤及自己。

⑦ 錾削时，应注意旁边是否有人，要防止切削飞出伤人。

3. 瓶口起子錾削排料

在錾削前划好錾削加工线，留锉削加工余量。用扁錾采用"剪切法"排料，再对工件进行锉削加工完成。

2.3.2　錾削技能训练

1. 实训课题材料

件号	名称	坯料规格（mm）	材料	单位	数量	备注
1	键槽轴	$100 \times \phi 35$	45 钢	根		车削加工备料
2	薄板	$150 \times 80 \times 2$	Q235	块		剪切板材备料

2. 实习工件图

（1）件 1 錾削键槽轴，如图 2-28 所示。

（2）件 2 錾削薄板，如图 2-29 所示。

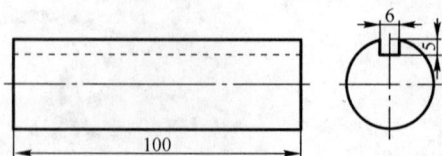

图 2-28　件 1 键槽轴　　　　　图 2-29　件 2 薄板

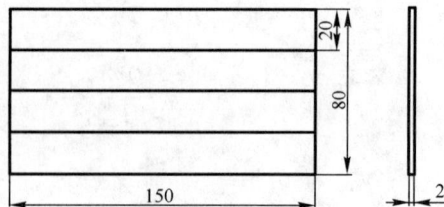

3. 实习步骤

（1）加工件 1（錾削键槽轴）

① 按图样划线，可将毛坯件放在 V 形铁上，再用高度游标尺划线。

② 装夹工件的两端，键槽线伸出钳口平面约 10mm，装夹牢靠。

③ 用狭錾錾削，先以两条键槽线为基准錾削两条斜槽，注意刃口一侧角需与槽位线对齐。

④ 按正面起錾，沿键槽直线每次以 0.5mm 左右的錾削量进行錾削，经多次錾削快接近槽深时，应先修整键槽两侧面，再修整槽底面，注意保证槽底面、侧面的平直。

（2）加工件 2（錾削薄板）

① 划錾削线。

② 按划线装夹，装夹时錾削线与钳口平齐。

③ 斜面起錾后，摆正錾子正常錾削，达到錾痕平直，截面光滑。

④ 也可在铁砧上錾削板料。

4．注意事项

① 必须装夹牢固，注意錾子刃口是否锋利，如已磨损，应及时进行刃磨处理。

② 姿势、动作规范，锤击力要适当并保持一致。

③ 錾削键槽时，开始第一遍的錾削，必须根据先錾削的两条斜面为基准进行，并保证把槽錾直。因第一遍的錾削对后面起先导作用，当快接近槽底面时，应采用腕挥法挥锤，同时轻重保持一致，以保证槽底面的平整。

④ 在虎钳上錾削薄板时，注意錾子的契角后平面与钳口的夹角，应保持后平面与钳口贴平或上翘 $1°\sim2°$，以防錾坏钳口。

⑤ 在铁砧上（或平板）錾削薄板时，錾子刃口必须先对准錾削线，并成一定的斜度按线錾削。要防止前后錾削的切口不一致，同时注意不使錾子錾到铁砧上，当錾削一定深度的錾痕后，可将板料錾痕移到铁砧的边角处用手锤敲断或折断。

5．錾削训练成绩评定

见表 2-6。

表 2-6　　　　　　　　　錾削键槽轴练习记录与成绩评定表

项次	项目与技术要求	配分	评定方法	实测记录
1	键槽宽度尺寸达到要求	30	超差全扣	
2	键槽深度尺寸达到要求	30	超差全扣	
3	键槽平直	20	超差全扣	
8	錾削姿势正确	20	目测	
9	纪律与安全实习		违者每次扣2分	

实训项目三　型面加工

知识目标

- 刮削训练
- 研磨与抛光训练
- 机械设备研磨与抛光

技能目标

- 熟练刮削姿势、掌握刮削技巧
- 掌握刮削件的平行度、垂直度等形位误差的检测方法
- 了解研磨的特点及使用的工具、材料
- 正确选用研磨剂及加工步骤
- 初步掌握研磨方法及研磨技能
- 初步掌握镶拼结构的研磨
- 保证研磨平面的形位、尺寸精度
- 掌握机械设备研磨与抛光方法，且具备一定的工具制作能力

建议学时

15 学时

3.1 刮　　削

3.1.1 刮削基础知识

刮削是模钳加工技能之一。一般是为了配合件获得很好的配合精度要求、机械零件装配精度，如为了保证机床导轨副具有良好的接触刚度和运动精度，保证零件表面的美观等，需要进行刮削处理。刮削因其工作效率较低，劳动强度较大，除特殊需要外，一般情况下可作磨削处理。

用刮刀对金属表面进行微量的切削加工的方法叫刮削。

1．刮削的应用

（1）刮削应用原理

当刮削是为了获得配合件的精度要求时，刮削在应用之前必须首先获得工件表面的显点，即将工件与校准工具或与其相配合的工件之间经涂抹介质，然后对研，使工件表面凹凸处显现出来。这样再用刮刀进行微量的切削加工，从而刮去隆起的部分。刮刀在刮削的同时，其

实也对工件表面有推挤和压光作用。经过反复的研刮，最终达到工件的加工精度要求。

（2）刮削应用

刮削由于其特殊的加工原理，在刮削过程中，刮刀在外力作用下，既对材料进行切削加工，同时又对材料进行挤压，使材料表面组织紧密、光亮，能形成比较均匀的浅坑，使表面具有良好的存油条件，有利于润滑。因此，机床导轨、滑板、滑动机构、量具等的接触表面常用刮削的方法进行加工。在模具制造中，刮削可对有密封要求的表面和与注射模具有关的分型面进行加工，如图3-1所示，模具侧抽芯机构。

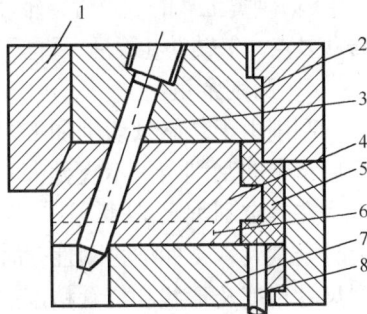

图 3-1　侧抽芯机构刮削加工

模具侧抽芯机构主要由锁紧楔1、定模板2、斜导柱3、侧抽芯滑块4、塑件5、导滑槽6、导滑槽板7、推杆8组成。注射模成型带有侧孔或侧凹的制件时，模具上需设置可活动的侧向型芯，在制件脱模前将活动型芯抽出，再从模具中推出制件。完成这一系列动作的机构就是抽芯机构。抽芯机构动作时，必须保证动作准确可靠，且滑动平稳，因而在加工时，定模板与抽芯滑块、导滑槽板与抽芯滑块之间的接触表面，必须具有良好的滑动性和密封性，通过对这些接触表面的刮削加工，可以保证其运动要求。

2．刮削工具

（1）平面刮刀

平面刮刀主要用于平面的刮削及刮花，一般采用 T12A 钢制成。常用的平面刮刀有直头刮刀和弯头刮刀两种。

（2）曲面刮刀

曲面刮刀主要用于刮削内曲面，常用的有三角刮刀、蛇头刮刀和柳叶刮刀。

（3）校准工具

校准工具主要是用来推磨研点和检查被刮面准确性的工具，也叫研具。常用的有校准平板（通用平板）、校准直尺、角度直尺及根据被刮面形状设计制造的专用校准型板等。

3．显示剂

工件与校准工具对研时，所加的涂料叫显示剂，其作用是显示工件误差的位置与大小。显示剂一般有红丹粉（分铁丹，呈褐红色；铅丹，呈橘红色）用机油调和，用于铸铁和钢件；蓝油，由普鲁士蓝粉和蓖麻油加适量机油调合而成，呈深蓝色，用于精密工件、铜等有色金属及其合金工件。

显点方法。将显示剂涂抹在工件表面或校准工具表面上，均匀地施加一定的压力，并作直线或回转研点运动，即显示出需要刮去的高点。注意事项如下。

① 精刮时，最好将显示剂涂在工件上，对研后显示出红底黑点，容易看清；粗刮时，可将显示剂涂在标准件上，这样只在工件表面的高点着色，刮削方便。

② 粗刮时，显示剂可稍调稀些，这样在刀痕较多的工件表面上便于涂抹，显示的研点也大；精刮时，显示剂可调得干一些，涂抹要薄而均匀，这样显示的研点细小便于刮削。

③ 较大平面显点时，工件超出平板边缘约占工件长度的三分之一以内为宜，每次推拉不要过长，一般不超过工件长度的一半，一个方向推拉几次后，再将工件调转90°，前、后、左、右各做几次。

④ 有台阶面的显点时，工件可靠在平板的边缘进行显点，但双手的抬压，推拉用力均衡，以保证显点准确。

⑤ 轴类工件的显点时，轴插入衬套内必须有一定的紧力，然后制作一夹具，夹住轴的一端转动显点，每转动几圈后，再反方向转动几圈，转动时作适当的轴向串动，退出时应转动抽出。

4. 刮削余量

刮削由于是微量切削加工，刮削操作劳动强度又很大，一般要求加工工件在前期机械加工后留下的刮削余量不宜太大，通常为 0.05～0.1mm。

在确定刮削余量时，还应考虑工件刮削面积的大小。面积大时余量大，刮削前加工误差大时余量大，工件结构刚性差时余量也应大些。选取合适的刮削余量，才能经过反复刮削达到尺寸精度及形状和位置精度的要求。

5. 刮削要求

（1）刮削表面要求

刮削表面应呈现出有规则的波纹，应同向切削。不能有明显的刻痕、振痕及落刀痕迹等缺陷。刮削的刀痕应交叉，粗刮时可以采用连续推铲的方法，刀痕要连成长片，刀迹宽度应为刮刀宽度的 2/3～3/4，长度为 15～30mm，粗刮能较快地去除加工刀痕、锈斑或过多的余量。其接触点可用方框检查，即 25mm×25mm 面积内均匀达到 2～4 个研点。

粗刮后转入细刮，细刮的目的是进一步改善表面的不平整。细刮时采用短刮法，每刮一遍时，要按同一方向刮削，最好与平面的边成一定的角度，刮削第二遍时要交叉刮削，以消除原方向的刀迹。刮削时刀迹宽约 5mm，长度约 6mm，研点在方框内（25mm×25mm）达到 12 点左右，细刮结束。

精刮的目的是为了增加研点，提高工件表面质量，达到精度要求。精刮采用点刮法，要注意压力要轻，提刀要快，这样刮面更窄小，刀迹也短，但每个研点只刮一刀，不要重复刮削，并始终交叉刮削。精刮时刀迹宽度、长度均小于 5mm，研点在方框内（25mm×25mm）达到 20 点以上。

（2）刮削质量要求

刮削质量即刮削精度，包括尺寸精度、形状和位置精度、接触精度及贴合程度、表面粗糙度、刮花的美观程度。

刮削质量的检查方法：刮削后的工件形状和位置精度的检查可用百分表或水平仪等检验，接触精度可用方框内的研点数检查（如图 3-2、图 3-3 所示），配合间隙可用塞尺检查。

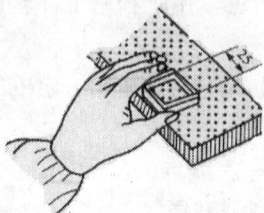

图 3-2　方框检查接触点

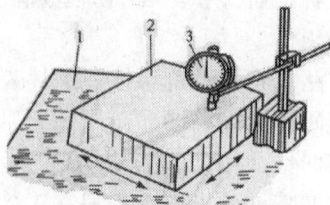

1—平板；2—工件；3—百分表
图 3-3　百分表检查平行度

6. 刮削操作

（1）刮削前期的准备

刮削工件时，必须做好一系列准备工作。

① 刮削的场地光线要充足，刮削时可以更好地观察和调整。要彻底地清洗工件，去除油污，去除工件上的毛刺、锐边、砂眼，检查工件表面质量，确定待刮削面的刮削精度等级和刮削量。

② 工件摆放平稳，要防止因刮削时用力过大而使工件滑动或翻倒造成工件损伤，刮削面安放的高度要适当，一般为操作者齐腰的位置。对于较小型的工件，一般用台虎钳或夹具夹持再进行刮削，但要注意夹紧力度，防止夹坏工件。

③ 刮刀刀刃要锋利，注意检查是否有缺口或磨损，否则就要刃磨一下。用时或用后注意轻拿轻放，最好用纱布或塑料套管保护好刃口。

刮刀有缺损或磨损较大时，要先进行粗磨，粗磨可在砂轮上磨削，但必须注意刃磨时要经常蘸水冷却，避免刃口发热退火。应先磨刮刀平面，将刮刀先接触砂轮边缘，再缓慢延伸至砂轮侧面，然后将刮刀前后来回移动，磨削刮刀两面至平整，并保证其厚薄均匀无明显差别。如图 3-4 (a) 所示。

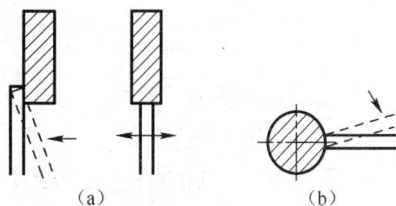

图 3-4 刮刀的粗磨

然后，粗磨刮刀前端面。磨削时，双手前后握住刀身将刮刀前端面对准砂轮轮缘，并与砂轮中心线向上倾斜一定角度接触，再逐步下移至砂轮中心线位置，（注意不可将刮刀前端直接在砂轮中心线位置接触，否则刮刀因砂轮径向跳动发生颤抖，造成刮刀人为损伤过大，甚至发生伤人事故）。如图 3-4 (b) 所示。然后将刮刀前端面在砂轮轮缘上左右移动刃磨，注意端面与刀身中心线垂直。并达到刮刀的几何形状与角度要求，平面刮刀的几何角度一般为粗刮刀顶端角 90°～92.5°，刀刃平直，如图 3-5 (a) 所示；细刮刀为 95° 左右，刀刃稍带圆弧形，如图 3-5 (b) 所示；精刮刀为 97.5° 左右，刀刃为圆弧形，如图 3-5 (c) 所示。

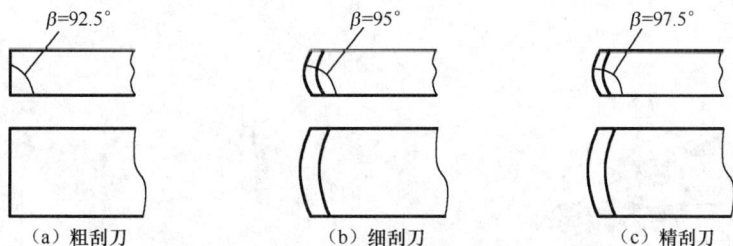

图 3-5 刮刀切削部分的几何形状与角度

精磨时必须在油石上刃磨，在油石上加适量机油，先磨刮刀两平面，达到表面平整光滑，然后再磨端面，如图 3-6 所示。刃磨方法：左手扶住手柄稍下刀体，右手紧握前端刀体，使刮刀直立在油石上，并根据前端面 β 角不同而适当前倾，刃磨时，向前推磨，退回时刀身稍提起，以免伤及刃口，如此反复。刀口形状、角度符合要求，刃口锋利达到要求。

④ 这时，就可以根据工件要求合理选择研具及涂抹显示剂。涂抹显示剂目的是为了凸显工件表面的不平整度，以利于刮削处理。当然，如刮削工件是为了美观和滑动件之间获得良好的润滑要求，则可以不用涂抹显示剂而直接刮花。涂抹时，不可涂抹得太厚，应均匀涂抹。显示剂一般涂抹在标准研具上，也可以涂抹在工件上，然后将研具与工件对研，找出显点，再根据显点的不同，合理地选择刮削方案。需注意的是，显示剂必须清洁，不得混入杂质。

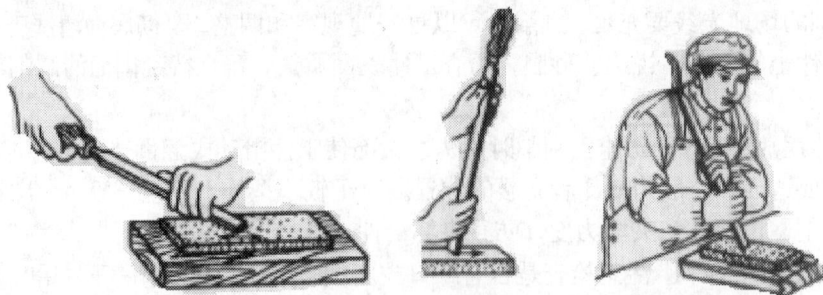

图 3-6　精磨刮刀

(2) 刮削方法

① 平面刮削方法。

手刮法　手刮的姿势如图 3-7 所示，右手握住手柄，方法与握锉刀相同，左手四指向下握住刀身离刮刀刃部约 50mm 处，刮刀与被刮削表面成 20°～30°角。此时，左脚前跨一步，上身随即前倾，以增加左手的压力，但注意落刀时要轻，以避免下刀压力过大造成刮削表面压痕。然后再增加压力，同时向前推进，当推至所需位置时，左手迅速提起完成一个手刮动作。

手刮法灵活方便，也较容易掌握，适用于曲面刮削及一般小型刮刀的平面刮削、少余量的刮削。因手刮法用力较大，易疲劳，不适用于加工余量较大的表面加工。

挺刮法　挺刮姿势如图 3-8 所示，刮刀的蘑菇形刀柄顶在小腹右下侧，左手四指弯曲压握在离刀刃口约 100mm 处，右手紧邻左手后面握住刀身。刮削时刮刀对准研点，左手下压，同样下刀要轻，避免留下压痕，然后利用腰部力量，使刮刀向前推进刮削，推动后瞬时将刮刀提起，完成一次刮削。

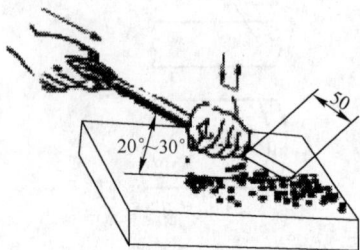

图 3-7　手刮法

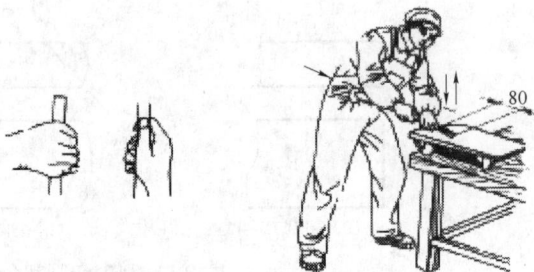

图 3-8　挺刮法

挺刮法可以利用下压推进的同时瞬时放松，刮刀的弹力同时对表面切削，因而切削量较大，适用于大余量的切削，工作效率也较高。

② 内曲面刮削方法。

刮削姿势如图 3-9 (a) 所示，右手握刀柄，左手掌心向下四指横握刀身，拇指抵住刀身。刮时左右手同时作圆弧运动，且顺曲面使刮刀作后拉或前推的螺旋运动，刀迹与曲面轴线约成 45°夹角，且交叉进行。

第二种姿势如图如图 3-9 (b) 所示，刮刀柄搁在右手臂上，双手握住刀身，刮削时动作和刮刀运动轨迹与上种姿势相同。

(a)　　　　　　　　　　　　　　　　　　(b)

图 3-9　内曲面刮削方法

③ 外曲面的刮削姿势与内曲面刮削姿势相似，两手捏住平面刮刀的刀身，用右手掌握方向，左手加压或提起，刮刀柄搁在右手小臂上。刮削时刮刀面与工件端面倾斜角约为 30°，也应交叉刮削。

7. 图 3-1 模具侧抽芯机构刮削分析

模具侧抽芯机构需刮削加工零件包括侧抽芯滑块 4 与定模 2 接触表面；侧抽芯滑块的导滑槽 6 与导滑板 7。刮刀采用细刮刀用"手刮法"刮削。刮削之前先将待刮削表面进行清洗，并去除毛刺等暇疵，再涂显示剂对研，对凸点进行刮削，如此反复，直至达到要求。

3.1.2　刮削技能训练

1. 实训课题材料

件号	名称	坯料规格（mm）	材料	单位	数量	备注
1	方块刮削	$80 \times 60 \times 20$	HT15-33	块		接上道工序

2. 实习工件图（见图 3-10）。

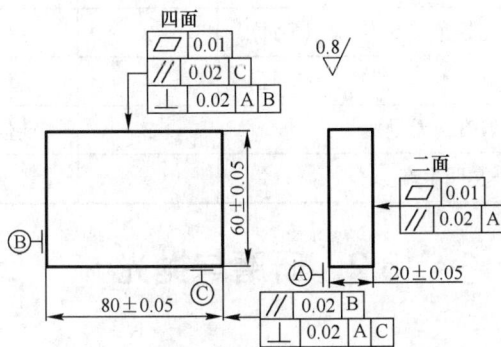

图 3-10　刮削四方体

3. 实习步骤

① 涂显示剂，使工件显点。

② 用标准平板平面作为测量基准，为达到平行面平行度的要求，应先粗、精刮基准面平面达到粗糙度和接触点数要求，然后再刮削对面平行面。但在刮削之前应先用百分表测量该面对基准面的平行度误差，并以此确定其刮削部位及刮削量，结合涂色显点，从而保证该面的平面度。

③ 刮削完工件的两个平面后，开始刮削四个侧面即垂直面。垂直面的刮削与平行面刮削相似，也是要以垂直度测量方法确定其刮削部位，结合涂色显点刮削到该面的平面度要求。

四个垂直面的刮削顺序与锉削该工件时的方法相同。

4. 注意事项

① 研点时，不要因为接触点不均匀而特意增加局部压力，使显点不正确。有时为了工件得到正确的显点，可在工件上压一个重物，采用自重力研点，保证研点的正确性。

② 要掌握好接触显点的分布误差与垂直度、平行度误差的不同情况，防止刮削修正的盲目性和片面性。

③ 用百分表测量平行度时，应将工件的基准面放在标准平板上，百分表测杆头探测工件表面时，要先调整一定的初始读数，然后沿着工件被测表面的四周及两条对角线方向进行测量，测得的最大与最小读数之差即为平行度误差。测量其他平面或位置精度方法类似。

④ 每刮削一个平面应兼顾其他有关面，以保证各项技术指标达到要求，避免因再次修正某一面时影响其他形位及尺寸精度。

⑤ 正确掌握好粗刮到精刮的过渡，以获得工件要求的精度。

5. 刮削练习记录与成绩评定

刮削练习记录与成绩评定见表3-1。

表 3-1　　　　　　　刮削练习记录与成绩评定表

项次	项目与技术要求（mm）		单次配分	评定方法	实测记录
1	尺寸要求 20±0.05		4	超差全扣	
2	尺寸要求 80±0.05	（2组）	4	超差全扣	
3	平行度 0.02	（3组）	4	超差全扣	
4	垂直度 0.02	（6处）	3	超差全扣	
5	接触点 25×25mm^2 点数允差 6 点	（6面）	2	超差全扣	
6	表面粗糙度 Ra=0.8μm	（6面）	4	超差全扣	
7	无明显刀痕、无划痕		2	超差全扣	
8	安全文明生产			违者单次扣2分	

3.2 研磨与抛光

3.2.1 研磨与抛光基础知识

在零件加工中，特别是模具加工，对工件装配、组装及表面加工在一般机械加工如车、铣、刨、磨等仍不能达到技术要求的加工精度或配合要求，往往要通过更细微的更精整的加工才能获得，即对工件表面最终的精密加工、镜面加工的方法，这种工艺方法就是研磨与抛光。它是提高模具加工质量的重要工序。

图3-11 所示为研磨抛光凸轮。选用合适的磨料，凸轮可以采用专用工具，手动研磨方式进行。

研磨与抛光加工的重点是合理的选择研具、磨料及研抛速度。研磨抛光加工时，要注意研抛时间、研抛方法，才能保证研抛件的表面质量。

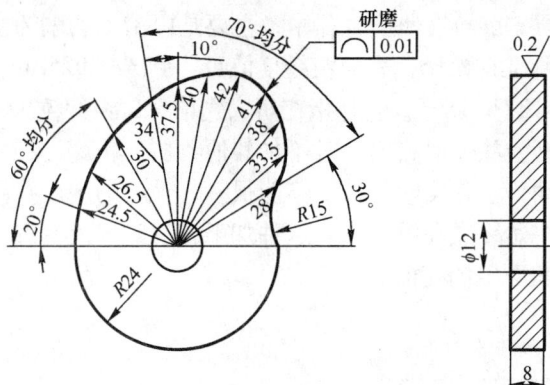

图 3-11 研磨抛光凸轮

1．研磨

将研磨使用的研具通过表面嵌入或涂敷研磨剂，在一定的压力作用下，使研具与工件表面接触并作相对运动，从而对工件表面进行极其微薄的切削过程叫研磨。

2．抛光

为了使工件达到极高的表面粗糙度和使工件表面获得光泽，通过抛光工具和抛光剂对零件表面进行极其细微的磨削加工的方法叫抛光。

3．研磨与抛光的作用

① 能提高工件表面质量，达到工件表面质量与精度要求；

② 能获得较高的配合精度，提高工件的表面强度和寿命，因研磨、抛光的物理、化学作用还可以防止工件生锈；

③ 能提高塑料模具型腔表面质量，可以满足塑件制品的工艺要求；

④ 可以去除工件机械加工时产生的凝瘤及刀痕等缺陷，从而提高模具的精度及使用寿命；

⑤ 提高塑料模具的浇注系统、流道表面质量，降低注射的流动阻力，并使塑件容易脱模；

⑥ 在金属塑性成型工艺中，良好的型腔表面质量，能防止出现粘黏及提高成型性能，使模具工作部分与工件之间摩擦和润滑良好。

4．研磨的加工机理以及研磨与抛光的区别

（1）研磨的加工机理

研磨加工时，因研具与工件表面涂抹有磨料或研磨剂，通过外力作用，使其产生相对运动，经过磨粒的切削作用和研磨剂的化学与物理作用，在工件表面上即可去除极微薄的一层金属，获得较高的尺寸精度与较低的表面粗糙度值。其切削过程是一部分镶嵌在研具上的磨粒的滑动切削，一部分是靠飘浮在工件与研具之间的磨粒的滚动切削来完成的。除研磨磨粒的切削作用外，研磨的化学、物理作用主要表现在研磨剂内还加有油酸、硬脂酸等酸性物质，它们会使工件表面产生一层很软的氧化物薄膜，工件表面的凸峰形处的薄膜很容易被磨粒去除，露出的表面很快又被氧化，随即又被去除，如此反复循环，从而达到切削目的。

研磨分为湿研磨与干研磨。

① 湿研磨，如图 3-12 (a) 所示。它是指在研磨过程中，将研磨剂涂抹在研具或工件上，用分散的磨粒进行研磨，这是目前最常用的研磨方式。研磨剂中除磨粒外，还加有煤油、机

油、油酸、硬脂酸等物质，磨粒在研磨过程中，主要是以滚动切削为主，生产效率较高，但加工出来的工件表面一般没有光泽，表面粗糙度值可达到 $Ra0.025\mu m$。

② 干研磨，如图 3-12（b）所示。它是指在研磨之前，先将磨粒压入研具，用压砂研具对工件进行研磨。这种研磨方法一般在研磨时不加其他物质。研磨过程中磨粒基本固定在研具上，它的切削作用以滑动为主，磨粒的数目不能很多，且均匀地压在研具的表面上形成很薄的一层，在研磨的过程中始终嵌在研具内。这种加工方法效率没有湿研磨高，但可以达到很高的尺寸精度和很低的表面粗糙度值。

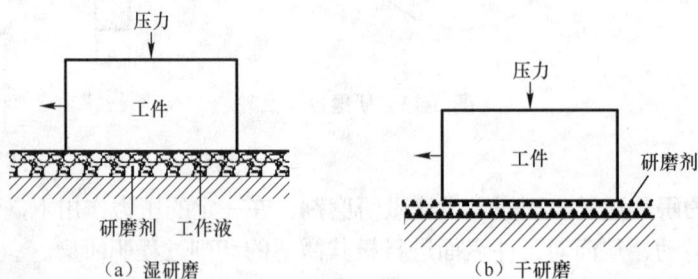

（a）湿研磨 （b）干研磨

图 3-12　湿研磨与干研磨

（2）研磨与抛光加工的区别

研磨与抛光都是对工件最后的精整加工，能获得很高的尺寸精度和很小的粗糙度。在模具型面的精饰加工中，为提高模具接合面的精度，防止树脂渗漏，对型面进行研磨处理会获得较好的效果。为保持良好的配合精度或使机构具有良好的滑动、润滑效果，采用研磨加工是理想的选择。而抛光加工多用来使工件表面显现光泽，很适合对要求具有很高的表面光滑的塑件制作的型腔加工。抛光时，工件的表面温度比研磨要高（抛光速度比研磨要快），有利于氧化膜的快速形成，从而较快地获得高的表面质量。抛光可选用较软的磨料，这样，由于磨料的硬度低于工件的硬度，所以磨粒不会划伤工件，可以获得很高的表面质量。

5. 磨料、研磨剂及研具

（1）磨料

① 磨料的种类。磨料的种类很多，一般是按硬度来划分的。硬度最高的是金刚石，包括人造金刚石和天然金刚石；其次是碳化物类，如黑碳化硅、绿碳化硅、碳化硼和碳硅硼等；再次是硬度较高的刚玉类，如棕刚玉、白刚玉、单晶刚玉、铬刚玉、微晶刚玉、黑刚玉、锆刚玉和烧结刚玉等；硬度较低的是氧化物类（又称软质化学磨料），有氧化铬、氧化铁、氧化镁及氧化铈等。

② 磨料的硬度。磨料的硬度是磨料的基本特性之一，它与磨具的硬度是两个截然不同的概念。磨料的硬度是指磨料表面抵抗局部外作用的能力，而磨具（如油石）的硬度则是黏结剂粘结磨料在受外力时的牢固程度。较硬的物体可以在较软的物体上划出痕迹，即能破坏它的表面。研磨的加工就是利用磨料与被研工件的硬度差来实现的，磨料的硬度越高，它的切削能力越强。

③ 磨料的强度。磨料的强度是指磨料本身的牢固程度。即当磨粒锋刃还相当尖锐时，能承受外加压力而不被碾碎的能力。强度差的磨粒，它的磨粒粉碎得也快，切削能力就低，使用寿命就短。这就要求磨粒要有较高的硬度也要有较高的强度，才能更好地进行研磨加工。

磨料也有按天然与人造划分的，但目前几乎全部使用人造磨料。常用磨料的种类及用途见表3-2。

表 3-2　　　　　　　　　　　　　　　　常用磨料的种类与用途

系列	磨料名称	代号	颜色	硬度与强度	用途	
					工件材料	应用范围
金刚石系	人造金刚石	–	灰色至黄白色	最硬	硬质合金、光学玻璃	粗研磨、精研磨
	天然金刚石	–				
碳化物系	黑碳化硅	C	黑色半透明	比刚玉硬，性脆锋利	铸铁、黄铜	
	绿碳化硅	GC	绿色半透明	较黑碳化硅硬而脆	硬质合金	
	碳化硼	BC	灰黑色	比碳化硅硬而脆	硬质合金、硬铬	
刚玉系	棕刚玉	A	棕褐色	比碳化硅稍软，韧性好，能承受较大压力	淬硬钢、铸铁	
	白刚玉	WA	白色	比棕刚玉硬，而韧性稍低，切削性能好		
	铬刚玉	PA	紫红色	韧性比白刚玉高		
	单晶刚玉	SA	透明、无色	多棱。硬度高，强度高		
氧化物	氧化铬	–	深绿色	质软	淬硬钢、铸铁、黄铜	极细的精研磨（抛光）
	氧化铁	–	铁红色	比氧化铬软		
	氧化镁	–	白色	质软		
	氧化铈	–	土黄色	质软		

④ 磨料的粒度。磨料的粒度是指磨料的颗粒尺寸。根据磨料标准（GB2477—83），规定粒度用 41 个粒度代号表示。其表示方法有两种。基本粒尺寸大于 $50\mu m$ 的磨粒，用筛网分的方法测定，粒度号代表的是磨粒所通过的筛网在每一英寸(约 25.4mm) 长度上所含的孔眼数。如 60 号粒度是指它可以通过每一英寸上有 60 个孔眼的筛网，但不能通过每一英寸上有 70 个孔眼的筛网。因此，用这种方法表示的粒度越大，磨粒就越细。尺寸很小的磨粒，呈微粉状，一般用显微镜的方法测定。粒度号用 W 表示。

(2) 研磨剂

研磨剂是由磨料和润滑液混合而成的一种混合剂，分液体和固体两类。

① 液体研磨剂。它主要由研磨粉、硬脂酸、航空汽油、煤油等配制而成。下面介绍一种精细研磨冷、热模具钢，各类合金工具钢及一般钢材的研磨剂配方：

白钢玉粉 120 号　　　　　15g；

硬脂酸　　　　　　　　　8g；

航空汽油　　　　　　　　200ml；

煤油　　　　　　　　　　35ml。

调配方法：先将硬脂酸、加热溶解，冷却后加入汽油搅拌，经双层纱布过滤，最后加入研磨粉、煤油等搅拌均匀。

② 固体研磨剂。它主要指研磨膏，常用有抛光研磨膏、研磨用研磨膏、研磨硬性材料（如硬质合金等）用研磨膏三大类。一般选用多种无腐蚀性载体（如硬脂酸、硬蜡、三乙醇胺、肥皂片、石蜡、凡士林、聚乙二醇硬酯酸酯、雪花膏等）加不同磨料来配制研磨膏。

一般工厂可选用成品研磨膏。成品研磨膏分粗、中、细，可根据模具精度要求选用。使用时加机油稀释即可。

（3）研磨工具

在研磨加工中，研具是保证研磨精度质量的重要因素。平面研磨通常采用标准平板，粗研磨时，平板上可开槽，以避免过多的研磨剂浮在平板上，这样易使工件研平，精研时则用精密镜面平板。

研具材料要比工件软，使磨料能嵌入研具而不会嵌入工件内。常用的研具材料有：灰铸铁，它具有润滑性能好、耐磨、研磨效率高等优点，应用较广；低碳钢（研磨螺纹和小直径工件），紫铜、黄铜、铝（研磨余量大的工件）等。

非金属材料研具主要有木料、竹、皮革、毛毡、玻璃、涤纶织物等。材料的选用视工件表面要求而定，主要是使加工表面光滑。

6. 研磨操作工艺

（1）研磨前余量的确定

研磨是微量切削，每研磨一遍所磨去的金属层不超过 0.002mm，因此研磨余量应控制在 0.005～0.030mm 较好。研磨余量大，则增加加工时间且难以保证加工精度；研磨余量小，则不会研磨出应有的效果。具体研磨余量的确定，可参考以下三个方面：

① 面积大、形状复杂、精度要求高的零件，可取较大的余量；

② 预加工质量高，应取较小的余量，否则取较大的余量；

③ 双面、多面、位置精度要求高的工件及不同的加工方式，应根据具体情况选择研磨余量，见表3-3。

表 3-3　　　　　　　　　　　　研磨余量

零件形状	前道工序	表面粗糙度（μm）	研磨余量（μm）	研后表面粗糙度（μm）
平面	精磨	0.8～0.4	3～15	0.1
	刮削	1.6～0.8	3～20	0.1
内圆	内圆磨	0.8～0.2	5～20	0.1
	精车	1.6	20～40	0.1
	铰孔	3.2～1.6	20～50	0.1
型腔	线切割	细钼丝：1.6	5～10	0.1
		粗钼丝：6.3	10～20	0.1
外圆	外圆磨	0.8～0.4	10～30	0.1
	精车	1.6	20～35	0.1

(2) 研磨时的上料

根据工件精度要求合理选择研磨的上料方法,当进行湿研磨时,采用涂敷法将研磨剂均匀地涂敷在工件或研具上;当进行干研磨时,采用压嵌法用淬硬的压棒将研磨剂均匀地压入研具,使砂粒均匀地嵌入研具内,再进行研磨。

(3) 研磨的压力、速度和时间

① 研磨的压力。研磨过程中,工件与研具的接触面积由小到大,适当地调整研磨压力,可以获得较高的效率和较低的表面粗糙度值。

研磨压力不能太大,也不能太小。研磨压力一般取 0.01~0.5MPa。一般手工粗研磨的压力为 0.1~0.2MPa;精研磨的压力为 0.01~0.05MPa。

② 研磨的速度。合理地选择研磨速度应考虑加工精度、工件的材质、硬度、研磨面积等。同时也要考虑研磨的加工方式等多方面的因素,一般手工粗研磨的速度约往复 40~60 次/分钟;精研磨往复 20~40 次/分钟。

③ 研磨的时间。研磨时间与研磨速度是密切相关的,它们都同研磨中工件所走过的路程成正比。一般是在研磨的初始阶段,工件几何形状误差的消除和表面质量的改善较快,作用较明显,而后则缓慢下来。研磨时间不能过长,手工研磨时间应控制在单位面积的同一工件表面内以 3 分钟左右为宜。

(4) 研磨操作方法

① 平面研磨方法。一般平面的研磨方法:工件沿平板表面以直线往复式 (图 3-13 (a))、直线摆动式 (图 3-13 (b))、螺旋式 (图 3-13 (c)) 和 "8" 字仿 "8" 式 (图 3-13 (d)) 运动轨迹进行研磨。

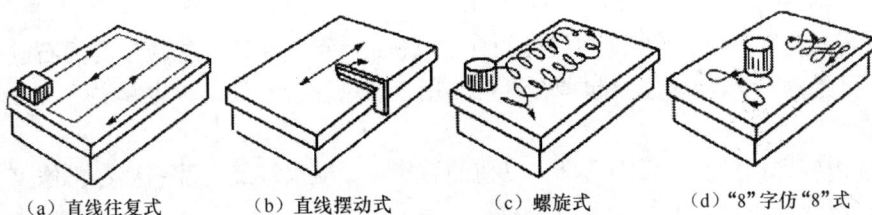

(a) 直线往复式　　(b) 直线摆动式　　(c) 螺旋式　　(d) "8" 字仿 "8" 式

图 3-13　研磨轨迹

狭窄平面的研磨:狭窄平面一般采用直线研磨运动轨迹进行研磨。但为防止狭平面产生倾斜,研磨时应用一 "导块" 作为依靠再研磨。

如工件数量较多,可采用将几个工件装夹在一起研磨,这样能有效地防止工件倾斜,影响研磨质量。

② 圆柱面研磨方法。一般是通过工件的旋转运动和研具的在工件上沿轴线方向作往复运动来进行研磨。它是通过装夹在车床上旋转和手工配合完成的。

③ 圆锥面的研磨方法。圆锥面的研磨方法与圆柱面的研磨法相同,只是研具是表面开有螺旋槽的圆锥研磨棒。

④ 用砂纸进行研磨。研磨用砂纸有氧化铝、碳化硅、金刚砂纸。砂纸的粒度可根据抛光需要合理选用,研磨时可用硬木块压在砂纸上进行。研磨液可使用煤油、轻油。研磨过程中必须经常将砂纸和研磨工件进行清洗,砂纸粒度从粗到细选用。

7. 研磨注意事项

① 为保证研磨加工质量及减少工时,对前道磨削加工或电加工模具工作零件的表面质量应提出明确要求。

② 研磨用磨料应由粗到细,顺次更换。在更换磨料加工时,应将前道工序的磨削痕迹完全去除,研磨要进行到只能看见本次磨削痕迹为止,这对于防止出现"浮雕"现象是非常重要的。

③ 同一研具只能使用同一粒度的磨料。

④ 每次改换磨料粒度之前,必须将工件彻底清洗一遍,以不使较粗的磨粒或其他污物带到下一工序,造成研磨表面划伤。

⑤ 每次向下一粒度转换时,应以与下一次磨削方向成30°~45°进行磨削。

⑥ 若有较深的伤痕时,不能只对此局部位置进行研磨,否则会使此局部位置出现凹坑。所以应作全面修整,去除凹坑。对容易研磨和不容易研磨的部位都要注意进行均匀的研磨。

⑦ 对模具工作零件的细小部位、狭槽、小孔等进行研磨时宜用电动工具。

⑧ 最终的研磨纹路应与塑件的脱模方向一致。

⑨ 研磨压力要适中,研磨运动轨迹要选用准确。一般粗研时,或研磨较小的硬工件时,可用较大的压力和较低的速度。精研时,或研磨较大工件时,则宜用较小的压力和较高的速度。

⑩ 对于圆柱面或圆锥面的研磨,若工件是配对使用的,可不用研具,只需在工件上涂上研磨剂,直接进行配套研磨即可。

8. 研磨方法分类

(1) 手工研磨

① 用油石进行研磨。当型面有较大的加工痕迹时,可选用适合的粒度的油石进行研磨加工。在研磨时要加润滑液,主要起调和磨粒作用,使磨粒分布均匀,也起润滑、冷却及化学作用。

油石选用应根据型面的大小选择,以使油石能纵横交叉移动。油石要经常修磨,以保持平整或所需形状。

在研磨过程中,应经常将油石和工件进行清洗,否则由于发热胶着和堵塞而降低研磨速度。堵塞油石清理方法是:在普通车床上装夹ϕ100mm的软钢棒料,作500r/min回转,在棒料端面涂抹混有煤油的碳化硅粉,将油石堵塞面与棒料端面轻轻接触,10s就可完全清理好。

② 用砂纸研磨。研磨用砂纸有氧化铝、碳化硅、金刚砂砂纸。研磨时可用木块压在砂纸上面进行,研磨液使用煤油、轻油。研磨过程中必须经常清洗砂纸和工件表面,砂纸粒度可从粗到细加以改变。

③ 用磨粒进行研磨。用油石和砂纸不能研磨的细小部分或文字、花纹,可以在研磨棒上用油粘上磨粒进行研磨。对凹陷的文字、花纹可用磨粒沾在工件上用铜刷反复刷擦。

④ 用研磨膏研磨(方法如上所述)。

(2) 手持工具研磨

现有气动及电动手持抛光工具进行研磨、抛光,以提高研磨加工效率。电动手持研抛工具的研抛头是可以互换的,配上不同的磨削头,可以进行不同的研抛工作。

9. 抛光应用

抛光是通过抛光工具和抛光剂对零件进行极其细微的切削加工，基本原理与研磨相同。在所有的机械加工痕迹都消除后，就可以开始抛光加工。通过抛光可以获得很高的表面质量，表面粗糙度可达到 $Ra0.08\mu m$，并使加工面呈现光泽。抛光是工件最后一道加工工序，要使工件达到表面质量要求，加工余量应适当，一般选取在 $0.005\sim0.05mm$ 范围内。也可根据工件尺寸精度来定，有时加工余量就留在工件的公差以内。

抛光可以是机械加工，也可以是手工抛光。抛光时可用与研磨相同的电动或气动磨削工具。抛光工具包括如下几种。

（1）手用抛光工具

根据抛光表面形状不同手用抛光工具有如下分类。

① 平面用抛光工具。平面用抛光工具的可根据抛光平面大小自行制作。如图 3-14 所示。一般用硬木材料作为手柄，在抛光器的研磨面上，刻出大小适宜的凹槽，在离研磨面稍高处刻出用于缠绕布类制品的止动凹槽。

使用粒度较粗的研磨剂进行研磨加工时，只需将研磨膏涂在抛光工具的研磨面上进行研磨加工即可。若使用极细的超微粉进行抛光作业时，可将人造皮革缠绕在研磨面上，再把磨粒放在人造皮革上并以尼龙布缠绕，用铁丝沿止动槽捆紧后进行抛光加工。每一种抛光器具只能使用相同粒度的磨粒。

② 球面用抛光工具。如图 3-15 所示，其制作方法与平面用抛光工具的制作基本相同。抛光凸形工件的研磨面，其曲率半径要大于工件曲率半径约 3mm。

邮
电

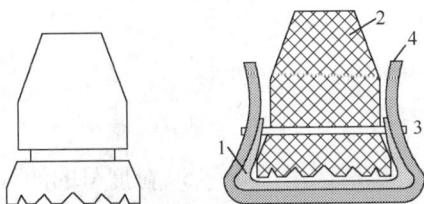

1—人造皮革；2—木制手柄；3—铁丝或铝线；4—尼龙布
图 3-14 平面用抛光器

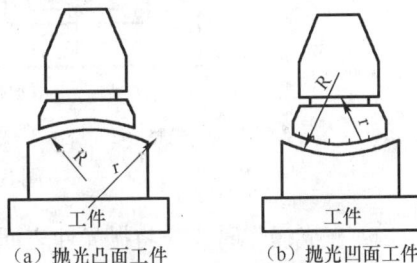

（a）抛光凸面工件　（b）抛光凹面工件

图 3-15 球面用抛光器

③ 自由曲面用抛光工具。如图 3-16 所示，对于平面或球面的抛光作业，其研磨面和抛光工具是紧密接合的，所以抛光工具形状大小不是很重要的。但自由曲面是连续变化的，使用抛光工具时要注意其大小，太大会影响工件加工质量，因此，自由曲面应使用较小的抛光工具，抛光器具越小越容易模拟自由曲面的形状。

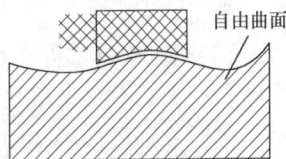

图 3-16 自由曲面用抛光器

（2）电动抛光工具

由于模具工作零件型面的手工研磨、抛光工作量大，一般在使用机用抛光工具同样能够达到要求时，是无需采用人工加工的。

加工面为平面或曲率半径较大时，采用手持角式旋转研抛头或手持直身式旋转研抛头电动抛光机。配用铜环，抛光膏涂在工件上进行抛光加工。

（3）新型抛光磨削头

它是采用高分子弹性多孔性材料制成的一种新型磨削头，这种磨削头具有微孔海绵状结构，磨料均匀，弹性好，可以直接进行镜面加工。使用时磨削力均匀，产热少，不易堵塞，能获得平滑、光洁、均匀的表面。弹性磨料配方有多种，分别用于磨削各种材料。磨削头在使用前可用砂轮修整成各种需要的形状。

10. 模具的抛光

① 在抛光前应先了解模具中被抛零件的使用材料和硬度，因为模具材质的选用影响着抛光质量的优劣。一般情况下，材料的硬度越高则越难进行研磨与抛光，但较硬材料可以得到较小的表面粗糙度值。因此，对模具材料可通过淬火或氮化处理来提高钢材的可抛光性（对于需精抛光的材料，在淬火、氮化前应先预抛光表面粗糙度值达 $Ra0.2\sim0.1\mu m$，待热处理后再进行精抛光）。

② 除了解材料性质外，在抛光前，还要求钳工将各有关抛光面预先整形修刮，使其表面粗糙度值达到 $Ra3.5\sim1.6\mu m$。对有尺寸要求的抛光面，还需留 $0.1\sim0.5\mu m$ 的抛光余量。根据抛光面组成的形态，选用或制作与抛光件相适应的抛光工具，并对有碍抛光的易损部位采取保护措施，如图 3-17 所示。

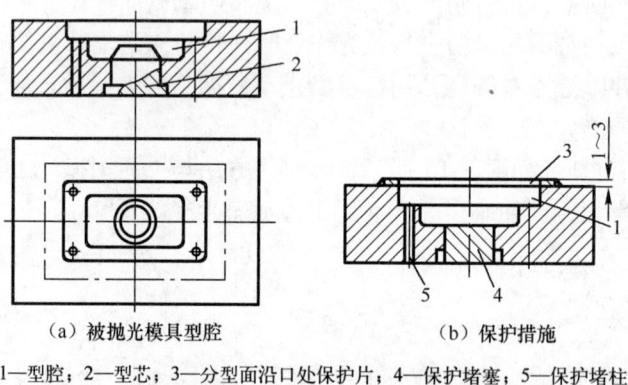

(a) 被抛光模具型腔　　(b) 保护措施

1—型腔；2—型芯；3—分型面沿口处保护片；4—保护堵塞；5—保护堵柱

图 3-17　模具抛光保护措施

③ 抛光操作时，先将抛光件表面用煤油擦洗干净，然后选用 $100\sim150$ 粒度号的油石进行打磨，也可用手持研磨器装上相适应的砂轮片进行打磨。若手工打磨，应将油石打磨的方向与被加工件的原加工纹路方向垂直交叉进行，这样可以看清楚原加工的痕迹是否被研磨掉，若已被研磨掉，则应清洗表面，更换更细一级的油石进行打磨。当更换到粒度号为 240 号油石时，再改用 280 号金相砂纸打磨。这时清洗要用脱脂棉蘸煤油轻轻地擦拭，不得用绵丝擦拭。当金相砂纸换到 500 号时，若需要继续研磨，则要用毡轮蘸研磨膏用手持研磨器进行抛光了。

④ 在对模具零件进行精密抛光时，若用脱脂棉蘸煤油轻轻擦拭，则应注意擦拭的力度、方向和次数，不要来回往复地多擦，擦完后必须一次性更换新棉球。第一遍选用 W40 的研磨膏，然后分别更换 W20、W10、W5、W2.5、W1 研磨膏，这样逐级提高，直到符合加工精度要求为止。

11. 抛光操作要点及出现问题解决方法

（1）操作要点

抛光操作主要有以下几个要点。

① 由于抛光的基本原理与研磨相同，因此对研磨的工艺要求同样也适用于抛光。

② 在具体确定抛光工艺步骤时，应根据操作者的经验、所使用的工艺装备及材料性能等情况来确定工艺。

③ 在抛光时，应先用硬的抛光工具进行研抛，然后再换用软质抛光工具进行精抛。当选好了抛光工具后，可先用较粗粒度的抛光膏进行研抛，之后，再逐步减小抛光膏的粒度。

一般情况下，每个抛光工具只能用同一种粒度的抛光膏，不能混用。手抛时，抛光膏涂在工具上；机械抛光时，抛光膏涂在工件上。

抛光应先从模具零件的角部、凸台、边缘或较难抛的部位开始，最终抛光方向就与塑件的脱模方向或金属塑性成型过程中的金属流动方向一致。对于尖锐的边缘和角，应采用较硬的抛光工具。

④ 要严格保持工作场地的清洁，操作人员要时刻注意个人卫生，以防不同粒度的磨料相互混淆，污染和影响抛光现场的工艺卫生。

⑤ 在研抛时，应注意抛光工序间的清洗工作，要求每更换一次不同粒度号的磨料时，就要进行一次煤油清洗，不能把上道工序使用的磨料带入到下道工序中去。

⑥ 要根据抛光工具的硬度和抛光膏粒度来施加压力。磨料越细，则作用在抛光工具上的压力就越轻，采用的抛光剂也就越稀。

⑦ 抛光用的润滑剂和稀释剂有煤油、汽油、10 号和 20 号机油等。对这些润滑、清洗、稀释剂均要加盖保存。使用时，应分别采用玻璃吸管吸点法，像点眼药水一样点在抛光件上。不要用毛刷往抛光件上涂抹。

⑧ 使用抛光毡轮、海绵抛光轮、牛皮抛光轮等柔性抛光工具时，一定要经常检查这些柔性部分物质研磨状况，以防因研磨过量而露出与其粘接的金属铁杆，造成抛光面的损伤。一般要求当柔性部分还有 2～3mm 时，就及时更换新轮。

（2）抛光操作出现问题及解决方法

抛光过程中产生的主要问题是所谓的"过抛光"，其结果是抛光时间越长，表面反而越粗糙。这主要有两种现象，即产生"橘皮状"和"针孔状"缺陷。过抛光问题一般是机抛光时产生，手工抛光是很少出现的。

① "橘皮状"缺陷。抛光时压力过大且时间过长会出现这种情况，较软的材料易出现这种情况。这是因为抛光用期力过大，导致金属材料表面产生微小塑性变形，而非钢材有问题。解决方法：通过氮化或其他热处理方式增加材料的表面硬度。对于软材料，采用软质抛光工具。

② "针孔状"缺陷。由于材料中含有杂质，在抛光过程中，这些杂质从金属组织中脱离下来形成针孔状小坑。解决方法：避免用氧化铝抛光膏进行机抛。在适当压力下作最短时间的抛光，或采用优质合金钢材。

机械设备研磨抛光是今后的发展方向，主要包括一般研磨抛光设备与智能自动抛光设备。机械设备研磨抛光与人工研磨抛光相比的优点是加工效率高，加工质量不受操作者的个人技能影响，可以更好地实现超精研抛。

12．电化学抛光

电化学抛光是机械设备抛光的一种形式，与手工抛光相比，加工效率高，加工质量更易保证，更易于特殊形状的工件的抛光加工。图 3-18 所示为型腔的抛光。该零件经电火花成型及热处理加工后，进行最后的光整加工，成型加工后粗糙度值为 $Ra3.2\mu m$，由于型腔底部为台阶圆弧形，外形尺寸较小，手工抛光不仅抛光效率低，且不易保证抛光质量，这类小型且形状较复杂的工件，适用于采取电化学修磨抛光加工。

（1）电化学抛光基理

电化学抛光基本原理如图 3-19 所示。被抛光零件接直流电源的阳极，耐腐蚀材料不锈钢或铝作为工具电极接直流电源阴极，将零件和工具放入电解液槽后，零件、工具电极和电解液中就有电流通过，阳极在电化学作用下产生溶解现象，有氧化物生成。它以薄膜形式覆盖在阳极表面上，这种氧化物薄膜的粘度很高，电阻较大，由于工件表面凹凸不平，薄膜厚度在粗糙表面上的各部位不等，在凹洼处薄膜较厚，凸起处较薄，则其电阻值不等，电流分布不匀，凸处电流密度比凹处电流密度大，所以凸起处首先被溶解，这样，高低不平的表面渐渐被蚀平，得到光洁、平整的表面，降低了零件表面粗糙度和改善表面物理力学性能。

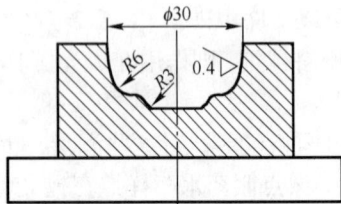

图 3-18 型腔修磨抛光

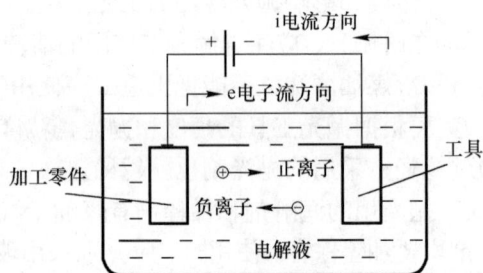

图 3-19 电化学抛光原理

（2）电化学抛光特点与加工范围

① 电化学加工后的表面粗糙度值可达到 $Ra0.4 \sim 0.2\mu m$，由于电化学抛光时各部位金属去除速度相近，抛光量小，电化学抛光后的尺寸精度和形状精度可控制在 $0.01mm$ 之内。

② 电化学抛光与传统手工研磨抛光相比相对效率提高几倍以上，如抛光余量为 $0.1 \sim 0.15mm$ 时，电化学抛光时间为 $10\sim15min$，而且抛光速度不受材料硬度的影响。

③ 电化学抛光工艺简单，操作容易，而且投资小。

④ 电化学抛光不能消除原表面的"粗波纹"，因此电化学抛光前，加工表面应无波纹现象。一般电化学抛光前工件表面粗糙度最好在 $Ra2.5 \sim 0.8\mu m$。

⑤ 电化学抛光时，电解液的温度应根据不同材料进行确定，一般经过试验得到最佳温度范围。电化学抛光属于小距离化学反应，电蚀物如不能及时排除，会影响工件质量，抛光时应采用搅拌或移动的方法，使电解液流动，保持抛光区域电解液的最佳状态，从而保证零件抛光质量。

⑥ 抛光时间应根据抛光余量确定。抛光开始时，表面平整速度大，随着时间增加，阳极金属去除总量增加，不同的金属材料都有一个最佳的抛光时间，当超过最佳抛光时间时，抛光质量逐渐降低。

⑦ 金属材料愈硬抛光效果愈好，合金材料应选择使合金均匀溶解的电解液，铸铁件因组织疏松不适于电化学抛光。

⑧ 主要适用于电火花加工型腔的光整加工及特殊复杂型槽、圆弧等的光整加工。

（3）电化学抛光方式与工具

① 整体电化学抛光。整体电化学抛光如图 3-20 所示，主要由电源、机床和电解槽等组成。工具电极上下运动由伺服机构控制，工作台有纵横拖板以调节工件和电极之间的相互位置，电解液槽由塑料板制成，电解液有恒温控制装置。

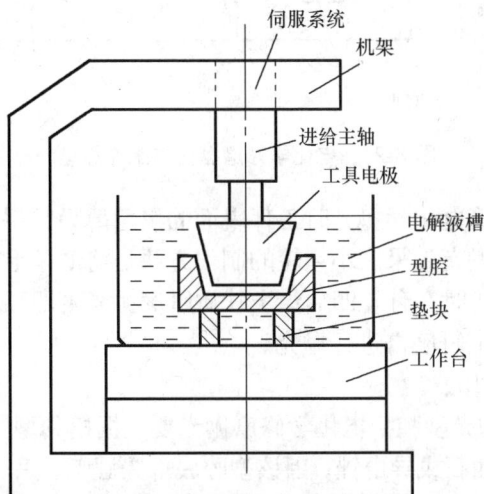

图 3-20　整体电化学抛光

工具电极采用耐腐蚀性较好的材料制作，电极的形状尺寸和设置位置应使工件表面的电流密度分布均匀。抛光时工具电极和抛光型腔应有一定的电解间隙。采用铅材作为电极时，可将溶化的铅直接浇注在抛光型腔内，冷却后取出，再加工使工具电极型面均匀缩小 5~10mm，得到电解间隙，即可使用。

电化学抛光时，工具电极接阴极，型腔接阳极，工具电极与型腔周边保持5~10mm 的电解间隙，电解液加热后倒入电解液槽内，或直接在电解液槽内加热电解液至所需温度。注意电解液面必须高出工件型腔上表面 15~20mm。接通电源，调整电压符合预定电流后即可开始抛光。同时要搅拌电解液和补充新的电解液。

② 电化学修磨抛光。电化学修磨抛光机由直流脉冲电源、电解液系统、真空吸引器和手持电动抛光器组成。电化学修磨抛光器工作原理，如图 3-21 所示。泵从电解液槽经过滤器向后抛光工件腔内注入电解液，积聚在工件腔内的电解液和电解产物由电动吸引器产生的负压吸回电解液槽。抛光器用于快速磨除电化学抛光时在工件表面产生的黑色薄膜，如此循环，达到抛光效果。电动抛光器可以安装导电油石、金属导电锉和毛毡抛光轮等。

③ 电化学修磨抛光工具。

导电油石　导电油石由磨料、石墨和树脂粘接而成，具有导电性、抗腐蚀性。使用时将导电油石的工作部分按抛光型面几何形状在砂轮机上修磨，然后安装在电动抛光器夹持器上进行操作。

金属导电锉　为了抛光型腔的各种窄缝、沟槽和角部等部位，备有相应各种形状的金属导电锉，其工作部分为不同形状的金刚砂异形磨头，电解液通过电动抛光器中的导管从金属导电锉磨头小孔内喷出。喷出量可调节，抛光时以不产生火花放电为准。

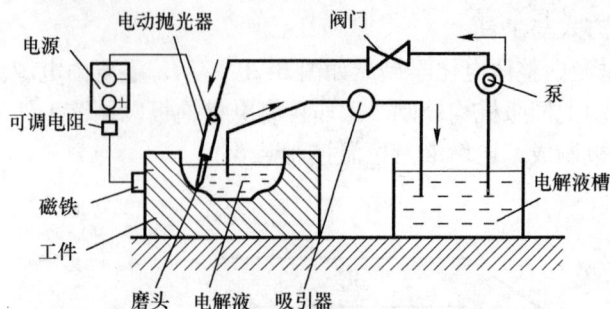

图 3-21　电化学修磨抛光器工作原理

小毡轮抛光　为了清除电化学抛光时工件表面的黑色薄膜，用电动抛光器带动小毡轮迅速去除，可以获得理想的抛光效果。小毡轮的制作方法是将薄羊毛毡一头用粘结剂粘在硬木棍上，然后卷成毡轮，抛光时在毡轮四周涂上软质研磨抛光膏即可高速抛光。对于型腔根部圆角也可直接用硬木棍涂上研磨膏进行抛光。

④ 电化学修磨抛光操作。

图 3-18 所示为修磨抛光型腔。电化学修磨抛光要根据模具型腔形状，选择合适的导电油石或导电锉，因该型腔底部为圆弧，采用导电油石抛光，先将油石形状修磨成如图 3-22 所示，再装在电动抛光器的夹持器上，并和电源的阴极接通。被抛光模具通过磁铁吸牢，将磁铁的导线与电源阳极接通。调节流量，向模具抛光型腔喷出一定的电解液，然后调节抛光电压，将抛光工具电极慢慢接触抛光表面进行抛研运动，以不产生火花放电为准。抛光过程以电化学抛光为主，并有微小的刮削微弱的电火花放电作用。修磨时应注意不能在某一部位停留时间太长，以免造成凹坑，经修磨抛光的型

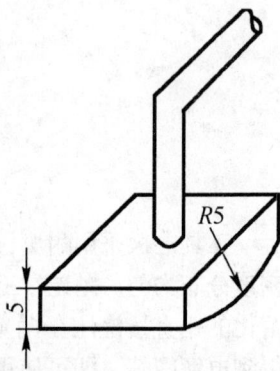

图 3-22　导电油石

腔应无机械划痕，但加工后表面会附有一层黑膜，可以通过手工抛研或高速抛光机去除。通过修磨抛光，型腔粗糙度值达到图样要求。

13. 超声波抛光

超声波抛光效率高，适用于各种材料，主要加工狭缝、深槽、异形型腔和复杂型孔等。加工时，不会引起工件变形或烧伤，可对工件进行微量的尺寸加工，提高的是表面精度，降低工件表面粗糙度值，甚至可得到近似镜面的光亮度。

超声波抛光型腔如图 3-23 所示。电火花成型加工后，粗糙度值为 $Ra3.2\mu m$，进行工件的光整加工。

（1）超声波加工基本原理及设备组成

人耳能听到的声波为 16～16 000 次/秒的声波范围，频率超过 16 000 次/秒的声波为超声波，频率低于 16 次/秒为次声波。用于加工和抛光的超声波频率为 16 000～25 000 次/秒，超声波与普通声波的区别是：超声波频率高、波长短、能量大和有较强的束射性。

超声波加工与抛光是利用工具端面作超声频振动，通过加在工件表面上的磨料悬浮液对硬脆材料表面进行加工的一种方法。超声波抛光的作用是降低表面粗糙度。其加工原理如图 3-24 所示。超声波抛光设备由超声波发生器 1 将 50Hz 的交流电转变成具有一定功率输出的超声波电振荡；超声波换能器 2 将超声波电振荡转换成机械振动，其振幅一般为 0.005～

0.01mm，而超声波加工的振幅为 0.01～0.1mm，因此，需采用振荡扩大器。振荡扩大器也叫变幅杆，变幅杆 3 与换能器联接将机械振幅扩大。变幅杆的形式主要有以下几种。

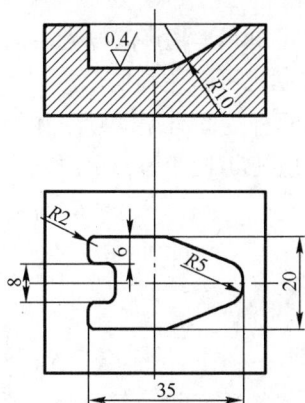

图 3-23 超声波抛光型腔

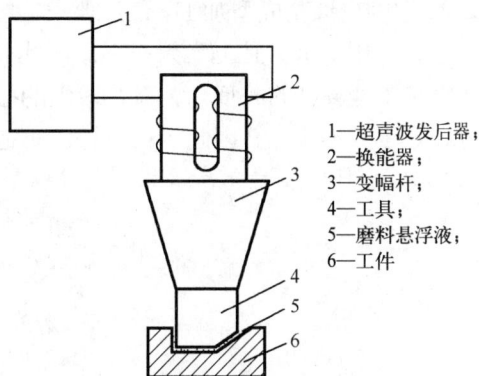

1—超声波发后器；
2—换能器；
3—变幅杆；
4—工具；
5—磨料悬浮液；
6—工件

图 3-24 超声波抛光原理

圆锥形变幅杆，如图 3-25 (a) 所示其振幅扩大幅度较小，为 5～10 倍，易加工；

指数形变幅杆，如图 3-25 (b) 所示其振幅扩大幅度中等，为 10～20 倍，不易加工；

阶梯形变幅杆，如图 3-25 (c) 所示其振幅扩大幅度最大，为 20 倍以上，易加工，但易疲劳断裂。

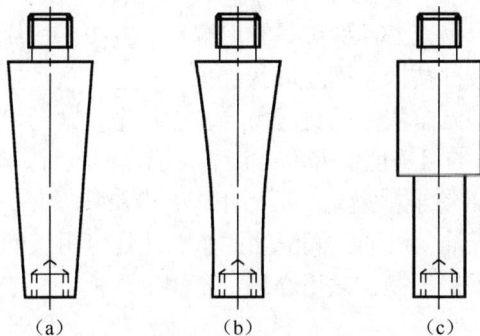

(a)　　　　　(b)　　　　　(c)

图 3-25 变幅杆

变幅杆下端需与抛光工具 4 采用机械或胶粘形式相联接，超声波机械振动经变幅杆放大振幅后传给抛光工具，再对工件 6 表面进行轴向振动，在固定磨料或游离磨料 5 的作用下，达到抛光的效果。抛光工具的质量和长度对振动性能影响较大，由于材质不同，其声速也不同，所配制的抛光工具谐振频率可能不在机器的频率之内，此时应反复调节频率，或改变工具的长度，使之谐振。

(2) 超声波抛光加工工艺

超声波抛光的表面粗糙度值的大小，取决于每粒磨料每次撞击工件表面后留下的凹痕大小，与磨料颗粒的直径、被加工材料的性质、超声波振动的振幅及磨料悬浮液的成分等有关。

磨料粒度决定超声波抛光表面粗糙度数值大小的主要因素，磨料粒度的减小，工件表面粗糙度值也随之降低。但采用同一粒度的磨料而振幅不同，其表面粗糙度值也不同。磨料粒度要根据加工表面原始粗糙度值和要求达到的粗糙度值来选择，还要根据加工表面的原始粗糙度值从大到小分级抛光，直到达到所要求的表面粗糙度值为止。

（3）图 3-23 型腔超声波抛光操作

图 3-23 型腔电火花成型加工，最后要求的粗糙度值为 $Ra0.4\mu m$，超声波抛光表面粗糙度值最低可达 $Ra0.012\mu m$，且抛光效率高。因此，通过超声波抛光可以达到要求。

首先需确定变幅杆的长度。为获得较大的振幅，应使变幅杆的固有振动频率和外激振动频率相等，处于共振状态。因此，在设计、制造变幅杆时，应使其长度等于超声波的半波长或整倍数。由于声速 c 等于波长 λ 乘以频率 f，即

$$c = \lambda f$$

故
$$\lambda = c / f$$

$$L = \lambda / 2 = c / 2f$$

式中：λ 为超声波的波长（m）；

c 为超声波在物质中的传播速度（m/s 在钢中 c=5 050m/s）；

f 为超声波频率（Hz），加工时 f 可在 16 000～25 000 Hz 内调节，以获得共振状态。

由此，可算出超声波在钢铁中的传播的波长为 $\lambda = 0.31 \sim 0.2m$，所以钢变幅杆的长度一般在半波长 100～160mm。抛光型腔用变幅杆制作时可作参考。变幅杆外形采用阶梯形。如图 3-25（c）所示。

其次是确定抛光工具。抛光工具材料一般用铜片、铜棒、竹片、木片制作。本腔型用抛光工具可用铜棒制作，其底部按抛光型腔形状加工。

再次是选用磨料。因抛光需从粗抛到精抛的多道工序，抛光型腔的粗糙度值电火花加工时后为 $Ra3.2\mu m$，降到要求的粗糙度值 $Ra0.4\mu m$，在选择磨料时，粗抛时可用粒度选 70 号～150 号磨料，中间用 W20 微粉半精抛光，最后用 W5 微粉精抛。

抛光时工作液可选用煤油、汽油、润滑油或水。此处可用煤油或润滑油。如要求工件表面达到镜面光亮时，可以采用干抛，只用磨料，不用工作液。

14. 挤压研磨抛光

挤压研磨抛光属于磨料流动加工。它既可以对零件表面进行光整加工，还可以去除零件内部通道上和隐蔽部位的毛刺。它适用于各种复杂表面的型孔、型面等的抛光，且能加工所有金属材料，以及陶瓷、硬塑料等。

抛光如图 3-26 所示落料凹模。内腔快走丝线切割后粗糙度值为 $Ra3.2\mu m$，热处理硬度为 62HRC。挤压研磨后内腔表面粗糙度值要求达到 $Ra0.4\mu m$。

（1）挤压研磨抛光原理

挤压研磨抛光是利用一种含有磨料和油泥状的弹性高分子

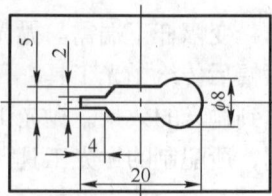

图 3-26 凹模抛光

介质混合组成的粘性研磨抛光剂，在一定压力作用下通过被加工表面，由磨粒刮削作用去除被加工表面的微观不平材料的工艺方法。其研磨抛光过程如图 3-27 所示。工件 5 安装在夹具 4 中，夹具和上下磨腔 1 相通，磨腔及工件 5 腔内充满研磨抛光剂 3，在活塞 2 的作用下，磨料抛光剂通过工件内腔，上下反复，在磨料的切削作用下，达到研磨抛光要求。

（2）挤压研磨抛光工艺过程

目前，挤压研磨抛光机一般为立式对置活塞式，通过两活塞的相对运动，迫使研磨抛光剂作上下流动。图 3-27 所示的研磨抛光夹具安装在这种机器上，通过一定的压力，研磨抛光剂在通抛光通道内作往复运动，完成抛光工作。

挤压研磨抛光必须在夹具的作用下才能完成抛光任务。所以固定被抛光工件的夹具设计是关键。夹具设计其内部需要密封可靠，结构合理。因为任何微小的泄漏都会造成夹具和工件不必要的磨损，影响抛光质量。

挤压研磨抛光剂一般由流体介质、添加剂和磨料三部分均匀混合而成。磨料的种类、粒度及磨料含量根据被加工零件材料类型和加工要求选取。流体介质是一种半固体、半流动状态的聚合物，属于黏弹性橡胶类高分子化合物，主要起粘接磨粒作用。添加剂的作用是使流体介质获得理想黏性、弹性、稳定性，包括增稠剂、减稠剂、润滑剂等。添加剂是

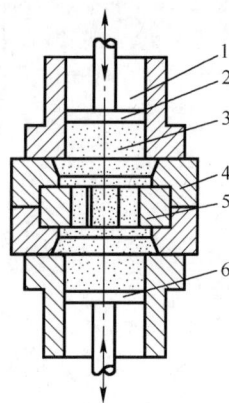

1—上磨腔；2—上活塞；3—研磨抛光剂；4—夹具；5—工件；6—下活塞

图 3-27　挤压研磨抛光过程

根据流体的介质性能和加工要求配制的。磨料是抛光的主体。磨料粒度常用 70 号～150 号，抛光时则选用 W63 以下的微粉；磨料的含量在 10%～60%。

研磨抛光剂的粘度一般根据加工要求选择，对于完全是研磨抛光性加工选择高粘度研磨抛光剂；如果是去毛刺和倒角性质的研磨抛光则选择中等粘度的研磨抛光剂。

挤压压力一般根据机床提供的选值范围选取，一般先从低压力开始。

挤压研磨抛光剂的流量也可在机床提供的范围值内选择，机床磨料缸的容量在 0.1～3L，可根据加工要求不同作选择。

图 3-26 凹模内腔的挤压研磨抛光，根据图 3-27 所示的挤压研磨抛光过程设计工件夹具，在研磨抛光机上挤压压力可为 10MPa，反复挤压时间约为 8min，磨料类型为金刚砂磨料，研磨抛光剂粘度为高粘度。单边研磨量为 0.015～0.03mm。达到工件抛光要求的粗糙度值。

需要注意的是，研磨时间在最初的时间其粗糙度值降低最明显，达到一定的粗糙度值后，随着时间的延长，表面粗糙度值却不再降低。

3.2.2　研磨与抛光技能训练

1. 实训课题材料

件号	名称	坯料规格（mm）	材料	单位	数量	备注
1	90°刀口角尺	110×75×6	45	块		
2	研磨拼合面	60×30×30	45	组		

2. 实习工件图

① 90°刀口角尺的加工。件 1 如图 3-28 所示。

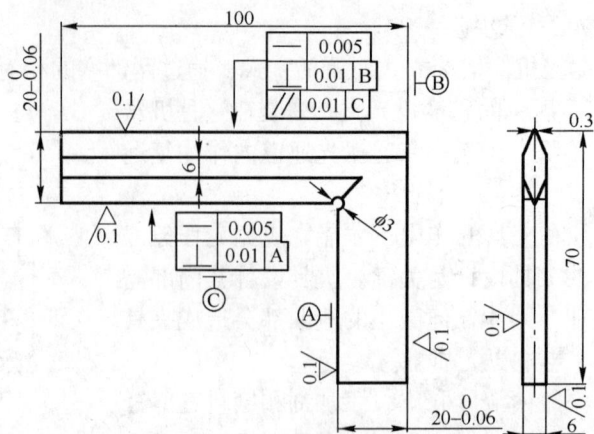

图 3-28　件 1　90°刀口形直角尺

② 研磨拼合面。件 2 如图 3-29 所示。

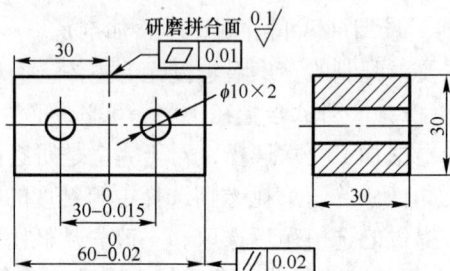

图 3-29　件 2　研磨拼合面

3．实习步骤

① 按图样加工完工件后，将研磨剂涂在研磨平板，刀口角尺两平面研磨，用 8 字形、仿 8 字形或螺旋形运动轨迹进行研磨达图样要求。

② 用方铁块作导靠，研磨尺座内、外侧和刀口面，采用直线摆动方法研磨。

③ 类似方法研磨件 2 达图样要求。

4．练习记录及成绩评定

件 1 练习记录及成绩评定如表 3-4 所示。

件 2 练习记录及成绩评定如表 3-5 所示。

表 3-4　　　　　　　　　　　件 1 练习记录与成绩评定表

项次	项目与技术要求（mm）		配分	评定方法	实测记录
1	$20^{0}_{-0.06}$	（2 处）	16	每超一处扣 8 分	
2	尺座测量面平面度 0.005	（2 处）	16	每超一处扣 8 分	
3	尺瞄刀口面直线度 0.005	（2 处）	16	每超一处扣 8 分	
4	外直角垂直度 0.01		10	超差不得分	
5	内直角垂直度 0.01		10	超差不得分	

项次	项目与技术要求（mm）	配分	评定方法	实测记录
6	测量面 Ra0.1μm	20	每超一处扣 5 分	
7	大平面 Ra0.2μm	12	每超一处扣 6 分	
8	安全文明生产	扣分	违者每次扣 2 分	

表 3-5 　　　　　　　　　 件 2 练习记录与成绩评定表

项次	项目与技术要求（mm）	配分	评定方法	实测记录
1	孔中心距 $30^{0}_{-0.015}$	20	超差不得分	
2	拼合面平面度 0.01	20	超差不得分	
3	外形尺寸 $60^{0}_{-0.02}$	20	超差不得分	
4	拼合后平行度 0.02	20	超差不得分	
5	拼合面 Ra0.1μm	10	超差不得分	
6	其他外形尺寸	10	超差不得分	
7	安全文明生产	扣分	违者每次扣 2 分	

实训项目四　钻削与螺纹加工

知识目标

- 钻削操作
- 钻削扩孔、锪孔、铰孔操作
- 攻螺纹、套螺纹操作

技能目标

- 掌握钻孔、扩孔、锪孔、铰孔方法
- 能进行相关钻削余量、加工速度的确定与计算
- 能进行孔的精加工及深孔加工
- 掌握螺纹加工技能
- 确定螺纹加工大径的计算

建议学时

15 学时

4.1　钻　　削

4.1.1　钻削基础知识

零件的联接、定位、固定或传动等都离不开孔系的加工，孔加工主要包括钻孔、扩孔、锪孔、铰孔、攻螺纹、套螺纹加工。模具上的孔主要有螺纹孔、螺栓孔、销孔、顶杆孔、型腔固定孔等，孔的精度包括孔径、孔距的尺寸、形位误差精度和孔的表面粗糙度精度。孔的加工在模具制造中占据重要的位置，因此，熟练掌握孔的加工技巧是模具加工所必要的。

用钻头在实体材料上加工孔的操作方法叫钻孔。

1. 钻削相关知识

孔加工在零件加工中十分常见，孔的加工质量是零件质量的重要保证，也是决定机构是否正常运行的关键因素。因此，孔加工是模具钳工必须掌握的技能之一。

如图 4-1 所示，转动配合组合加工件。这个转动配合组合，涉及孔的各种形式的加工，最后由螺钉与销钉联接成组合件。根据图样中孔的精度要求，进行一系列的孔的加工。

孔加工之前，必须划线并打上样冲眼。钻削加工时，先将左右两个导板的底孔钻削加工完成，再与底板配合钻孔，保证孔的同轴度，然后再用锪孔钻（可用修磨过的麻花钻头代替），

锪孔达尺寸要求；导板与底板上销钉孔（注意留铰削余量）钻好后，用ϕ6H7铰刀铰削加工；底板上螺钉孔先钻螺纹底孔，再用M6丝锥攻螺纹。这样，孔的加工才算完成，最后按要求装配组合。

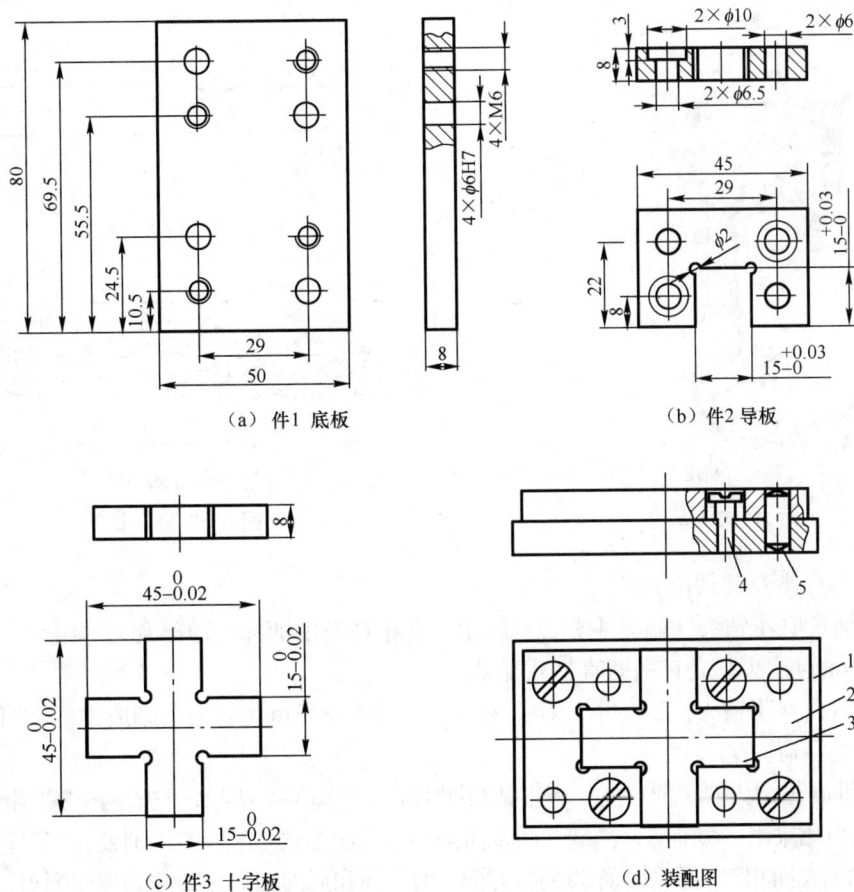

（a）件1 底板

（b）件2 导板

（c）件3 十字板

（d）装配图

1—底板；2—导板；3—十字板；4—螺钉；5—销钉

图 4-1 转动配合组合

技术要求：

1．件1件2配合间隙小于等于0.04mm；

2．件3转位90°、180°、270°后仍能与件2保持配合间隙小于等于0.04mm。

钻削加工的重点是保证钻具的切削部分的几何角度及合理地选用切削用量。钻削加工时，一定要装夹牢靠，控制好切削速度、进给量。从而保证加工质量。

（1）钻削工具

① 钻床分类及使用。

a．台钻，即台式钻床，如图4-2所示，它是一种小型钻床，一般用来加工直径$D \leqslant 12$mm的孔。台钻的变速是通过改变V形带在两个塔轮轮槽的位置来实现的，钻孔时主轴作顺时针旋转，变速时必须停车进行。

b．立钻，即立式钻床。它一般用来钻削中、小型孔径的工件，常用立钻最大钻孔直径有

25mm、35mm、40mm、50mm 几种。立钻的变速是通过齿轮变速机构实现的。

c. 摇臂钻床，一般用来钻削较大的孔径，摇臂钻床最大的特点是它的主轴可以沿摇臂上的水平导轨往复移动，这对于加工多孔时是非常方便的。

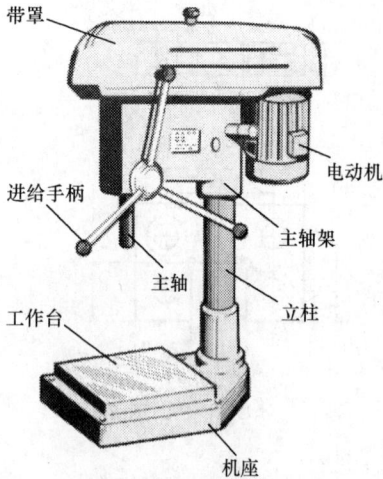

图 4-2 台式钻床

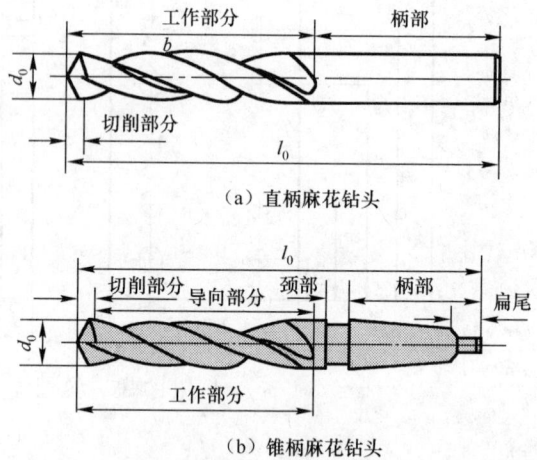

（a）直柄麻花钻头

（b）锥柄麻花钻头

图 4-3 麻花钻头

② 钻头分类及其切削角度

a. 直柄式麻花钻头，如图 4-3（a）所示。麻花钻是由柄部、颈部及刀体组成。一般将直径 $D \leqslant 13mm$ 的钻头制成直柄即直柄式钻头。

b. 锥柄式麻花钻头，如图 4-3（b）所示。直径 $D \geqslant 13mm$ 的钻头制成锥柄，用专用钻套装夹的即锥柄麻花钻头。

c. 标准麻花钻头的切削角度。麻花钻的切削部分如图 4-4 所示，它的两个螺旋槽表面称前刀面，切屑由此排出。切削部分顶端的两个曲面叫后刀面，它与工件的切削表面相对。钻头的棱边是与已加工表面相对的表面，称为副后刀面。前刀面和后刀面的交线称为主切削刃，两个后刀面的交线称为横刃，前刀面与副后刀面的交线称为副切削刃。标准麻花钻即由五刃（两条主切削刃、两条副切削刃和一条横刃）、六面（两个前刀面、两个后刀面和两个副后刀面）组成。

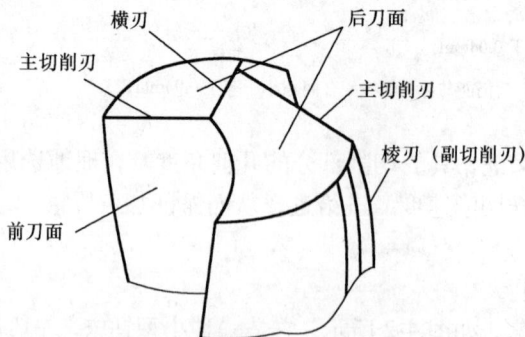

图 4-4 钻头的切削部分

标准麻花钻头的顶角 2φ 为 $118° \pm 2°$。外缘处的后角 α，角度一般为 $10° \sim 20°$。横刃斜角 ψ 为 $55°$。

（2）钻削用量选择

为使工件加工的孔达到精度要求、表面粗糙度要求及防止钻头折断，保证良好的生产效率，在机床允许的功率条件下，在刀具、工件允许的强度、刚度的范围内，必须合理地选择钻削用量，从而使钻削加工达到工艺要求。因此，钻削用量的选择是孔加工的关键因素。

钻削用量包括切削速度、进给量和切削深度三要素。

① 切削速度 V，是指钻孔时钻头直径上某一点的线速度。

$$V = \frac{\pi dn}{1000} \quad (\text{m/min})$$

式中：d——钻头直径（mm）；

n——钻床主轴转速（r/min）。

切削速度的选择：当工件材料的强度与硬度较高时取较小的转速，当孔径较小时转速也取较小值；孔径愈大转速愈小。

② 进给量 f，是指主轴每转一周钻头对工件沿主轴轴线相对移动量，进给量选择参照表 4-1。

表 4-1   高速钢标准麻花钻头进给量

钻头直径 d (mm)	<3	3～6	>6～12	>12～25	>25
进给量 f(mm/r)	0.02～0.05	>0.05～0.18	>0.1～0.18	>0.1～0.38	>0.38～0.62

③ 切削深度 s，是指已加工表面与待加工表面之间的垂直距离，也可以理解为是一次走刀所能切下的金属层厚度。对钻削而言，$s=d/2$（mm）。

（3）钻削操作工艺

① 钻孔前的准备工作。

a. 钻孔时的工件划线。钻孔时应先孔的位置尺寸要求划出孔的十字中心线，然后用样冲打上冲眼，如加工较大孔则应划出孔圆周线，以便在钻孔时作为检验孔中心是否偏移的基准。

b. 钻头的装拆。直柄钻头用钻夹头夹持，装夹时先将钻头柄部装入钻夹头的三卡爪内，但夹持长度不应小于 15mm，然后再用钻夹钥匙将钻夹头拧紧或放松。

锥柄钻头装拆时，锥柄钻头的莫氏锥柄直接装入主轴锥孔内，在连接时必须将钻头锥柄和主轴锥孔擦拭干净，并使锥柄的矩形舌部楔入到主轴锥孔内的腰孔中，安装时右手握住钻头利用加速冲力装入（注意锥柄舌部与腰孔方向一致，安装时不可用力过猛以免伤手）。当钻头锥柄小于主轴锥孔时，须加用过渡锥套来连接。在拆卸钻头时，需用专用楔铁敲入锥套或主轴腰孔内，利用楔铁契入腰孔的张紧分力，使钻头与锥套或主轴锥孔分离。

c. 工件的装夹，如图 4-5 所示。工件钻孔时，要根据工件的不同形体、钻削力的大小（或钻孔直径的大小）等情况，采用不同的装夹（定位和夹紧）方法，以保证钻孔的质量和安全。

小型平整的工件一般采用平口钳装夹，装夹时注意钻削平面与钻头要垂直。较大的平整工件可以采用压板夹持，对于有台阶或型腔定位孔钻削时，可加垫板或楔铁，然后找平，用压板夹持；小型薄板上钻小孔时，可用手虎钳夹持。

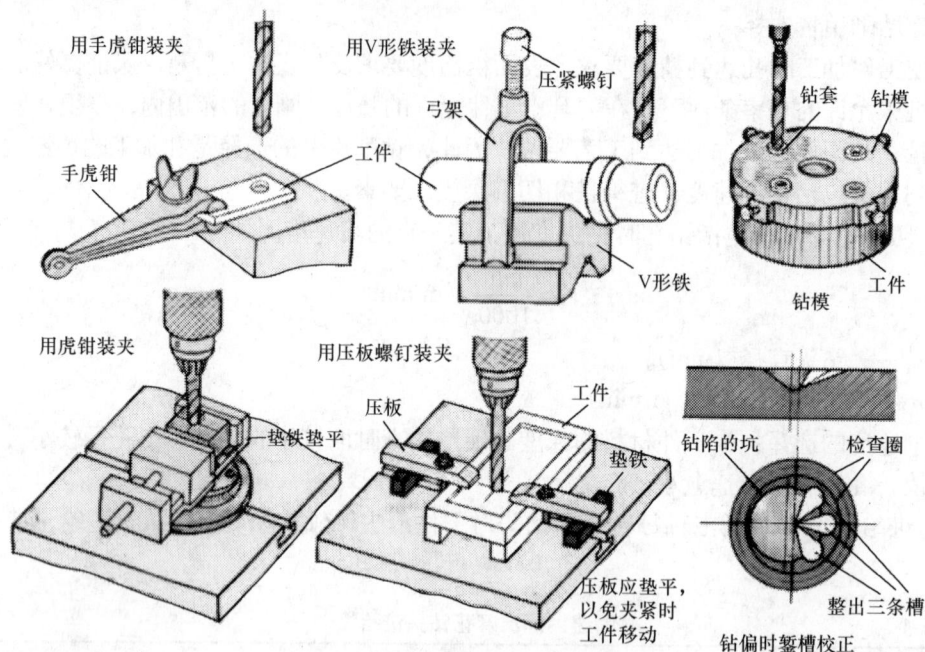

图 4-5 工件的装夹形式与钻模使用

圆柱形工件可用 V 形铁装夹，但对较大的工件和钻孔直径较大时还要加压板。

② 起钻。

做好以上准备工作后，确定钻削速度和进给量就可以起钻了。起钻时，应先启动钻床，慢慢摇动进给手柄，将旋转的钻头与钻孔工件贴近，仔细观察旋转的钻头顶角对准孔中心（样冲眼），确认对准后再钻出一浅坑（注意浅坑外圆一定不能达到孔径那么大），然后观察钻孔位置与孔中心是否重合，如有偏差应及时调整找正，调整钻孔偏差往往有一定的困难，为减少纠正偏差时钻头所受到的阻力，可以在偏移方向打上几个样冲眼，这样不致使钻头产生滑移，达到纠正偏差的目的。如偏移量较大，在条件允许情况下，也可以在工件反面重新划线钻孔。

③ 钻削进给。

当起钻达到钻孔中心后，就可以正常手动进给操作了。手动进给时，不可用力过大过猛，并要经常退出钻头排掉铁屑，一般是钻孔深达孔径的 3 倍即要排屑一次。特别是钻小孔和深孔时更要频繁排屑，以免堵塞，钻头折断。在钻孔即将穿透时，进给力要减小，防止钻头主切削刃被卡住，增大切削阻力，造成钻头折断或工件随钻头旋转酿成事故。

如自动进给钻孔时，在孔即将穿透时，必须立即停止自动进给，然后手动钻削操作。

④ 特殊孔的钻削。

a. 钻斜孔。

钻斜孔有三种情况：在斜面上钻孔、在平面上钻斜孔和在曲面上钻孔。它们都有一个共同的特点，即孔的中心线与钻孔端面不垂直。

钻斜孔时，由于钻头单边受力，作用在钻头切削刃上的径向分力，会使钻头向一侧偏移，很难保证孔的正确位置和钻孔的垂直度要求，且钻头也容易弯曲而折断。可采取以下几种方法。

◆ 钻孔前先用与孔径相同的立铣刀铣出一个与钻头轴线相垂直的平面，然后再钻孔，如图 4-6（a）所示。

◆ 将钻孔斜面先置于水平位置装夹，再钻出一个浅坑，然后把工件倾斜一些装夹，把浅窝钻深一点，形成一个过渡孔，之后将工件置于正常位置装夹，完成钻孔加工，如图 4-6（b）所示。

◆ 用錾子先在斜面上錾出一个小平面，然后用中心钻在孔中心钻出一个较大的锥坑，而后再钻孔，如图 4-6（c）所示。由于中心钻的柄部直径较好，不易弯曲，因此可以保持中心孔不会偏移原来位置。

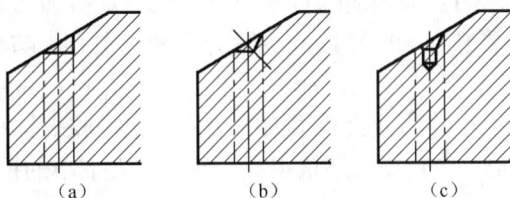

图 4-6 特殊孔的钻削

b. 钻小孔。

小孔一般是指直径在 5mm 以下的孔。有的孔虽然直径大于此值，但孔的深度为直径的 10 倍以上，加工困难，也应按钻小孔的特点进行加工。

钻小孔时由于钻头直径小、强度低、刚性差和排屑不畅等原因，易发生孔偏斜及折断钻头等问题。而且钻小孔时钻头转速又快，切削温度高，且不易散热，加剧了钻头的磨损，降低了钻头的使用寿命。为了提高钻头的寿命和加工效率，可采取如下措施。

◆ 正确选择钻床、合理选用钻头。钻孔时，应先装夹好钻头后，开动钻床观察主轴旋转时的轴向窜动和径向圆跳动是否过大，它会严重影响钻孔质量或使钻头折断，应尽量选择主轴刚性好的钻床。钻头尽量选用短或夹持钻头时伸出长度只要保证钻孔的深度即可。

◆ 改进钻形。如小孔较深可以考虑改进钻形。对于 $\phi 2 \sim 5mm$ 的钻头，有三种方法。第一，可以采用双重顶角或单边磨出第二锋角进行分屑；第二，可以适当加大顶角，减少刃沟的摩擦阻力，使切屑向上窜出，便于排屑；第三种，将钻心稍稍磨偏（在孔的精度要求允许的情况下），偏心量 0.1～0.2mm，以便适当地增加孔的扩张量，减少摩擦和改善排屑。

◆ 提高转速减少进给力。钻孔时，切削速度和进给量应配合好，尽可能采用较高的转速，利用甩屑的作用促使切屑排出。但切削速度也不可太高。进给力要小而均匀，在刚开始钻时和快要钻穿时进给力要更加小。

◆ 正确安排钻孔顺序分次钻削。钻削前，可先用小孔直径的中心钻定中心，钻入一定深度后改用钻头钻削，当孔不深时则可一次钻削完成，反之可分次钻削，分次钻削即钻削一定深度时，稍事停顿，待钻头充分冷却，同时向孔中注入切削液，再进行下一次的钻削，如此反复。

c. 钻深孔。

一般把深度与直径之比大于 5 的孔称为深孔。钻削深孔通常比钻削一般孔要困难些。在模具加工中，深孔主要有塑料模的冷却水道、加热器孔及一部分顶杆孔等，钻削时，应在立式钻床或摇臂钻床上加工，加工时要注意及时排屑、冷却，进给量要小，防止孔歪斜。如果是深通孔，精度要求不是很高，也可以采用两头划线对钻。

有的深孔超过钻头本身长度，这时可使用加长杆钻头或连接杆钻头钻削，加长钻头可以外购，如仍不能满足要求也可自制。

钻削孔时，如垂直度要求较高应采取一定的工艺措施进行导向，如考虑用钻模等，如图 4-5 所示。

d. 钻骑缝孔。

如图 4-7 所示。在互相平行的平面上连接的工件或包容件的连接，为防止工件作平行移动或周向移动，在组合件之间钻孔叫骑缝孔。在连接件上钻骑缝孔，如在模具的浇注系统套与固定板、模柄与上模座之间安装骑缝螺钉或销钉，应尽量增加钻头的刚度方面出手，钻头伸出不可太长，钻头横刃要磨窄一些，以减少阻力，加强定心，防止偏斜。

e. 在橡胶上钻孔。

橡胶是弹性体，受到很小的力就会有很大的变形。在橡胶上钻孔时，如果钻头刃口不锋利，橡胶会产生很大的变形，使孔径收缩量很大，易成上大下小的锥形，严重时孔壁有撕伤，甚至不成孔形。

f. 配钻加工。

模具上有许多的孔，在模具组装时，各零件之间对孔位都要求有不同程度的一致性。这些孔，除孔位精度要求较高的采用坐标镗床、立铣等机床来钻孔、镗孔外。当孔距本身公差要求不高，而只要求两个或三个零件组装时孔位一致，常采用配钻和同钻铰方法来加工。如图 4-1 所示，转位配合组合的钻削加工。

所谓配钻，就是在钻削某一零件时，其孔位不是按照图样中的尺寸和公差来加工，而是通过另一零件上已钻好的实际孔位来配作。

所谓配铰，就是将待加工的有关零件夹紧成一体后，同时钻孔、铰孔。

采用配钻的加工方法，特别适用于配钻孔较多的场合，比划线后再钻孔的方法精度要高，且能保证良好的装配关系。

◆ 螺孔、螺钉孔及其过孔的配钻。螺孔及其过孔的加工质量对模具装配有很大的影响，为了保证其位置精度，一般采用配作钻削。常见配钻方法有以下几种。

直接引钻法 通过已加工好的光孔配钻螺纹底孔。将两个零件按要求位置夹紧在一起，用与光孔直径相同的钻头，以光孔作引导，在待加工件上先钻一锥坑，再把两个件分开，以锥坑为准钻孔。如图 4-8 所示。

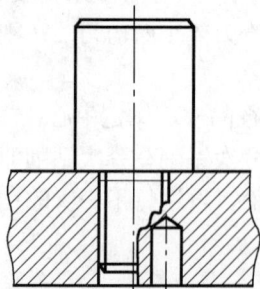

图 4-7　钻骑缝孔

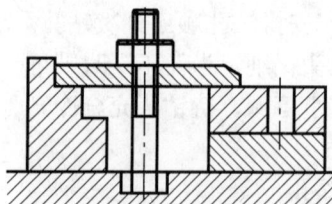

图 4-8　直接引钻法

如通过已加工螺孔配钻孔，则将两工件按要求位置装夹在一起，用直径略小于螺孔顶径的钻头，在待加工件上钻孔，再分开两工件，把小孔扩大到所需直径。

螺纹中心冲印孔法 当待加工零件上的孔位是依据已加工好的不通螺孔来配作时，为保证孔中心位置的正确，可采用如图4-9(a)所示，螺纹样冲来冲孔眼。使用时，将螺纹样冲拧进已加工好的螺孔内，然后按装配位置放在一起并加压(可用靠铁找正)，使螺纹样冲在待加工工件表面的对应孔中心打出样冲眼，而后再以此钻削。钻孔时注意：螺纹孔样冲尖端应淬硬，且锥尖与螺纹中心线要同轴。在同一级螺纹样冲装入螺孔时，必须用高度游标卡尺将顶尖找正，否则，顶尖高低不等，影响冲眼精度。中心冲可参照图4-9(b)制作。

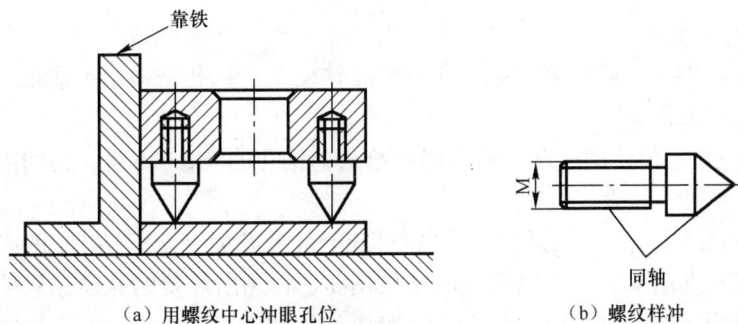

（a）用螺纹中心冲眼孔位　（b）螺纹样冲

图4-9 螺纹中心冲印孔法

复印法 在已加工的光孔或螺纹孔的平面上涂一层红丹粉，将两零件按装配位置叠在一起，使在待加工的平面上印出孔印，据此钻中心孔。

◆ 销孔的配钻铰。模具零件相互间的位置精度，常用圆柱销来保证，销钉孔的加工质量和销孔的定位准确程度，对整副模具的装配质量有很大的影响。所以销钉孔的加工，是在把装配调整好的各零件用螺钉紧固在一起后进行的，使各定位件所对应的销钉孔具有较高的同轴度要求。

⑤ 钻削时的润滑。

为了使钻头散热冷却，减少钻削时钻头与工件、切屑之间的摩擦，以及消除粘附在钻头和工件表面上积屑瘤，从而降低切削抗力，提高钻头的耐用度和改善加工孔的表面质量，钻孔时要加注冷却润滑液。

钻钢件时，可用3%~5%的乳化液或7%的硫化乳化液。

孔的精度要求较高和表面粗糙度值要求很小时，应选用主要起润滑作用的切削液，如菜油、猪油等。

在塑性、韧性较大的材料上钻孔时，要求加强润滑作用，在切削液中可加入适当的动物油和矿物油。

2．扩孔相关知识

扩孔能较好地保证孔的表面质量和获得较高的精度，采用扩孔加工，可以使钻削加工减少轴向力，降低切削阻力，保护机床，同时提高钻孔质量。扩孔尤其是在钻大孔时尤为重要，是加工大孔时的重要工序。

用扩孔钻对工件上已加工好的孔进行扩大加工达到工艺要求的方法叫扩孔。

（1）扩孔钻头的结构

由于扩孔是在已有的孔之上进行的切削加工，所以扩孔钻与麻花在结构上有较大的不同。其结构特点如下。

① 因中心不切削，没有横刃，切削刃只做成靠边缘的一段。

② 因扩孔产生的切屑体积小，不需大容屑槽，从而扩孔钻可以加粗钻芯，提高刚度，使切削平稳。

③ 由于容屑槽较小，扩孔钻可做出较多刀齿，增强导向作用。一般整体式扩孔钻有 3～4 个齿。

④ 因切削深度较小，切削角度可取较大值，使切削省力。

切削深度 S(mm)可按下式计算：

$$S = D - \frac{d}{2}$$

但在实际生产中，一般用麻花钻头代替扩孔钻使用。扩孔钻多用于成批大量的生产。

（2）扩孔操作工艺

① 扩孔的进给量与切削速度。扩孔的进给量为钻孔的 1.5～2 倍，其切削速度是钻孔时的 1/2。

② 扩孔前的底孔孔径。一般钻削直径超过 30mm 的孔要分两次钻削，即必须进行扩孔加工。扩孔前的底孔选用 0.5～0.7 倍孔径的钻头钻孔，再用所需要的孔径钻头扩钻。当然，为了获得较高的表面精度，也可以在加工小孔时进行扩孔加工。

③ 扩孔操作、润滑注意事项与钻孔相似。

3. 锪孔相关知识

模件之间的螺栓联接往往是锥形沉孔，或圆柱形沉孔的形式，为保证柱形沉孔、锥形沉孔与直孔部分轴线的垂直度，以及与孔端面的垂直度，使联接的模件位置正确、可靠，必须进行锪孔加工，从而保证模具正确的配合组装。如图 4-10 所示。

图 4-10 螺栓、销钉联接

用锪钻对孔加工成沉孔或改善孔端面的方法叫锪孔。

（1）锪钻的形式与特点

① 柱形锪钻。

柱形锪钻主要是锪圆柱形沉孔，其结构如图 4-11（a）所示。柱形锪钻起主要切削作用的是端面刀刃，螺旋槽的斜角就是它的前角（$\gamma_0=\beta_0=15°$），后角（$\alpha_0=8°$）。锪钻前端有导柱，导柱直径与工件已有孔为紧密的间隙配合，以保证良好的定心和导向。一般导柱是可拆的，也可以把导柱和锪钻做成一体。

② 锥形锪钻。

锥形锪钻主要加工锥形沉孔，其结构如图 4-11（b）所示。锥形锪钻的锥角（k_R）按工件锥形沉孔的要求不同，有 60°、75°、90°、120° 四种，其中 90° 角用的最多。锥形锪钻直径在 12～60mm，齿数为 4～12 个，前角 $\gamma_0=0°$，后角 $\alpha_0=6°～8°$。为了改善钻尖处的容屑条件，每隔一齿将刀刃磨去一块。

③ 端面锪钻。

端面锪钻主要作锪平孔口端面。其端面刀齿为切削刃，前端导柱用来导向定心，以保证孔端在与孔轴线的垂直度。如图 4-11（c）所示。

（2）用麻花钻头改磨锪钻

标准锪钻虽有多种规格，但一般适用于成批大量生产，不少场合还是使用麻花钻头改制的锪钻。

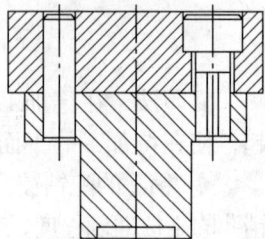

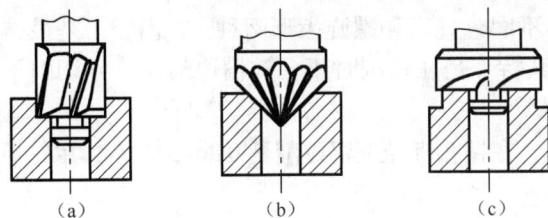

图 4-11 锪孔形式

① 用麻花钻改制锥形锪钻。

用麻花钻改磨锪钻，主要是保证其顶角应与要求的锥角一致，两切削刃要刃磨得对称。为减少振动，一般磨成双重后角：$\alpha_0 = 6° \sim 10°$，对应的后面宽度为 $1 \sim 2\text{mm}$；外缘处的前角适当修整为 $\gamma_0 = 15° \sim 20°$，以防扎刀。

② 用麻花钻改磨成柱形锪钻。

用麻花钻改磨柱形锪钻，为带导柱锪钻，前端导向部分与已有孔为间隙配合，钻头直径为圆柱沉孔直径。导柱刃口要倒钝，以免刮伤孔壁。端面刀刃用锯片砂轮磨出后角 $\alpha_0 = 6° \sim 8°$。

（3）锪孔操作工艺

① 钻完底孔后才开始锪孔操作。

② 锪钻一定要与底孔同轴与端面垂直。

③ 锪孔时，进给量为钻孔的 $2 \sim 3$ 倍，切削速度为钻孔的 $1/3 \sim 1/2$。

④ 锪孔时，因切削热量大，应在导柱和切削表面上加切削液。

4. 铰孔相关知识

模具组装为获得较好的定位、配合精度，对模件的定位、挡料销孔等的铰削加工，从而保证模具零件间的位置精度。销钉孔的加工质量和销钉的定位准确程度，对整副模具的装配质量有很大的影响。所以销钉孔的加工，是在把装配调整好的各零件用螺钉紧固在一起后进行的，使各定位件所对应的销钉孔具有较高的同轴度要求。如图 4-10 所示。

用铰刀对工件上的孔进行微量的切削加工，用以提高孔的尺寸精度和粗糙度的方法叫铰孔。

（1）铰刀的用途与分类

① 铰刀的用途。

铰刀是一种专用工具，主要是对孔进行精加工，铰刀的刀齿数量多，切削量又小，故其切削阻力也小，导向性好，加工精度高，一般可达到 IT9～IT7 级，表面粗糙度值可达 $Ra1.6\mu m$。

② 铰刀的分类。

a. 铰刀从使用用途上分手用、机用铰刀两种。手用铰刀用于手工铰孔，柄部为直柄，刀体（工作部分）较长；机用铰刀多为锥柄，刀体（工作部分）稍短，装夹在钻床上进行铰孔。

b. 铰刀从形状上的不同分圆柱形、圆锥形铰刀两种。圆柱形铰刀是用作加工圆柱销定位的销孔，其中又有固定式和可调式两种，可调式圆柱形铰刀主要用于装配和修理时铰削非标准尺寸的通孔；圆锥形铰刀用作加工圆锥定位的销孔，其锥度一般为 1:50（即在 50mm 长度内，铰刀两端直径差为 1mm），还有 1:10 锥铰刀、莫氏锥铰刀（锥度约为 1:20）及 1:30 锥铰刀等。由于 1:10 锥孔和莫氏锥孔的锥度大，加工余量大，因此，为了使铰孔时省力，这类铰刀一般都制成二至三把一套，其中一把是精铰刀，其余是粗铰刀。

c. 铰刀从齿形上的不同分直齿和螺旋齿形两种。直齿铰刀是最常用的，螺旋铰刀多用于铰有缺口或带槽的孔，其特点是在铰削时不会被槽边勾住，且切削平稳。

（2）铰削用量的选择

① 用钻后铰孔工艺，在钻孔直径上留铰削量 0.2mm 左右；用钻后扩孔再铰孔工艺，留余量 0.1mm 左右。

② 圆锥孔的铰削余量，可先按锥孔小端直径并留出圆柱孔的铰削余量钻孔，然后再用锥铰刀铰削。如锥孔锥度较大，铰削前可先钻出阶梯孔，再用锥铰刀铰削。

③ 销孔的有效配合长度（$Ra0.4\sim0.8\mu m$）不宜过长，每个零件上孔的有效配合长度取孔径的 $1\sim1.5$ 倍，其余部分的孔径扩大，以免影响铰孔精度。

④ 机铰刀铰削速度的选择，如为了获得较小的加工表面粗糙度，应取较小的切削速度。用高速钢铰刀铰削钢件时，铰削速度一般取 $4\sim8$m/min；铰削铸铁件时，铰削速度一般取 $6\sim8$m/min；铰削铜件时，铰削速度一般取 $8\sim12$m/min。

⑤ 机铰削进给量的选择，如铰削钢件时，铰削进给量一般取 $0.5\sim1$mm/r；铰削铜或铝件时，铰削进给量一般取 $1\sim1.2$mm/r。

（3）铰削操作工艺

① 手工铰削时，可用右手通过铰孔轴线施加压力，左手转动铰手架。正常铰削时，两手握住铰手架用力要均匀、平稳地转动，不得有侧向压力，使铰刀均匀地切削进给，同时避免孔口形成喇叭口或孔径扩大。

② 铰刀铰削或退出铰刀时，铰刀不可反转，以避免刃口磨钝或划伤孔壁，影响销孔精度。

③ 在用锥铰刀铰削时，由于加工余量大，整个刀齿都作为切削刃进入切削，负荷重，因此每进刀 $3\sim4$mm 时应将铰刀取出一次，清除铁屑后再铰。

④ 铰削时要加切削液，选用适当的切削液可以减少铰削时的摩擦，降低刀具和工件的温度，防止产生积屑瘤并减少切屑细末粘附在铰刀刀刃和孔壁上，从而减小对加工表面的粗糙度和孔的尺寸精度的影响。

4.1.2 钻削技能训练

1. 实训课题材料

件号	名称	坯料规格（mm）	材料	单位	数量	备注
1	长方体	$80\times60\times20$	HT15-33	块	1	接上道工序
2	钻深孔加工	$\phi30\times80$	45	根	1	

2. 实习工件图

（1）长方体加工

件 1 如图 4-12 所示。

（2）深孔加工

件 2 如图 4-13 所示。

3. 实习步骤

（1）加工件 1

① 按图样尺寸要求划出各孔位置加工线。

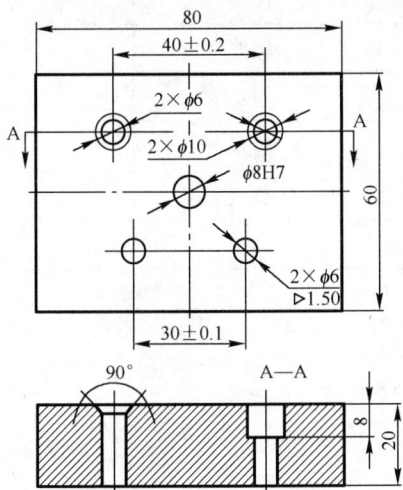

图 4-12 件 1 长方体

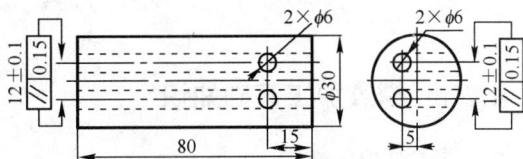

图 4-13 件 2 深孔加工

② 钻各孔。考虑预留铰孔加工余量。

③ 锪孔。注意锪孔深度。

④ 铰各圆柱孔。用相应的圆柱销配检。

⑤ 铰锥销孔。用锥销试配，达到配合尺寸要求。

（2）加工件 2

① 对工件进行划线。

② 正确装夹工件。

③ 用短钻头进行钻孔，进给速度慢，导向要准。注意两孔距离，一次安装，平移一个位置。

④ 更换长钻。注意排屑及冷却。

⑤ 将工件固定在 V 形铁上，注意装夹位置，在圆柱面上钻孔时，保证两孔的平行度、距离。

4．钻削训练成绩评定

训练记录与成绩评定见表 4-2、表 4-3。

表 4-2　　　　　　　　　　长方体（件 1）练习记录与成绩评定表

项次	项目与技术要求	配分	评定方法	实测记录
1	铰 1:50 锥孔	20	超差全扣	
2	铰 ϕ5H7 销孔	10	超差全扣	
3	钻底孔	20	超差全扣	
4	锪孔（锥孔、圆柱）	15	超差全扣	
5	中心孔同轴度达要求	15	超差全扣	
6	沉孔中心距达要求	10	超差全扣	
7	锥销孔中心距达要求	10	超差全扣	
8	安全文明生产	扣分		

表4-3　　　　　　　　深孔加工（件2）练习记录与成绩评定表

项次	项目与技术要求（mm）	配分	评定方法	实测记录
1	两深孔孔距 12±0.1 达要求	40	超差全扣	
2	两深孔平行度 0.15 达要求	20	超差全扣	
3	两横孔孔距 12±0.1 达要求	25	超差全扣	
4	两横孔平行度达要求	15	超差全扣	
5	安全文明生产	扣分		

4.2 螺纹加工

4.2.1 螺纹加工基础知识

1．攻螺纹相关知识

用丝锥在工件孔中切削加工出内螺纹的方法叫攻螺纹。图4-1所示为转位配合组合加工件的螺纹加工。

（1）攻锥螺纹工具

① 丝锥。

丝锥是加工内螺纹的专用工具，按加工方法分有机用丝锥、手用丝锥，按加工螺纹的种类分有普通三角螺纹（其中又分粗牙、细牙普通螺纹）、圆柱管螺纹、圆锥管螺纹。

丝锥一般成套使用，用以将整个切削量进行分配，从而减小切削力和延长其使用寿命。通常是M6~M24的丝锥每套分为头攻、二攻两支组合使用，M6以下及M24以上的丝锥每套分为头攻、二攻、三攻三支组合使用。

头攻起攻容易，能一次切削成型，因切削厚度大，切屑变形严重，加工表面粗糙度值大。当攻制通孔时可一次切削完成。二攻在头攻攻削之后进行，一般在加工不通孔时使用，二攻切削省力，参与少量切削，所以以加工表面粗糙值较小。三攻属精锥，加工表面粗糙度值小。

② 铰杠。

铰杠是用来夹持丝锥的工具，分固定式和活络式。固定式铰杠常用攻M5以下的螺孔，活络式铰杠的方孔可以根据丝锥的方榫大小调节锁紧。

铰杠的方孔尺寸和柄的长度都有一定的规格，使用时应按丝锥尺寸的大小合理选用，以便控制一定的攻丝扭矩。铰杠选用可参照表4-4。

表4-4　　　　　　　　活络铰杠选取范围

活络铰杠规格	150	225	275	375	475	600
适用的丝锥范围	M5~M8	>M8~M12	>M12~M14	>M14~M16	>M16~M22	M24以上

（2）攻螺纹前底孔的直径和不通孔深度的确定

① 攻螺纹前底孔直径的确定。

攻螺纹时，丝锥在切削金属的同时，还伴随较强的挤压作用。因此，金属产生塑性变形形成凸起并挤向牙尖，使攻出的螺纹小径小于底孔直径。

底孔直径大小，应根据工件材料的塑性大小及钻孔扩张量来考虑，并按经验公式计算得出。一般情况下，攻螺纹前的底孔直径应稍大于螺纹小径。

a．在加工钢和塑性较大的材料条件下：

$$D_底 = D - P$$

式中：$D_底$—— 底孔直径（mm）；

D—— 螺纹大径（mm）；

P—— 螺距（mm）。

b．在加工铸铁和脆性材料的条件下：

$$D_底 = D - 1.05P$$

② 不通孔螺纹的钻孔深度的确定。

攻不通孔的螺纹时，由于丝锥的切削部分有锥角，端部不能切出完整的牙形，所以钻底孔深度要大于螺纹的有效深度。可由下列公式计算：

$$H_底 = h_{有效} + 0.7D$$

式中：$H_底$ —— 底孔深度（mm）；

$h_{有效}$ ——螺纹有效深度（mm）；

D —— 螺纹大径（mm）。

（3）攻螺纹操作工艺

① 钻底孔并倒角。通孔两端都要倒角，倒角处直径可略大于螺孔大径，这样可方便切削时顺利切入。

② 工件装夹应保持轴心线处于垂直位置，这样也便于观察丝锥轴线是否垂直于工件加工表面。发现偏移可以及时纠正。

③ 起攻。右手握住铰杠中心，将丝锥对准底孔并保持与底孔加工表面垂直，可用直角尺辅助校正，然后缓慢施加压力顺时针旋转攻丝，待攻入螺纹约有 3～5mm 深度时正常攻丝。如图 4-14 所示。

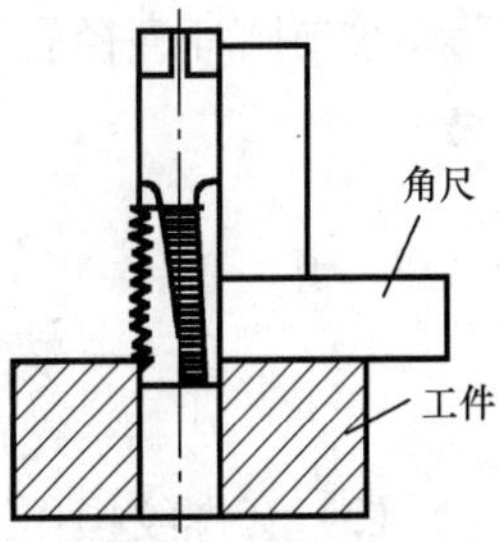

④ 正常攻丝。正常攻丝时两手握住铰杠两端，每攻入一个螺纹，必须反转 1/4 转，再继续攻丝，如此反复直至攻完全部螺纹。

角尺

工件

图 4-14　起攻

攻螺纹时，应先按头锥、二锥、三锥的顺序攻至标准尺寸。调换丝锥时要用手先旋入至不能再旋进时，方可用铰杠转动，以免损坏螺纹和防止乱牙。退出丝锥时，也要避免快速转动铰杠，最好用手旋出，以保证已攻好的螺纹质量不受影响。

⑤ 攻不通孔时，可以丝锥上做好深度标记，并经常退出丝锥，排除孔中的切屑，防止切屑堵塞使丝锥折断或达不到螺纹深度要求。

⑥ 攻塑性或韧性材料时，要加注切削液，一般攻钢料时，使用机油或乳化液，螺纹质量要求高时可用植物油；攻铸铁件时用煤油。

⑦ 机攻时要保持丝锥与螺孔的同轴度要求。快攻完时，丝锥的校准部分不能全部出头，以免反转退出时乱牙。

⑧ 机铰时切削速度一般为 6～15m/min；同样材料，丝锥直径小时取较高的切削速度，直径较大时取较低速度。

（4）攻螺纹注意事项

① 攻螺纹时必须保证丝锥与底孔轴心线重合，如发现偏斜应及时纠正，否则螺纹发生乱扣或造成丝锥折断。

② 攻小孔径螺纹时，必须选择合适的铰杠，以防用力过大使丝锥折断。

③ 攻不通孔时，应定期排屑。排屑时应将丝锥退出，用磁性小棒将铁屑吸出或直接将工件孔内铁屑倒出。

④ 攻不通孔时，用头锥攻完螺纹后，再用二锥精攻以消除因头锥锥形前端造成的不通孔底部不完全螺纹的缺陷。

2．套螺纹相关知识

用板牙在圆柱杆上切出外螺纹的加工方法称为套螺纹。

（1）套螺纹工具

① 板牙。

板牙是加工外螺纹的工具，它用合金工具钢或高速钢制作并淬火处理而成。圆板牙由切削部分、校准部分和排屑孔组成。其本身就像一个圆螺母，然后在它上面钻几个排屑孔而形成刀刃。

板牙中间部分是校准部分，也是套螺纹的导向部分；板牙两端都有切削部分，待一端磨损后，可换另一端使用。

② 板牙架。

板牙架是装夹板牙的工具，用板牙架上螺钉定位销通过固定板牙并传递扭矩（注意：螺钉固定销要顶在板牙的螺钉孔上）。

（2）套螺纹前圆杆直径的确定

与丝锥一样，用板牙加工螺纹时，材料同样要受挤压而变形，牙顶将被挤高一些。所以套螺纹前圆杆直径应稍小于螺纹的大径尺寸，一般圆杆直径用下式计算。

$$d_{杆} = D - 0.13P$$

式中：$d_{杆}$——套螺纹前圆杆直径（mm）；

　　　D——螺纹大径（mm）；

　　　P——螺距（mm）。

（3）套螺纹操作工艺

① 确定圆杆套螺纹直径并倒角。

② 夹紧。套螺纹时的切削力矩较大，且工件都为圆杆类，一般要用 V 形夹块或厚铜衬作衬垫，才能保证可靠夹紧。

③ 起套方法与攻螺纹起攻方法一样，一手用按住板牙架中部，沿圆杆轴向施加压力，一手配合作顺向切削，转动要慢，压力稍大，并保证板牙端与圆杆轴线垂直，不可倾斜。在板牙切入圆杆约 3 个牙时，应及时检查其垂直度，如有偏差应及时纠正。

④ 正常套螺纹时，不要加压，让板牙自然旋进，以免损坏螺纹和板牙。要经常反向转动以利排屑。

⑤ 在钢件上加工螺纹时要加切削液，以减少加工螺纹的表面粗糙度值并延长板牙使用寿命。

4.2.2 螺纹加工技能训练

1. 实训课题材料

件号	名称		坯料规格（mm）	材料	单位	数量	备注
1	燕尾导轨配合	沉头螺钉	M5×10		个	2	外购
		圆柱销	φ8×30	45	个	1	外购或自备
		圆柱销	φ5×30	45	个	4	外购或自备
		左导板	20×60	Q235	块	1	
		梯形板	29.2×60	Q235	块	1	
		右导板	20×60	Q235	块	1	
		底 板	60×90	Q235	块	1	

2. 燕尾导轨配合加工件

图 4-15、图 4-16、图 4-17、图 4-18 所示为各燕尾导轨配合加工件。

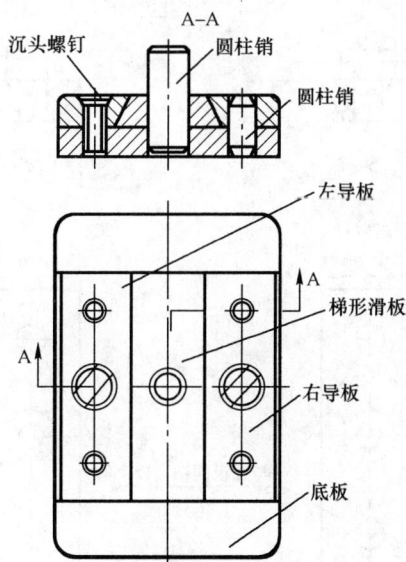

图 4-15 燕尾滑动导轨配合装配图

技术要求：

① 右导板、梯形滑板、左导板调整装配后间隙小于等于 0.04mm。

② 梯形滑板转位 180° 后仍能在左右导板组合的导轨中滑动自如，配合间隙不大于 0.04mm。

③ 左右导板、梯形滑板装配后尺寸与底板外形尺寸一致。

④ 孔口、外棱倒角 0.5×45°。

⑤ 梯形滑板φ8H7 孔对称度要求小于等于 0.05mm。

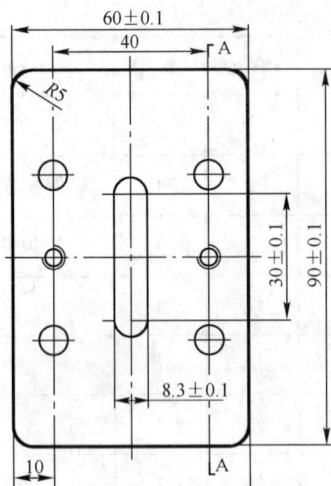

图 4-16 底板

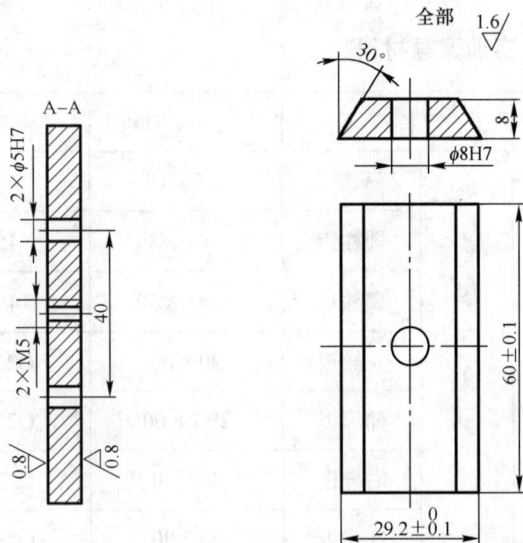

图 4-17 梯形滑板

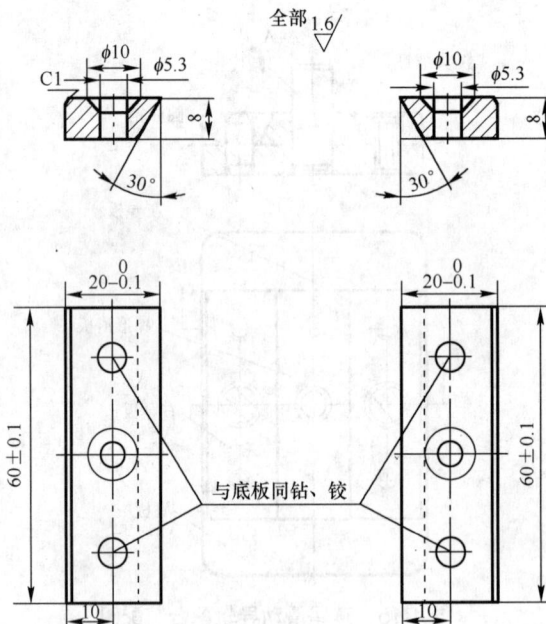

图 4-18 左导板和右导板

3. 燕尾滑动导轨配合加工步骤

① 先将底板划线钻孔达要求。

② 底板椭圆滑槽可用直径 8mm 钻头排料，再用锉刀锉削达要求。

③ 底板孔配钻左右导板孔，配铰。

④ 配合后达图样技术要求。

4. 成绩评定

表 4-5　　　　　　燕尾滑动导轨配合加工（件 3）练习记录与成绩评定表

项次	项目与技术要求（mm）	配分	评定方法	实测记录
1	底板椭圆滑槽 8.3±0.1 达要求	15	超差全扣	
2	螺钉紧固柱销配合良好	10	检测	
3	铰孔孔壁表面粗糙度达要求	10	检测	
4	梯形滑槽与右导板配合间隙≤0.04	10	超差全扣	
5	梯形滑槽与左导板配合间隙≤0.04	10	超差全扣	
6	梯形滑槽转位后与右导板配合间隙≤0.04	10	超差全扣	
7	装配后工件外形平整	15	超差全扣	
8	梯形滑槽滑动适宜	10	超差全扣	
9	按图正确标记，文明实习	10	检测	
10	安全文明生产	扣分	违者每扣 2 分	

实训项目五　样板制作与锉配

知识目标

- 模具样板制作训练
- 锉配训练
- 电火花电级加工训练

技能目标

- 掌握样板加工基本方法。具备一定的狭长面加工技巧、掌握圆弧面加工、对称面加工技能
- 掌握样板的加工工艺、方法。有一定的辅助样板设计能力，并能利用辅助样板检测加工样板
- 具备较强的锉削修整加工技能
- 了解影响锉配精度的因素，并掌握锉配误差的检测与修正方法。达到配合要求
- 掌握型腔电极制作材料的选用
- 掌握电火花加工模具型腔用电极的设计与手工制作方法。会进行型腔电极相关计算

建议学时

50 学时

5.1　样　　板

5.1.1　样板基础知识

在模具制作过程中，对于一些形状较复杂且常规量具无法或很难准确测量出数据的零部件，为了使零部件达到技术要求，必须采用与其相匹配的样板检测才能保证加工质量。因此，样板的使用与制作至关重要，同时也是关系到零部件加工精度的重要保证。

1. 样板制作相关知识

在制作具有复杂平面曲线或立体曲面的零件时，这一类型的曲面往往要通过特殊的样板进行划线和检测。因此，样板的作用一是用来划线。对于具有多个相同形状的零件或复杂型面，用样板进行划线，既节约时间又提高效率。对于具有配合要求且为曲面的零件，如模具的分型面，用一对合的样板划出上、下模的分型面，这样，又准确又方便。

二是用样板来检测零件的尺寸和形状。有些零件形状或尺寸不易检查和测量，可通过样

板进行检测。

三是按样板精加工模具型腔和型芯。在加工具有空间曲面的型腔、型芯或成型电级工具，可以先按模具型腔、型芯轮廓和各部位断面尺寸制作样板，再利用这些样板来校对和修正已加工好的零件。型面越复杂，其断面样板越多。

如图 5-1 所示。型腔内形为弧形，不论是加工还是测量都有一定的困难，这种情况下加工一对合样板，是保证型腔质量的最佳选择。在制作时以模具端面为基准加工圆弧凸形样板，用于型腔加工检测；与之对合配作的凹形样板用于磨削样板刀，在车削圆弧型面时用样板刀修整。

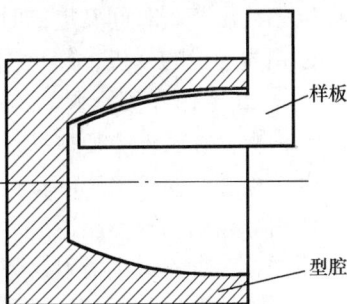

图 5-1　型腔样板设计

样板加工的重点是轮廓尺寸精度要达到要求。在加工样板时，为保证样板精度，可以加工一校对样板，以检验样板的准确性。具体加工制作时，要注意一定的加工技巧，最后的精加工时一般要用整形锉进行修整，或用专用的辅助工具进行修整，不断检测，以达到样板的技术要求。

（1）样板的种类

样板是检查确定工件尺寸、形状或位置的一种专用量具。

按其使用范围分为标准样板和专用样板两大类。

① 标准样板。

标准样板是用来测量工件的标准化部分的形状和尺寸，如螺纹样板（即螺距规）、半径样板（即半径规）。

② 专用样板。

专用样板是根据工件加工形状和装配需要求专门制造的样板。按其用途的不同可分以下几种。

a．划线样板，一般用于工件的划线时使用的样板，如錾口手锤划线样板。如图 5-2 所示。

b．工作样板，一般用于检查工件表面轮廓形状和尺寸的样板，如图 5-3 所示。

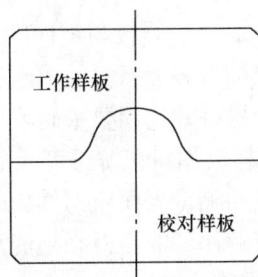

图 5-3　工作与校对样板

图 5-2　划线样板

c．校对样板，与工作样板配合使用，是用来检测工作样板形状、尺寸的高精度样板，如图 5-3 所示。

按空间位置又分为平面样板和立体样板两大类。

a．平面样板，用于平面轮廓加工检测的样板。如制作錾口手锤检查轮廓形状样板。

b．立体样板，用于三维复杂型面加工检测的样板。如汽车大型覆盖件模具模型样板。

（2）样板的使用方法

① 划线用样板。

对一些形状复杂的型面、曲面等用常规划线方法难以直接划出或耗时效率又低时，采用样板划线既节省时间又提高时效。用划线样板划线时，应在划线前根据图样要求做出与加工部位相同形状的样板，然后据此为基准，在加工零件上仿划出加工界线。

② 用工作样板检测零部件的形状与尺寸。

样板检查工件方便快捷，无需其他量具。如在加工断面为异形的拉深凸模和凹模时，应先做出检查凸模外轮廓的样板，它的尺寸按照凸模的最大极限尺寸制作，作为检验规的过端来使用，如果凸模不能通过，那么凸模尺寸就大了。同理，凹模型腔的轮廓样板，它的尺寸按照型腔轮廓的最小极限尺寸来制作，如果样板不能通过，那么凹模就小了。这样就能很快知道检测结果和判断部件是否合格。

（3）样板制作加工方法

① 手工加工方法。

它主要是模具钳工用手工制作。

② 机械切削加工方法。

它主要是使用精密磨床、成型磨床和各种特殊夹具来加工。

③ 电解加工方法。

它主要是使用电火花、线切割机床按指令程序加工。

图 5-1 型腔样板，可通过钳工手工制作，也可以用电火花线切割加工完成。

（4）样板制作要求

① 样板的尺寸公差符合检测工件要求，即

$$\delta_{样板} \leqslant \delta_{工作} - \delta_{测量}$$

式中：$\delta_{样板}$——样板的公差（mm）；

$\delta_{工作}$——被测工件的制造公差（mm）；

$\delta_{测量}$——样板测量的最大可能公差（mm）。

其中

$$\delta_{测量} = S_{最大} - S_{最小}$$

$S_{最大}$、$S_{最小}$——样板与零件间最大与最小允许间隙（mm）。

② 样板测量表面粗糙值 Ra 应小于 0.8μm。

③ 样板材料的选用要求硬度适中，模具工作样板一般采用 Q235 冷轧钢板，厚度为 1～3mm 为宜。样板用料应矫正磨光后再用，以便使划线清晰、准确好用。

④ 样板的测量表面应与样板的大平面严格垂直。

⑤ 具有对称轴的样板必须能翻对中心。

（5）样板的检测

样板在加工过程中加工完成后，为保证其精度符合要求都需要检测。

① 用通用量具检测。

当样板形状较规则时用通用量具检测方法最好，这样能很好地保证样板的精度要求。常用的量具有正弦规、千分表、量块、角度量块、刀口尺和各种辅助用的量棒。

② 用光学测量仪检测。

当样板形状复杂、尺寸又较小、精度又高，利用其他方法难以或无法检测时，可以用投影仪进行检验。根据放大了的工件轮廓影像与预先按比例绘制好的放大图吻合程度，来判断其准确程度。

③ 用校对样板检验。

当样板测量面较复杂，用一般通用量具或量仪检测较困难时，可用校对样板检测。但校对样板的精度和表面粗糙度要高于工作样板。

使用校对样板检测方法常用光隙法。检测时，将工件样板与校对样板对合，再放在灯箱的玻璃上，通过测量面上漏光的均匀程度判断其准确度。使用光隙法检测时需注意的是，由于是肉眼来观察误差，光缝断面形状、光线强弱和方向及样板测量面的表面粗糙度都会造成一定的影响。

2. 型腔电极样板制作相关知识

（1）电极材料

电极材料必须是导电材料。在生产中，应选择损耗小、加工过程稳定、加工速度快、机械加工性能好、来源丰富且价格低廉的材料制造电极。常用的电极材料有纯铜、石墨、钢、铸铁、黄铜、银钨合金及铜钨合金等，其性能见表 5-1。

表 5-1　　　　　　　　　　各种电极材料性能

电极材料	电火花加工性能		机械加工性能	说　明
	加工稳性	电极损耗		
铸铁	一般	一般	好	常用电极材料
钢	较差	一般	好	常用电极材料。电参数选择要注意稳定性
紫铜	好	较小	较差	磨削加工困难
黄铜	较好	大	一般	电极损耗大较少用
石墨	尚好	较小	尚好	常用电极材料。力学性能差，易崩角
铜钨合金	好	小	一般	价格高，用于加工深孔、直壁孔及硬质合金
银钨合金	好	小	一般	价格昂贵，用于特殊及精密要求等

电极材料应具有电极损耗小、加工速度快、易于加工制造、来源丰富和价格便宜等特点。目前，型腔电火花加工中，应用最广泛的材料是石墨和紫铜。石墨电极加工容易，密度小，强度较差，在采用宽脉冲大电流加工时容易起弧烧伤。紫铜的组织致密，韧性好，适用于加工一些形状复杂、轮廓清晰、要求精度高和表面粗糙度要求低的型腔，但紫铜的切削加工性能差，密度较大，价格较高，大、中型尺寸的型腔电极不宜采用。铜钨合金和银钨合金是较理想的型腔电极材料，但价格昂贵，只有在特殊情况下才采用。其他电极材料如铸铁、黄铜及钢等，因其损耗大，加工速度低，均不适宜型腔的加工。

（2）电极结构形式

型腔电火花加工用电极的结构形式分为整体式、镶拼式和组合式。整体式电极多用于尺寸较小和复杂程度一般的型腔加工。镶拼式电极结构适用于型腔尺寸较大，形状复杂，或电极坯料尺寸不够的型腔加工，但电极要易于分块制作。组合式电极结构在一模多腔时采用，可以简化型腔加工的定位工序，提高定位精度、加工速度和加工精度。

由于型腔加工中一般都是不通孔加工，它的排气、排屑条件较差，影响加工状态的稳定和表面粗糙度，因此，在电极上设置适当的排气孔和冲油孔来改善加工条件。一般排气孔设置在蚀除面积较大的位置和电极端部有凹入的地方，如图 5-4 所示。冲油孔要设置在难于排屑的位置，如拐角、窄缝等处，如图 5-5 所示。排气孔和冲油孔的直径为平动头偏心量的 1/2，一般为 1~2mm，过大会造成电蚀表面形成柱状凸台而不易清除。为了便于排气和排屑，可将排气孔和冲油孔上端孔径加大为 5~8mm，各孔间的距离一般为 20~40mm 左右，面积较大且多排孔时要相互错开。

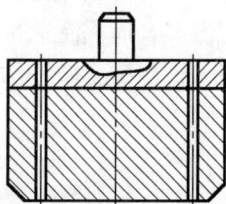

图 5-4　电极排气孔的设置　　　　　图 5-5　电极冲油孔的设置

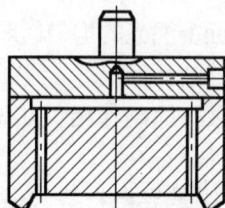

在实际型腔加工中，对排气孔和冲油孔的设置也可采用部分排气、部分冲油的方法。如果型腔有通孔或型腔下面有工艺孔的型腔加工，也可改为从下面抽油。对排气孔、冲油孔的设置原则以不产生气体和电蚀物的积存为原则。

型腔电极的尺寸是根据所加工型腔的大小与加工方式、加工时的放电间隙及电极损耗而确定的，可分为水平尺寸和垂直尺寸。当采用单电极平动加工方法时，其电极尺寸计算方法如下。

① 型腔电极水平尺寸。

型腔电极水平尺寸是指电极与机床主轴轴线相垂直的尺寸，如图 5-6 所示。由于型腔加工中平动头的偏心量可以调整，一般可用下式确定：

$$a = A \pm kb$$
$$b = \delta + H_{max} - h_{max}$$

式中：a——电极水平方向尺寸（mm）；

A——型腔的基本尺寸（mm）；

k——与型腔尺寸标注有关的系数；

b——电极单边缩放量（mm）；

δ——粗规准加工时的单面脉冲放电间隙（mm）；

H_{max}——粗规准加工时表面微观不平度最大值（mm）；

h_{max}——精规准加工时表面微观不平度最大值（mm）。

上式中"＋"、"－"号的确定原则：当图上型腔为凸出部分时，其对应电极凹入部分的尺寸应放大，k 取"＋"号；当图上型腔为凹入部分时，其对应电极凸出部分的尺寸应缩小，k 取"－"号。式中 k 值确定原则：当图中型腔尺寸两端以加工面为尺寸界线，如果蚀除方向相反，$k=2$，如图 5-6 中的尺寸 $A1$；如果蚀除方向相同，$k=1$，如图 5-6 中的尺寸 e；如果图样上型腔中心线之间的位置尺寸及角度和电极上相对应的尺寸不缩不放时，$k=0$，如图 5-6 中的尺寸 $R1$、$R2$。

② 型腔电极的垂直尺寸。

型腔电极的垂直尺寸是指电极与机床主轴轴线相平行的尺寸，如图 5-7 所示。型腔电极在垂直方向的有效工作尺寸用下式确定：

$$H1 = H + C_1 H_0 + C_2 - \delta_j$$

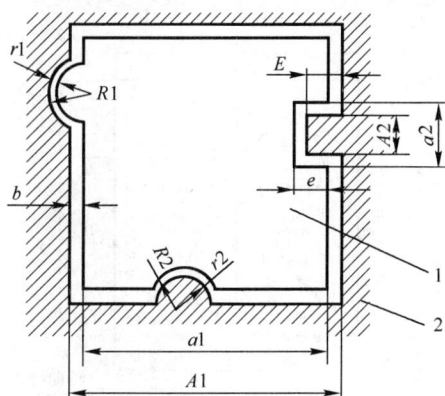

1—型腔电极；2—型腔

图 5-6 型腔电极水平尺寸

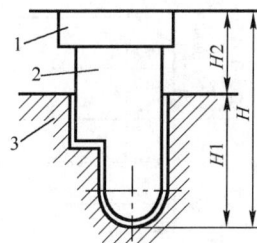

1—电极固定极；2—型腔电极；3—工件

图 5-7 型腔电极垂直尺寸

式中： H_0 ——型腔的垂直尺寸（mm）；

C_1 ——粗规准加工时电极端面的相对损耗率，其值一般小于 1%，只适用于未进行预加工的型腔；

C_2 ——中、精规准加工时端面总的进给量，一般为 0.4～0.5mm；

δ_j ——最后一挡精规准加工时端面的放电间隙，可忽略不计。

在上式计算型腔极垂直尺寸后，还应考虑到电极多次重复使用造成垂直尺寸的损耗，以及在加工结束时电极的固定板与模具之间应有一定的余量。所以，型腔电极的垂直尺寸还应增加一定尺寸 H2（mm）。这样型腔电极在垂直方向的总高度尺寸为

$$H = H1 + H2$$

③ 型腔电极的制造。

型腔电极的制造方法，主要根据型腔电极所选用的材料、型腔的精度和数量来确定。由于石墨材料的加工性能好，机械加工、修整和抛光都很容易，因此，石墨电极的制造以机械加工方法为主。紫铜电极制造主要是采用机械加工配合钳工修整的方法制造。

5.1.2 样板技能训练

技能训练1：样板制作训练

1. 实训课题材料

实训项目	名称	坯料规格（mm）	材料	单位	数量	备注
1	模具样板	$70 \times 52 \times 1.5$	Q235	块		
2	山形样板	$120 \times 50 \times 1.5$	Q235	块		
3	锥面样板	$110 \times 62 \times 3$	Q235	块		
4	燕尾圆弧样板	$82 \times 80 \times 3$	Q235	块		

2. 实训工件图

① 模具样板。见图 5-8。

② 山形样板。见图 5-9。

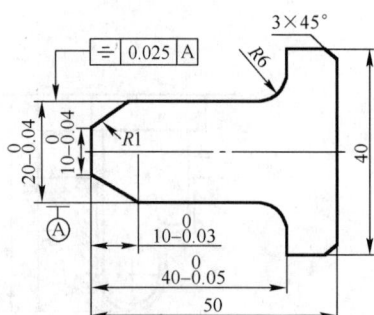

图 5-8 模具样板

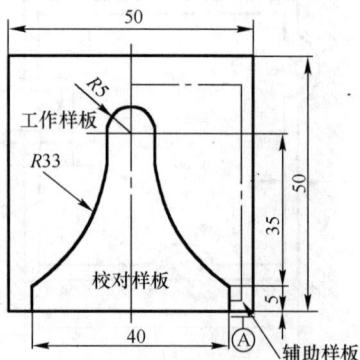

图 5-9 山形样板

③ 锥面样板。见图 5-10。

④ 燕尾圆弧样板。见图 5-11。

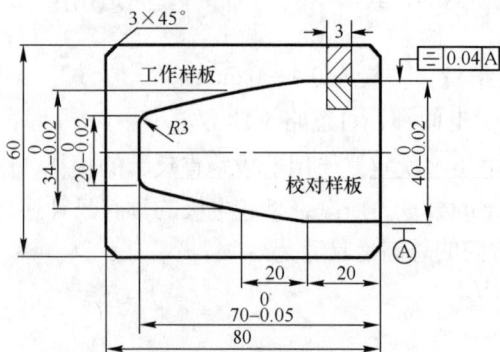

技术要求：1. 表面光滑平整；
2. 配合间隙不大于0.02mm；
3. 能转面互换。

图 5-10 锥面样板

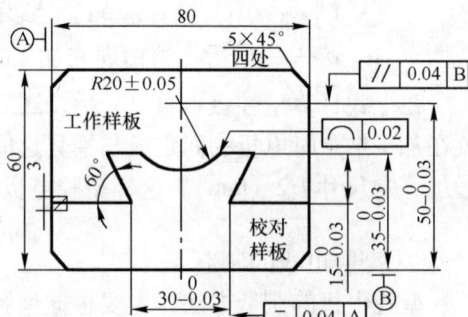

技术要求：1. 配合间隙不大于0.04mm；
2. 表面平整光滑，能转面互换。

图 5-11 燕尾圆弧样板

3. 加工步骤

（1）模具样板的加工步骤（如图 5-8 所示）

要保证样板形状及尺寸的对称，必须同时加工一件半形校对样板，以便在检测时确保两边形状一致，这样才能达到图样要求。

① 检查来料。精加工两互相垂直的平面，作为划线基准。

② 划线。同时应划出半形校对样板。

③ 按线加工（留余量）。

④ 精加工模具样板平面 1，如图 5-12 所示。

⑤ 以平面 1 作为基准，精加工斜面 2、平面 3、平面 4，将斜面 2 换算成角度，按角度精加工，精加工平面 4 的同时按 R 规精加工 $R3$，保证尺寸 $L1$。

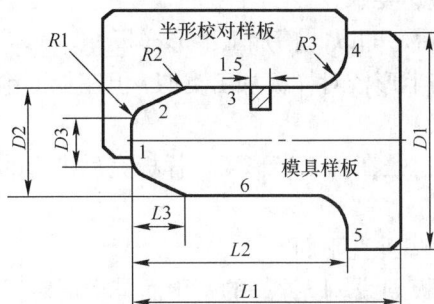

图 5-12　模具样板加工

⑥ 以平面 1、斜面 2 作基准，按 R 规精加工 $R1$。

⑦ 以已精加工完的模具样板上一部分形状为基准，精加工半形校对样板，与模具样板已加工好的一部分对合无光隙。

⑧ 以半形校对样板为标准，精加工模具样板的另一对称部分形状，精加工时必须以平面 1 为基准，精加工平面 5、$R3$，保证尺寸 $L1$。

⑨ 以平面 3、平面 1 作为基准，精加工平面 6、$R3$，保证尺寸 $D2$。

⑩ 对合半形校对样板无光隙，形状完全对称，符合图样要求。

（2）山形样板的加工步骤（如图 5-9 所示）

① 先制作校对样板，检查来料并矫正。

② 加工互相垂直的两相邻面，作为划线与测量基准。

③ 划线，划出样板的加工轮廓线。

④ 用锯、锉或钻孔方法排料并粗加工，不得用錾削方法排料，以免变形，留余量约 0.2～0.5mm。

⑤ 精加工达图样要求。在精加工时应使用什锦锉加工。

需指出的是：为保证校对样板的对称，在精加工之前，应预先加工一个辅助样板，如图 5-9 点划线所示，利用它来配合加工和测量。

⑥ 制作工作样板。用上述同样方法加工工作样板。把经过检验合格的校对样板与工作样板坯料合在一起，保证两块样板的基准面 A 重合，用夹板夹紧，按校对样板用划针划出工作样板的轮廓线，然后按粗、精加工顺序进行加工。

⑦ 对合检验。将校对样板与工作样板对合，以光缝大小检查工作样板的精度，再根据漏光程度修配工作样板，注意只能修整工作样板。

（3）锥面样板的加工步骤（如图 5-10 所示）

锥面样板的加工必须先加工校对样板，否则无法保证工作样板的精度要求，并且无法检测也就无法加工。但要加工校对样板，为使校对样板对称度达到要求，必须加工出半形对板和样板，以便更好地检测。

① 加工半形校对样板。如图 5-13 所示。

a．精加工相邻两垂直面。

b．涂色，以锉削好的两垂直面为基准划线。

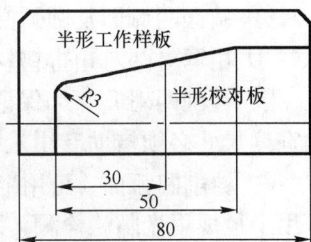

图 5-13　半形校对样板

c. 按划线精加工锥面、圆弧。

d. 检测。用什锦锉修整达要求。

半形校对样板加工合格后，即以此精加工半形样板。

② 半形样板加工步骤与半形校对样板加工类似，但在加工锥面时必须与对板配作。保证与半形对板作光隙检测无隙。

③ 加工整形校对样板，这是在加工半形工作样板完后进行的。否则无法保证校对样板两边形状的一致。

a. 检查材料。加工两互相垂直平面。

b. 表面涂色，以半形对板划线。以锉好的两平面与半形对板大端平面、相邻垂直面对齐划线。

c. 用锯、锉排料加工到线。

d. 以半形工作样板配作精加工两处锥面、圆弧。检测无光隙。

e. 加工小端面，并保证其长度尺寸达到公差要求。

④ 加工整形工作样板。这是在加工完半形对板后进行的，也就是先用半形对板把整形工作样板的形状加工一定程度时，再用整形对板进行精加工。

用半形对板加工整形样板时，其加工时一般应留有 0.03～0.05mm 的余量，用作整形校对样板配作加工整形工作样板时的精修调整余量。

a. 按上述加工校对样板方法先加工工作样板的外围尺寸。

b. 用锯、钻孔、锉削的方法排料、加工内锥面。

c. 加工内形时，用半形对板锉削锥面，留余量。

d. 用加工好的校对样板配锉工作样板，光隙法检查。

⑤ 加工完后，按要求转面互换检测，应同样不漏光，说明对板与样板两边形状完全对称，否则需重新修整。如不能互换，可能是锥面的角度或长度不一致；也可能是对板或样板配合面不垂直。

通过检查，在保证对板精度的情况下，可以对其进行修整，由于样板的精度是由对板来保证的，对板可以修整，样板当然也可以修整。样板、对板同时修整，边修整边作光隙检测，直至达到互换要求。

(4) 燕尾圆弧样板的加工步骤（如图 5-11 所示）

带燕尾槽样板的加工，为保证对角宽度尺寸，必须借助两根直径相同的专用量棒，通过计算把检测尺寸 M 算出来。

① 检查来料并矫正，先加工校对样板。

② 精锉底面，以此为基准用高度游标卡尺、钢板尺划线。

③ 精锉两侧面及圆弧高度平面。

④ 用锯对两对角排料，不可用錾削方法排料。

⑤ 锉削两对角，为保证角度尺寸，可用角度规测量；要保证两对角宽度尺寸必须借助专用量棒检测，量棒如图 5-14 所示。

⑥ 锉削圆弧面。可用半圆锉粗、精锉圆弧面，为保证圆弧度要求，可用半径规用光隙法检测；为保证圆弧高度尺寸，必须借助圆弧专用量棒检测。如图 5-14 所示。

燕尾对角宽度尺寸与圆弧高度尺寸检测方法如图 5-15 所示。

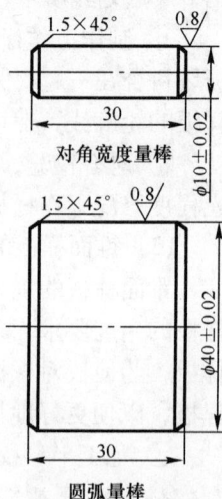

对角宽度量棒

圆弧量棒

图 5-14 量棒

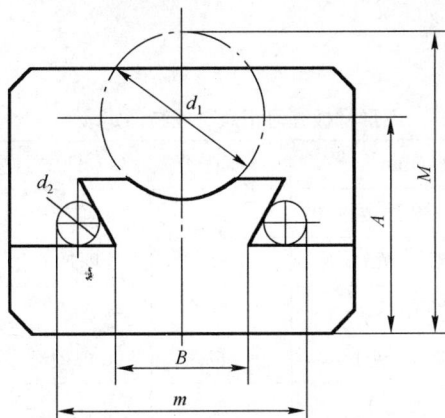

图 5-15　燕尾圆弧样板的检测

底面至燕尾弧面中心距的计算方法：

$$A = M - \frac{d_1}{2}$$

对角中心距计算方法：

$$m = B + d_2 \cdot \text{ctg}\frac{a}{2} + d_2$$

通过以上公式计算数据检测，最终保证中心高尺寸 $50^0_{-0.033}$ mm，对角距离尺寸 $30^0_{-0.33}$ mm。

⑦ 倒角。

⑧ 加工工作样板。按上述方法锉削工作样板四个平面。

⑨ 以锉削好的一个平面为基准划加工轮廓线。

⑩ 用钻头、锯排料，注意不要破坏圆弧面。

⑪ 精锉工作样板测量面。用校对样板配作工作样板，用光隙法对灯箱检测漏光情况，转面互换时同样保持不漏光。

4．成绩评定

（1）模具样板成绩评定

见表 5-2。

表 5-2　　　　　　　　模具样板练习记录与成绩评定表

项次	项目与技术要求（mm）	单项配分	评定方法	实测记录
1	图样尺寸 50、40	5	单项超差扣 5 分	
2	$40^0_{-0.05}$、$20^0_{-0.04}$、$10^0_{-0.04}$、$10^0_{-0.03}$	15	单项超差全扣 15 分	
3	圆弧 $R6$	10	超差全扣	
4	倒角 $3 \times 45°$	5	超差全扣	
5	对称度不大于 0.025	10	超差全扣	
6	安全文明生产	扣分	违者每扣 2 分	

（2）山形样板成绩评定表

见表5-3。

表5-3　　　　　　　　　　　　山形样板练习记录与成绩评定表

项次	项目与技术要求（mm）	单项配分	评定方法	实测记录
1	图样尺寸50、50、40达要求	5	单项超差扣5分	
2	工作样板圆弧 $R33$、$R5$	12	单项超差扣12分	
3	校对样板圆弧 $R33$、$R5$	12	单项超差扣12分	
4	圆弧面配合无光隙（2处）	6	单项超差扣	
5	平面配合无光隙（2处）	6	超差全扣	
6	A面平整	8	超差全扣6分	
7	中心距35达要求	5	超差全扣	
8	安全文明生产	扣分	违者每扣2分	

（3）锥面样板成绩评定表

见表5-4。

表5-4　　　　　　　　　　　　锥面样板练习记录与成绩评定表

项次	项目与技术要求（mm）	单项配分	评定方法	实测记录
1	工作样板图样尺寸80、60	4	单项超差扣4分	
2	校对样板 $70^{0}_{-0.05}$、$40^{0}_{-0.02}$、$34^{0}_{-0.02}$、$20^{0}_{-0.02}$	8	单项超差扣8分	
3	校对样板图样尺寸20、20	5	单项超差扣5分	
4	校对样板圆弧 $R3$	5	超差全扣	
5	与A面的对称度不大于0.04	10	超差全扣	
6	倒角 $3 \times 45°$	5	超差全扣	
7	样板配合间隙≤0.02	20	超差全扣	
8	配合能转面互换	10	超差全扣	
9	安全文明生产	扣分		

（4）燕尾圆弧样板成绩评定表

见表5-5。

表5-5　　　　　　　　　　　　燕尾圆弧样板练习记录与成绩评定表

项次	项目与技术要求（mm）	单项配分	评定方法	实测记录
1	图样尺寸80、60达要求	4	单项超差扣4分	
2	校对样板 $50^{0}_{-0.03}$、$35^{0}_{-0.03}$、$15^{0}_{-0.03}$	6	单项超差扣6分	
3	校对样板中心距 $30^{0}_{-0.03}$	5	单项超差扣5分	

续表

项次	项目与技术要求（mm）	单项配分	评定方法	实测记录
4	角度尺寸 60°（2 处）	5	单项超差扣 5 分	
5	校对样板圆弧 $R20\pm0.05$	6	超差全扣	
6	平行度、对称度、圆弧度达要求	4	超差全扣	
7	倒角 $5\times45°$（4 处）	2	超差全扣	
8	样板配合间隙不大于 0.04（6 面）	5	单项超差扣 5 分	
9	配合后能转面互换	10	超差全扣	
10	安全文明生产	扣分		

技能训练2：型腔电极制作训练

1. 实训课题材料

实训项目	名称	坯料规格（mm）	材料	单位	数量	备注
1	型腔电极	$34\times27\times23$	紫铜	块		

2. 实训工件图

实训工件图，如图 5-16。

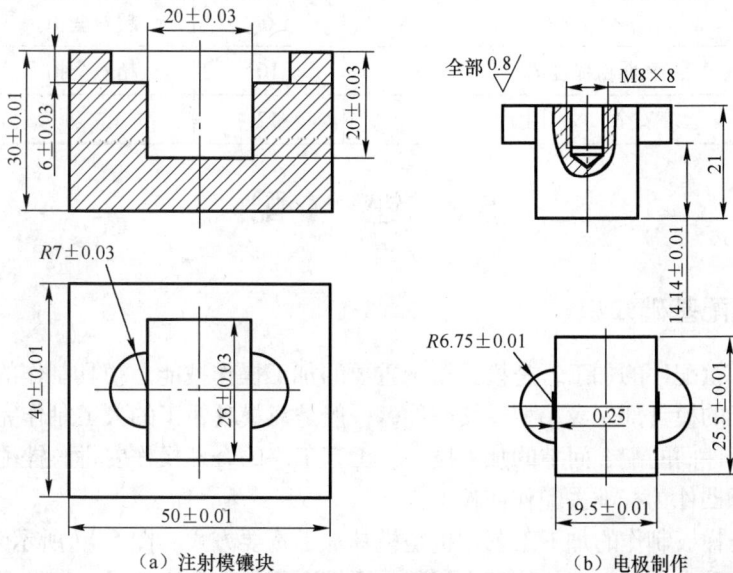

（a）注射模镶块　　　　（b）电极制作

图 5-16　电极制作

3. 加工步骤

如图 5-16（b）所示。

① 确定选用的加工方式及相关计算。选用单电极平动法进行电火花成型加工，为保证侧面棱角清晰（$R<0.3$mm），其平动量 $\delta_0\leqslant0.25$mm。

依照单边缩放量计算式，有平动量 $\delta_0=0.25-\delta_{精}<0.25$（mm），且得电极水平尺寸单边

缩放量为 b=0.25mm。对应的型腔主体 20mm 深度和 R7mm 的搭子及型腔 6mm 深度的长度之差不足 14mm，而是 $(20–6) \times (1+1\%)$mm=14.14mm（1%为电极损耗）。

② 锉好三个基准面。

③ 在划线平台上划好各加工界线。

④ 加工外形尺寸长度（33.5±0.01）mm、宽度（25.5±0.01）mm、厚度 21mm。

⑤ 加工尺寸（19.5±0.01）mm，并保证对称度，同时加工好尺寸（14.14±0.01）mm。

⑥ 加工两个圆弧面，保证尺寸 R6.75±0.01mm，同时保证其对称度。

⑦ 修整并抛光，达到表面粗糙度要求。

4．成绩评定

型腔电极成绩评定见表 5-6 所示。

表 5-6　　　　　型腔电极制作练习记录与成绩评定表

项次	项目与技术要求（mm）	配分	评定方法	实测记录
1	19.5±0.01	13	超差全扣	
2	R6.75±0.01	13	超差全扣	
3	25.5±0.01	13	超差全扣	
4	14.14±0.01	13	超差全扣	
5	33.5±0.01	12	超差全扣	
6	0.25	8	超差全扣	
7	M8×8	6	超差全扣	
8	表面粗糙度 Ra0.8	10	超差全扣	
9	安全、文明生产	12		

5.2　锉　　配

5.2.1　锉配基础知识

锉配加工即镶配件的加工，是模具钳工重要的加工操作技能。模具制作的前、后期修配及机床难以加工的模具部件或小型模具部件，一般是靠模具钳工的人工制作完成的。镶配加工主要是训练工件间的配合间隙的加工技巧、工艺工序的合理操作安排。锉配加工一般先加工凸件，然后以凸件为标准去配作凹件。

锉配主要是样板制作的加工工艺，也是模具加工重要方式。图 5-17 所示为角度板锉配。

锉配加工的重点是凹、凸件的配合间隙是否符合图样的技术要求。在锉配加工时要掌握配合间隙加工技巧，要用基准件去配作配合件。在制作过程中，要不断地修整、测量、检查直至达到所要求的配合间隙值为止。

1．锉配加工的要求

锉配加工必须已经具备一定的模钳加工技能，能够合理地选配使用的工、量具，合理地安排加工工序以及灵活地根据自身的操作特性采用有效的技巧，从而加工出合格的制件。

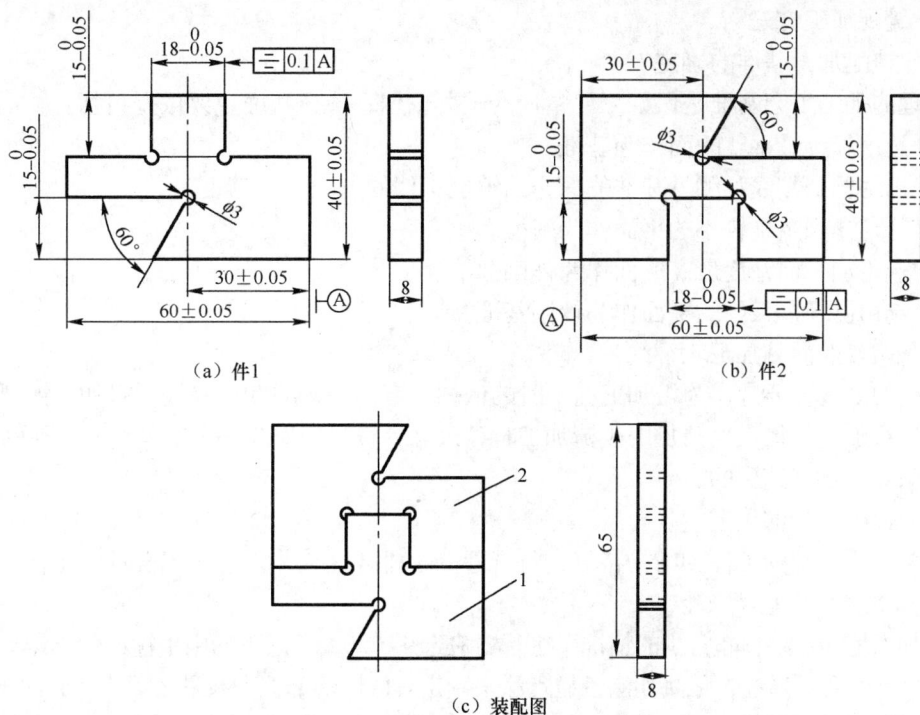

（a）件1   （b）件2

（c）装配图

注：件1、件2配合表面间隙均小于0.1mm

图 5-17 角度板锉配

（1）合理选配锉刀

合理选用锉刀对于保证锉削工件质量和锉削效率产生重要影响，锉刀的选用要按工件锉削面的大小、长短确定，工件的锉削面较大，加工余量较大时；宜选用大规格的粗齿锉刀；反之，选用小规格的中齿锉刀。一般如工件纵面长 50mm 以上，可选用 300mm 以上规格锉刀，50mm 以下的锉削面，可选用 250mm 或更小规格的锉刀。粗、中齿锉刀一般用于粗加工，精加工必须使用细齿锉刀或什锦锉加工，但粗、细齿锉刀的转换要视工件表面粗糙度的大小而定，如表面粗糙度高，应在余量稍大时就得更换细齿锉，否则会使工件表面粗糙度达不到要求。

（2）加工余量的确定

加工余量预留量的大小，应根据工件的精度要求的高低、表面粗糙度的大小及个人技能水平合理安排确定，一般为 0.5mm 左右，如尺寸精度高、表面粗糙度小，则加工顺序应为粗加工、半精加工、精加工，这时的精加工余量应为 0.1～0.05mm 左右。

（3）一定的计算能力

锉配时，有时涉及角度运算、辅助测量数据计算等。

（4）工件精度的测量方法

锉配工件的精度一般都较高，必须掌握正确的检测方法，再根据检测的数据合理调整加工工艺方法。

（5）锉配工件的精度要求

锉配一般是先加工凸件，这是因为外表面比内表面容易加工和检测，因此外形基准面的加工必须达到较高的精度要求，才能保证镶配件锉配精度。

2．锉配加工方法

（1）锉配加工基准的确定

合理的加工工艺基准是保证工件精度的重要依据，选择基准主要依据包括：

① 选用最大最平整的面作为基准。

② 选用已是划线和测量基准的面作为锉配工件的基准。

③ 选用锉削余量较小的平面作为基准。

④ 选用加工面精度最高的面作为锉削基准。

⑤ 选用已经加工好的平面作为锉削基准。

（2）按基准面划加工轮廓线

锉配的划线主要是作为粗加工锉削时的依据。有了明确的加工界线，粗加工锉削时可以大胆地进行加工，但在半精加工或精加工时，尺寸界线只能作为一个参考线，最终的精度要求，是依靠测量来达到的。

（3）锉削步骤的确定

锉削步骤要根据工件的结构特点进行合理的安排，这样才能加工出合格的工件。

（4）精加工的配合修锉

精加工是加工余量非常少的情况下进行，应选用 250mm 以下的中平锉或什锦锉加工。在作配合修锉时，可通过光隙法和涂色显点法来确定其修锉的部位和余量，逐步达到配合要求。

3．图 5-17 角度板锉配分析

角度板材料厚度为 8mm，属窄小面锉削，选用中、小型锉刀和整形锉进行粗、精加工，并保证与大平面垂直，这样才能达到配合精度；必须先加工工件外形尺寸至精度要求后，才能划全部加工线，并钻削完各部位工艺孔，再开始其他平面的加工；要保证对称度要求，件 1 凸形面加工时只能先去掉一端的角料，待加工至要求后再去除另一角料，至加工要求，凸形面加工完成后，才能去除 60° 角度余料，并进行角度加工。工件对称度与中心距精度的计算与测量方法可参照上一节燕尾圆弧样板制作测量方法进行；类似方式锉削件 2 凹形面与角度。

凹凸锉配时，应按已加工好的凸形面先锉配凹形二侧面，后锉配凹形端面。在锉配时一般不再加工凸形面，否则，会失去精度而无基准，使锉配难以进行。

因采用间接测量达到尺寸要求值，故必须进行正确的换算和测量，才能得到实际所要求的精度。

5.2.2　锉配技能训练

1．实训课题材料

实训项目	名称	坯料规格（mm）	材料	单位	数量	备注
1	垂直平面配合件	65×25×25	Q235	块		
2	三方、四方套锉配件	118×72×7	Q235	块		
3	四六方镶配件	115×87×10	Q235	块		

2．实训工件图

① 垂直平面配合件，如图 5-18（a）、（b）所示。

全部3.2

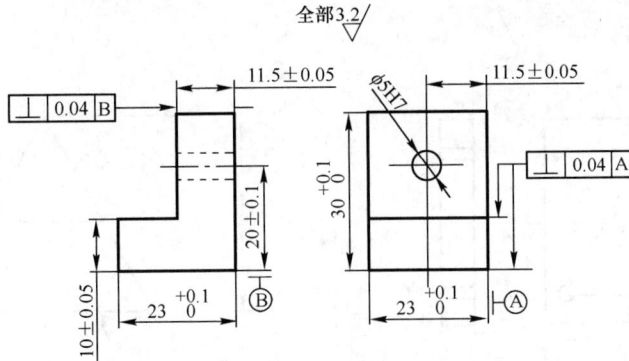

（a）垂直平面配合件

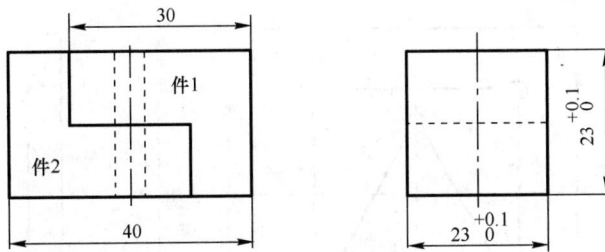

（b）装配图

技术要求：1.件1、件2配合间隙≤0.04mm；2.装配后外形平齐≤0.1mm。

图 5-18 垂直平面配合锉配

② 三方、四方套锉配件。见图 5-19（a）、（b）、（c）、（d）。

其余3.2

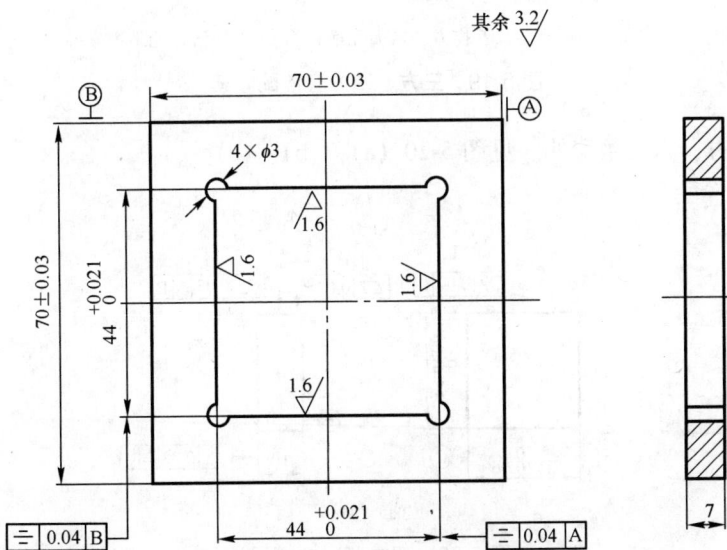

（a）件1

图 5-19 三方、四方套锉配

全部 1.6

（b）件2

（c）件3

（d）装配图

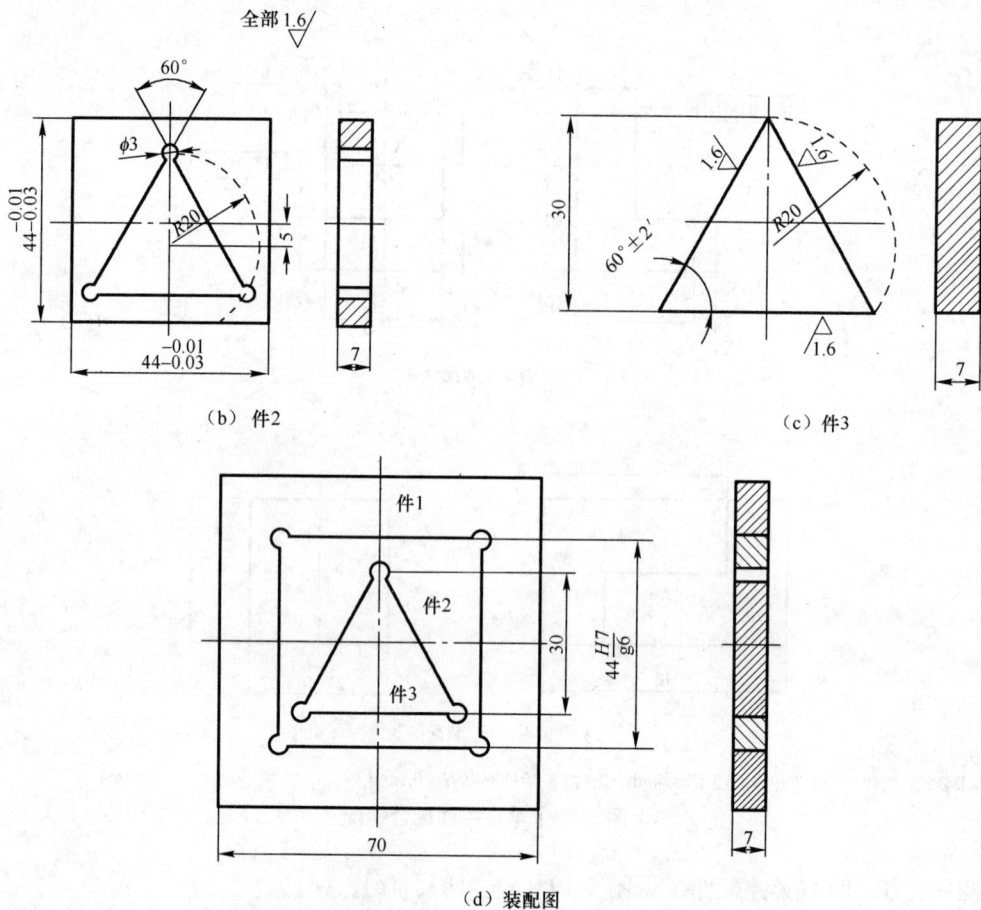

技术要求：1．件1、件2、件3配合间隙不大于0.04mm；

2．件1、件2、件3间隙配合均达到转位互换方、转面互换；3．表面整洁，无敲击痕迹。

图 5-19 三方、四方套锉配（续）

③ 锉配四方、六方镶配件。见图 5-20（a）、（b）、（c）。

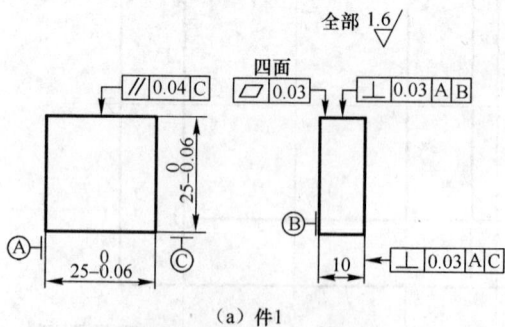

全部 1.6

（a）件1

图 5-20 四方、六方镶配件

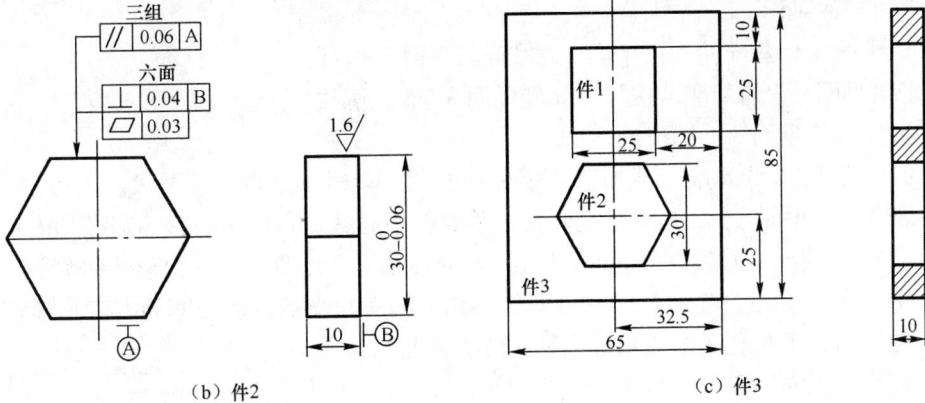

（b）件2

（c）件3

技术要求：1. 件1件2与件3配合后间隙不大于0.05mm；

2. 配合后能转位互换、转面互换。

图 5-20　四方、六方镶配件（续）

3．加工步骤

（1）垂直平面配合件

如图 5-18（a）、（b）所示。

① 锉削两互相垂直面，作为划线基准面。

② 划线。

③ 用锯、锉排料，留线。

④ 粗、精锉两内垂直，注意尺寸与形位公差达要求。

⑤ 钻孔。注意留铰孔余量。

⑥ 同样方法锉削件2。

⑦ 中心孔件1与件2配钻、配铰。

⑧ 配装圆柱销。

（2）三方、四方套锉配件

如图 5-19（a）、（b）、（c）、（d）所示。

① 先加工外三角形，加工方法如图 5-21 所示：

a．划加工轮廓线；

b．精加工外三角形底面1；

c．以底面1为基准面加工对应面2达外三角形高度尺寸要求；

d．用锯排料，精加工外三角形两斜面3、4，以万能角度尺保证角度尺寸；

② 加工外四方，加工方法如图 5-22 所示。

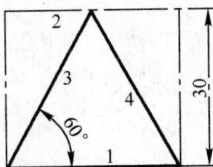

图 5-21　外三角加工

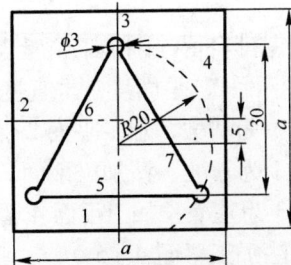

图 5-22　外四方加工

101

a. 精加工平面 1。

b. 以平面 1 为基准精加工平面 2，保证与平面 2 垂直。

c. 以平面 1、2 为基准，按尺寸 a 划平面 3、4 轮廓线。

d. 按线加工平面 3、4 到线。

e. 以平面 1、2 为基准，精加工平面 3、4，保证尺寸 a 及垂直度要求。

f. 划线。以平面 1、2 为基准划两互相垂直的中心线，再以中心线为基准划内三角形高度尺寸 30mm，横向中心线下移 5mm，与纵向中心线的交点即为内三角形外切圆心，以半径 20mm 划弧，与三角形高度尺寸的交点即为三角形的三角交点，联线即为内三角形轮廓线。

g. 钻三角点工艺孔，内三角形用钻孔的方法排料。

h. 按线加工内三角形平面 5、6、7 到线。

i. 另按内三角形大小加工一小型半形角度样板。

j. 精加工内三角形平面 5、6，用半形角度样板对合检测，保证角度尺寸，留少量加工余量。

k. 精加工内三角形平面 7，用半形角度样板对合检测，并保证角度尺寸，留少量加工余量。

l. 用加工好的外三角形件 3 与内三角形配作，用光隙法检测。

③ 加工四方套。

a. 按上述方法精加工四方套外围尺寸。

b. 划内四方加工轮廓线。

c. 在内四方四角点钻工艺孔。

d. 用钻孔、锯削的方法排掉内四方余料。

e. 按上述加工四方体的方法加工内四方。需说明的是精加工内四方时，同时应加工一个半形直角样板，保证内四方尺寸，并留约 0.05mm 左右的配作余量，以便最后精加工时与外四方配作。

④ 四方套的加工是按凸件配加工的。在留少量配作余量时，可用铜棒轻轻敲打进去，再敲打出来，修去过盈的痕迹，最后达到用大拇指就可以将配件按压进去，用光隙法检测光线一致或无光隙才算合格。在这里还要强调的是，配合面加工时一定要与大平面垂直，这样才能保证配合达要求。

(3) 四方、六方镶配件加工

如图 5-20 (a)、(b)、(c) 所示。

① 加工外四方体。加工方法参照上述实训工件图 5-22 加工外四方的步骤。

② 加工外六角形体，如图 5-23 所示。

a. 划线。

b. 按线用锯排料留锉削加工余量。

c. 精加工平面 1，平面度、垂直度达要求。

d. 以平面 1 为基准，加工平面 2 保证六角体高度尺寸 H 并留 0.1～0.05mm 修整余量。

e. 以平面 1 为基准，精加工平面 3，用万能角度尺保证角度尺寸。

f. 以平面 3 为基准，加工平面 4 留 0.1～0.05mm 修整余量。

g. 同样方法加工平面 4、5。

h. 用半形六角体样板（见图 5-24）检测六角形体达图样要求。

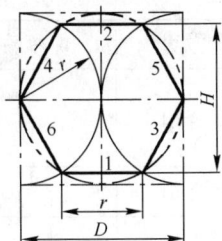

图 5-23 外六方体的加工

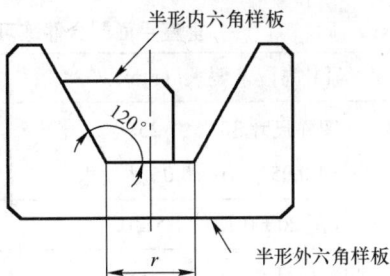

图 5-24 半形角度样板

需说明的是，在加工外六角形体的边长尺寸 r 时，通常情况下，都应留有 0.02mm 左右的修配余量以作为在配合件加工时，为防止配合时不能转面互换、转位互换所预留的修整余量。

③ 加工件 3，内四六方体。

a．精加工件 3 的外长方体，参照上述加工四方体方法。

b．划线。

c．钻孔排料（内四六方孔同时进行）。

d．按线加工，留线。

e．精加工平面 1。见图 5-25。

f．以平面 1 为基准，精加工平面 2。可以加工一小 90°尺寸作为内四方角度检测工具。

g．以平面 1 为基准，加工平面 3。保证内四方边长尺寸，注意应留配作修整余量约 0.02～0.01mm，即有修配的过盈量，下同。

h．以平面 2 为基准，精加工平面 4，保证其边长尺寸。

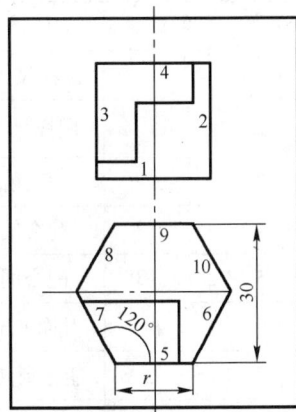

图 5-25 件 3 的加工

i．精加工平面 5。

j．以平面 5 为基准，精加工平面 6，用半形内角样板检测内六方角度。见图 5-24。

k．以平面 5、6 为基准，精加工平面 7，保证角度和边长尺寸 r，留修整余量。

l．以平面 6、7 为基准，精加工平面 8、9、10 用半形样板检测，保证角度和边长尺寸。

m．按以上步骤加工完内四方、六方后，将外四方、外六方体与件 3 配作修整，然后再装进件 3 内四方、六方孔内，作光隙检测，并看能否转位互换、转面互换。如有问题，找出原因加以修整，最后达到配合要求。

配作出现不能达到互换的要求时，不要急于进行修整，应回过头来，再按前面加工的步骤用相应的样板比对检测，发现误差后再进行必要的修整。

需说明的是，四方、六方镶配件的加工，应作好角度和半形样板的检测外，重要的是加工基准的选择，确定了加工基准，且已经精加工好了，一定不可再去动它了，否则严重影响配合要求，且造成配合件无法达到互换的现象。

4．成绩评定

① 垂直平面配合件成绩评定表。见表 5-7。

表 5-7 垂直平面配合件练习记录与成绩评定表

项次	项目与技术要求（mm）	单项配分	评定方法	实测记录
1	图样尺寸 $30^{+0.1}_{0}$ 、$23^{+0.1}_{0}$ 11.5 ± 0.05 、10 ± 0.05 达要求	8	超差全扣	
2	孔距 20 ± 0.1 、11.5 ± 0.1	9	超差全扣	
3	装配后尺寸 40 ± 0.3 、$23^{+0.1}_{0}$	10	超差全扣	
4	配合间隙 ≤0.04（3 处）	10	超差全扣	
5	安全文明生产	扣分		

② 三方、四方套锉配件成绩评定表。见表 5-8。

表 5-8 三方、四方套锉配件练习记录与成绩评定表

项次	零件号	项目与技术要求（mm）	单项配分	评定方法	实测记录
1	1	图样尺寸 70 ± 0.03（2 处）	8		
2	2	图样尺寸 $44^{-0.01}_{-0.03}$（2 处）	8		
3	3	三角形 60° 角度正确	6		
4	1、2	配合间隙 ≤0.04（4 处）	6		
5	2、3	配合间隙 ≤0.04（3 处）	6		
6	1	对称度不超过 0.04（2 处）	5		
7	1、2、3	能达到转面互换、转位互换	5		
8		安全文明生产	扣分		

③ 四方、六方镶配件成绩评定表。见表 5-9。

表 5-9 四方、六方镶配件练习记录与成绩评定表

项次	零件号	项目与技术要求（mm）	单项配分	评定方法	实测记录
1	1	图样尺寸 $25^{0}_{-0.06}$（2 处）	6		
2	1	平面度、平行度、垂直度达要求	3		
3	2	图样尺寸 $30^{0}_{-0.06}$（3 处）	6		
4	2	平面度、平行度、垂直度达要求	3		
5	3	图样尺寸、中心距尺寸达要求	5		
6	1、3	配合间隙不大于 0.05（4 处）	3		
7	2、3	配合间隙不大于 0.05（6 处）	3		
8	1、2、3	能达到转面互换、转位互换	3		
9	1、2、3	表面粗糙度达图样要求	4		
10		安全文明生产	扣分		

实训项目六　电火花加工

知识目标

- 电火花成型的加工
- 电火花线切割的加工

技能目标

- 了解机床构成、工具、加工原理、电规准参数、加工精度和表面粗糙度
- 能够对加工工件准确定位
- 合理设置加工参数
- 能够进行一般的工件编程
- 掌握电火花加工工件的工艺

建议学时

25 学时

6.1　电火花成型加工

6.1.1　电火花成型加工基础知识

模具的常规加工主要是钳工作业的一般加工形式和多工种或复合作业的机床加工形式。此外，就是模具的特种加工形式。

模具的特种加工和基于特种加工技术的新的综合技术，一般包括：化学能主导的特种加工，如化学加工、照相腐蚀、电化学加工（电解加工、电镀、电铸等）；物理能主导的特种加工，如电火花加工（电火花成型加工、电火花线切割加工）、电液加工、电弧加工、等离子体加工等；机械能主导的特种加工，如超声波加工、磨料挤压加工、喷丸加工等；还有快速成型加工，如激光烧结、分层实体制造等。其中电火花加工是模具特种加工应用较为广泛的一种加工方式。

1. 电火花成型加工原理

电火花加工是利用电火花放电的腐蚀原理进行加工的。加工时工具电极和工件分别接脉冲电源的正负两极，并浸入工作液中，通过自动控制系统控制工具电极向工件进给，产生火花放电，瞬时集中大量热能，温度可达 10 000° 以上，从而使工件表面局部金属立刻气化并爆炸性的飞溅到工作液中。在保持工具电极与工件电极之间恒定放电间隙的条件下，一边蚀

除工件金属，一边使工具电极不断地向工件进给，最后便加工出与工具电极形状相对应的形状来，因此，只要改变工具电极的形状和工具电极与工件之间的相对运动方式就能加工出各种复杂的型面。

火花放电加工是一种无切削力不接触的加工手段，要保证加工继续，就必须始终保持一定的放电间隙S。具体过程是：放电产生电蚀产物→工具电极高速上升，形成负压，电蚀屑分散→工具电极高速下降，将电蚀屑抛出→工具电极到达放电位置，电蚀屑完全排出，进行又一轮放电加工。

2. 电火花机床的组成

（1）主机及附件（如图6-1所示）

机床本体包括床身、立柱、主轴头、工作台等。附件包括工件和工具电极的装夹、固定和调整其相对位置的机械装置、工具电极自动交换装置等。

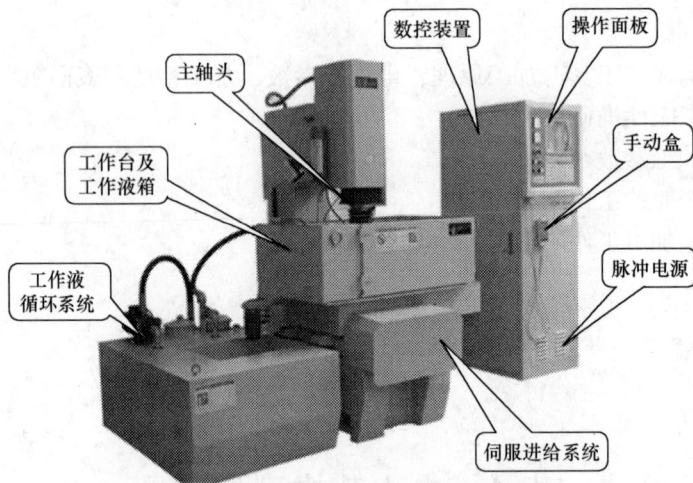

图6-1 电火花成型机床

（2）脉冲电源

它是电火花重要部分之一，是为放电过程提供能量，对工艺指标的影响极大，如何设置加工参数，是加工工艺的重要步骤。可以进行大量工艺试验并进行优化，在设备可靠稳定的条件下可建立工艺数据库，提高自动化程度。

（3）数控装置

数控装置是对位置、轨迹、脉冲参数和辅助动作进行编程或实时控制。

（4）工作液循环系统

① 电火花成型加工中常用的工作液有如下几种。

油类有机化合物 以煤油最常见，在大的功率加工时常用机械油或在煤油中加入一定比例的机械油。

乳化液 成本低，配置简便，同时有补偿工具电极损耗的作用，且不腐蚀机车和零件。

水 常用蒸馏水和去离子水。

② 工作液使用要点：闪点尽量高的前提下，粘度要低；为提高放电的均匀稳定度、加工精度及加工速度，可采用工作液混粉（硅粉、铬粉等）的工艺方法；按照工作液的使用寿命定期更换；严格控制工作液高度；根据加工要求选择冲液、抽液方式，并合理设置工

作液压力。

3. 电火花成型加工特点

与传统金属切削加工相比,电火花成型加工具有如下特点:

① 采用成型电极进行无切削力加工。

② 电极相对工件做简单或复杂的运动。

③ 工件与电极之间的相对位置可手动控制或自动控制。

④ 加工一般浸在煤油中进行。

⑤ 一般只能用于加工金属等导电材料,只有在特定条件下才能加工半导体和非导电体材料。

⑥ 加工速度一般较慢,效率较低,且最小角部半径有限制。

4. 电火花成型加工的应用范围

由于电火花成型加工具有许多传统切削加工所无法比拟的优点,因此其应用领域日益扩大,目前已广泛应用于机械(特别是模具制造)、宇航、航空、电子、电机、电器、精密微细机械、仪器仪表、汽车、轻工等行业,以解决难加工材料及复杂形状零件的加工问题。其加工范围已小至几十微米的小轴、孔、缝,大到几米的超大型模具和零件。

电火花成型加工具体应用范围如下:

① 高硬脆材料;

② 各种导电材料的复杂表面;

③ 微细结构和形状;

④ 高精度加工;

⑤ 高表面质量加工。

数控电火花成型加工机床主要技术参数包括尺寸及加工范围参数、电参数、精度参数等,其具体内容及作用详见表 6-1。

表 6-1   数控电火花成型机床主要参数

类别	主要内容	作用
工作台参数	工作台面长度、宽度	影响加工工件的尺寸范围(重量)、夹具的使用及其设计
	工作台横向和纵向的行程	
	工作台最大承重	
	T 形槽数、槽宽、槽间距	
主轴头参数	伺服行程	影响加工工艺指标
	滑座行程	
	摆动角度及旋转角度	
运动参数	主轴伺服进给速度	影响加工性能及加工效率
	工作台移动速度	
动力参数	主轴电机功率	影响加工负荷
	伺服电机额定转矩	

续表

类别	主要内容	作用
精度参数	工作台定位精度、重复定位精度	影响加工精度及其一致性
	电极的装夹定位精度、重复定位精度	
	横向、纵向坐标读数精度	
	最大加工电流、电压	
	最大电源功率	
	最小电极损耗	
	最小表面粗糙度	
其他参数	主轴联结板至工作台面的最大距离	影响使用环境

5．电火花成型加工操作

加工工件尺寸 80mm × 60mm × 20mm，孔深 2mm，孔径 ϕ 10mm。工具电极 ϕ 9.5mm。如图 6-2 所示。

（1）开机

开机时只需按下"ON"键或旋动开关到"ON"位置，然后进行回零操作和机床复位。

（2）安装

① 工件的安装。工件在机床上有准确且固定的位置，使之利于加工和编写程序。安装时，一定要将工件固定，以免在加工时出现振动或移动，从而影响加工精度。同时要尽量考虑用基准面作为定位面，从而省去烦琐的计算，达到简化编程的目的。例如，使用磁力吸盘装夹零件时，一般都将工件的底面放在吸盘上，另一个面紧贴在吸盘的侧面定位面上定位，然后将打开吸盘的磁力开关即可。工件装夹如图 6-3 所示。

图 6-2　Z 轴向下加工

找正的具体步骤：把工件的一个面紧贴着磁力吸盘的定位侧面放置，然后将磁力吸盘的开关打开（OFF→ON）。（如果磁力吸盘没找正，那还需要对它进行找正）。

图 6-3　工件的安装　　图 6-4　工具电极的安装

② 工具电极的安装。工具电极的安装精度直接影响到加工的形状精度和位置精度，所以其安装至关重要。一般电极都要求和 X、Y 平面（也就是水平面）垂直，且在 C 轴方向也要

符合要求，否则就可能导致加工出来的形状不符合要求，或出现位置偏差。一般都要通过杠杆百分表来对电极的 X、Y 方向找正，同时还要对它的 C 方向找正。工具电极安装如图 6-4 所示。

找正的具体步骤：把电极装在主轴上，把百分表放在工作台上，使百分表的触针压上电极上，然后使用手动盒上下移动主轴头，看指针的摆动来调整电极的位置。

工具电极材料必须具有导电性能良好、电腐蚀困难、电极损耗小，并且具有足够的机械强度、加工稳定、效率高、材料来源丰富、价格便宜等特点。电火花成型加工中常用的电极材料有紫铜、石墨、黄铜、钢、铸铁等，其性能及应用特点见表 5-1。

电极的制造方法应根据型孔或型腔的加工精度、电极材料和数量选择，加工电极钳工制作见项目五电极样板制作。

（3）加工原点的确定

电极的定位一般是通过靠模来实现的。所谓的靠模就让数控装置引导伺服驱动装置驱动工作台或电极，使工具电极和工件相对运动并且接触，从而数字显示出工件相对于电极的位置的一种方法。靠模之后，我们就知道电极当前的位置，然后计算出加工位置距当前位置的距离，直接把电极移动相应的距离即可进行编程加工。如果加工位置正好在工件的中点或中心，则可以通过靠模然后启动自动移到中点或直接启动自动寻心即可。

通过靠模找到编程原点后，把编程原点的 X、Y 设为 0，Z 设为 2.000。选择"程式编辑"的模式，再选择"多点加工"输入新程序名、靠模坐标系、安全高度、加工方式（单点或多点加工），然后选择"输入资料"，依次输入电极和工件材料、最大和最小电流、加工深度、摇动类型、摇动尺寸。

加工原点确定的具体步骤：单击 F2（对应手动模式），打开手动盒的开关，通过手动盒的 X+、X-、Y+、Y-、Z+、Z- 移动工作台和主轴头。把电极移动到工件的左边使工件的上表面高于电极的底端面，然后单击 F6（对应寻心寻边），再单击 F1（对应靠模 X+），靠完后，抬起主轴，又用此方法靠 X-。然后提起主轴，单击 F8（对应移到中点），这就找到了工件在 X 方向的中点。用同样的方法找到工件 Y 方向的中点。然后单击 R 键取消所有靠模，再单击 F6（对应靠模 Z-），单击 F10（对应坐标设定），然后单击 ENTER 键（把工件表面 Z 设为零），返回上一页，单击 F1（对应坐标设定），单击 X 键再单击 ENTER 键，单击 Y 再单击 ENTER。

（4）程序输入

用 ESC 返回到界面的首页，单击 F5（对应程式编辑）键，再单击 F1（对应多点加工）键，再单击 F2 键（对应开放新档）输入程序名字：XYZ，再输入安全高度：10，再输入靠模坐标系：1，再选择加工方式：单点加工，单击 F6 键（对应存档）；ESC 返回，单击 F2（对应十段深度）键，再单击 F2（对应输入资料）键，材质输入"1"并回车，最大电流输入"10"并回车，最小电流输入"1"并回车，起放深度输入"0"并回车，终止深度输入"-2"并回车，单击 F6（对应存档）键。

（5）调用程序并执行

用 ESC 返回到界面的首页，单击 F4 键（对应自动执行），再单击 F1 键（对应档案查询），把光标移到 XYZ 对应的程序上并回车。然后将油路喷嘴对准加工部位，把工作液箱的门关上，单击 START 键。

启动程序前，应仔细检查当前即将执行的程序是否是加工程序。程序运行时，应注意放电是否正常，工作液液面是否合理，火花是否合理，产生的烟雾是否过大。如果发现问题，应立即停止加工，检查程序并修改参数。

任务结束后，关闭磁力吸盘的开关（ON→OFF），取出工件，用相应量具进行测量检查。

6.1.2 电火花成型加工技能训练

电火花成型轮廓加工

工件尺寸毛坯 65mm × 65mm × 50mm，S 形轮廓外圆为 ϕ 50mm，深 30mm。如图 6-5 所示。

（1）操作步骤

① 准备工作。加工以前完成相关准备工作，包括工艺分析及工艺路线设计、电极选择、加工工艺参数选择、程序编制等。

② 开机，各坐标轴回零。

③ 零件装夹找正。

④ 电极装夹找正。

⑤ 设定编程坐标系的原点。

⑥ 程序输入。

⑦ 调用程序并执行。

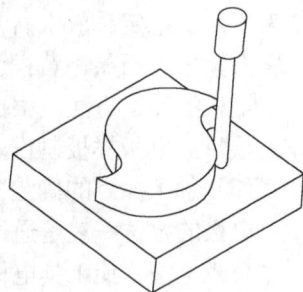

图 6-5 轮廓加工

⑧ 关机。用 ESC 返回到界面首页，单击 F7 键（对应关机），单击 Y 键即关机。

（2）注意事项

① 当工作电流小于 50A 时，液面高度大于 50mm。

工作电流增大，液面高度应相应增高，当工作电流为 100A 时，液面高度应大于 150mm。

② 必须会使用灭火器。

③ 保持通风。

④ 严禁触摸正在加工的工件和工具电极。

6.2　电火花线切割加工

6.2.1 电火花线切割加工基础知识

1. 电火花线切割加工原理

数控电火花线切割是在电火花成型加工基础上发展起来的，简称数控线切割，图 6-6 所示为其基本工作原理。工件装夹在机床的坐标工作台上，作为工件电极，接脉冲电源的正极；采用细金属丝作为工具电极，称为电极丝，接入负极。若在两电极间施加脉冲电压，不断喷注具有一定绝缘性能的水质工作液，并由伺服电机驱动坐标工作台按预先编制的数控加工程序沿 X、Y 两个坐标方向移动，则当两电极间的距离小到一定程度时，工作液被脉冲电压击穿，引发火花放电，蚀除工件材料。控制两电极间始终维持一定的放电间隙，并使电极丝沿其轴向以一定速度作走丝运动，避免电极丝因放电在局部位置总发生被烧断，即可实现电极丝沿工件预定轨迹边蚀除、边进给，逐步将工件切割加工成型。

电火花线切割机床一般按照电极丝运动速度分为快走丝线切割机床和慢走丝线切割机床，快走丝线切割机床业已成为我国特有的线切割机床品种和加工模式，应用广泛；慢走丝线切割机床是国外生产和使用的主流机种，属于精密加工设备，代表着线切割机床的发展方向。

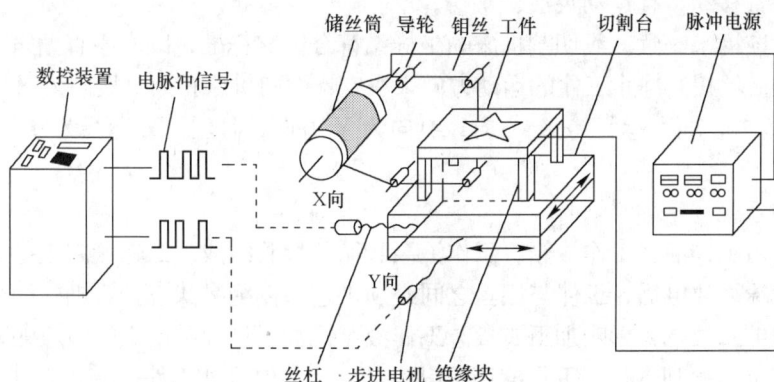

图 6-6　线切割加工原理

2．数控电火花线切割机床的主要组成部分

（1）运丝机构

运丝机构的作用是将绕在储丝筒上的钼丝通过丝架做反复变换方向的送丝运动，使钼丝在整体长度上均匀参与电火花加工。以保证精度的稳定性，同时可延长钼丝的使用寿命。储丝筒的转动是由一只交流电机带动，丝速按高、中、低共分为五档。高速运丝利于排屑，低速运丝传动平稳。

① 快走丝机构。快走丝机构的电极丝材料一般采用钼丝，细而长的钼丝以一定张力平整地卷绕在储丝筒上，储丝筒通过弹性联轴器与驱动电机相连，作旋转运动，同时沿轴向移动，走丝速度等于储丝筒周边的线速度。为重复使用该段钼丝，储丝筒下方的走丝溜扳上置有左、右行程撞块，当储丝筒轴向运动到钼丝供丝端终端时，行程撞块碰到行程开关，立即控制储丝筒反转，使供丝端成为收丝端，钼丝反向移动，如此循环交替运转，实现钼丝的往复运动。在运动过程中，钼丝由丝架支撑，并依靠上、下导轮形成锯弓状。

② 慢走丝机构。慢走丝机构主要包括供丝绕线轴、伺服电机恒张力控制装置、电极丝导向器和电极丝自动卷绕机构。电极丝材料一般采用成卷的黄铜丝，可达数千米长、数十公斤重，预装在供丝绕线轴上，为防止电极丝散乱，轴上装有力矩很小的预张力电机。切割时电极丝的走行路径：整卷的电极丝由供丝绕线轴送出，经一系列轮组、恒张力控制装置、上部导向器引至工作台处，再经下部导向器和导轮走向自动卷绕机构，被拉丝卷筒和压紧卷筒夹住，靠拉丝卷筒的等速回转使电极丝缓慢移动。在运行过程中，电极丝由丝架支撑，通过电极丝自动卷绕机构中两个卷筒的夹送作用，确保电极丝以一定的速度运行；并依靠伺服电机恒张力控制装置，在一定范围内调整张力，使电极丝保持一定的直线度，稳定地运行。电极丝经放电后就成为废弃物，不再使用，被送到专门的收集器中或被再卷绕至收丝卷筒上回收。

（2）数控坐标工作台

坐标工作台用来装夹工件，如图 6-6 所示。下拖板通常与床身固定联接；中拖板置于下拖板之上，可沿横向导轨作 X 坐标方向往复移动；上拖板（工作台）则置于中拖板之上，可沿纵向导轨作 Y 坐标方向往复移动。线切割加工时通过控制系统发出进给信号，控制两个驱动电机带动拖板沿两个坐标方向各自移动，合成各种平面图形曲线轨迹，进行加工。工作台的移动精度直接影响工件的加工质量，因此各拖板均采用滚珠丝杠传动副和滚动导轨，便于实现精确和微量移动，且运动灵活、平稳。

与其他数控机床一致，线切割机床的坐标系符合国家标准，以右手直角笛卡儿坐标系为基础，参考电极丝相对静止工件的运动方向来决定：面向机床正面，横向为 X 方向，且丝向右运行为 X+方向，向左运行为 X-方向；纵向为 Y 方向，且丝向外运行为 Y+方向，向内运行为 Y-方向。

（3）冷却系统

冷却系统由工作液、工作液箱、工作液泵和循环导管组成。工作液起绝缘、排屑、冷却的作用。每次脉冲放电后，工件与钼丝之间必须迅速恢复绝缘状态，否则脉冲放电就会转变成稳定持续的电弧放电，影响加工质量。工作液可把加工过程中产生的金属颗粒迅速从电极之间冲走，使加工顺利进行。工作液还可以冷却受热的电极和工件，防止工件变形。

线切割加工时由于切缝很窄，顺利排除电蚀产物是极为重要的问题，因此工作液循环过滤系统是机床不可缺少的组成部分。其作用是充分地、连续地向放电区域供给清洁的工作液，及时排除其间的电蚀产物，冷却电极丝和工件，以保持脉冲放电过程持续稳定地进行。

（4）脉冲电源

脉冲电源是电火花线切割加工的工作能源，它由振荡器及功放板组成，振荡器的振荡频率、脉宽和间隔比均可调。根据加工零件的厚度及材料选择不同的电流、脉宽和间隔比。加工时钼丝接电源的负极，工件接电源的正极。

（5）数控装置

数控装置是数控机床的核心，它接受输入装置送来的脉冲信号，经过数控装置的系统软件或逻辑电路进行编译、运算和逻辑处理后，输出各种信号和指令，控制机床的各个部分进行有序的动作。

3．电火花线切割加工特点

① 数控线切割加工是轮廓切割加工，勿需设计和制造成型工具电极，大大降低了加工费用，缩短了生产周期。

② 直接利用电能进行脉冲放电加工，工具电极和工件不直接接触，无机械加工中的宏观切削力，适宜于加工低刚度零件及细小零件。

③ 无论工件硬度如何，只要是导电或半导电的材料都能进行加工。

④ 切缝可窄达 0.005mm，只对工件材料沿轮廓进行"套料"加工，材料利用率高，能有效节约贵重材料。

⑤ 移动的长电极丝连续不断地通过切割区，单位长度电极丝的损耗量较小，加工精度高。

⑥ 一般采用水基工作液，可避免发生火灾，安全可靠，可实现昼夜无人值守连续加工。

⑦ 通常用于加工零件上的直壁曲面，通过 X—Y—U—V 四轴联动控制，也可进行锥度切割和加工上下截面异形体、形状扭曲的曲面体和球形体等零件。

⑧ 不能加工盲孔及纵向阶梯表面。

4．电火花线切割机床应用范围

① 适用于加工各种形状的冲模、注塑模、挤压模、粉末冶金模、弯曲模等。

② 加工电火花成型加工用的电极。一般穿孔加工用、带锥度型腔加工用及微细复杂形状的电极，以及铜钨、银钨合金之类的电极材料，用线切割加工特别经济。

③ 加工零件。可用于加工材料试验样件、各种型孔、特殊齿轮凸轮、样板、成型刀具等

复杂形状零件及高硬材料的零件，可进行微细结构、异形槽和标准缺陷的加工；试制新产品时，可在坯料上直接割出零件；加工薄件时可多片叠在一起加工。

线切割机床的品种规格较多，主要技术参数包括机床尺寸参数及加工范围参数、加工精度参数、电参数、运动参数等。

表 6-2 为线切割机床的常见尺寸参数及加工范围参数。

表 6-3 为快、慢走丝线切割机床的主要区别。

表 6-2　　　　　　　　线切割机床的常见尺寸参数及加工范围参数

技术参数名称	常见规格
坐标工作台行程 X，Y（mm）	$160×125$、$200×160$、$250×200$、$300×200$、$320×250$、$500×300$
坐标工作台尺寸（宽度×长度）	$125×200$、$200×320$、$320×500$、$500×800$
最大切割锥度	$±3°$、$±6°$、$±9°$、$±12°$、$±15°$、$±18°$、$±30°$
工件最大重量（kg）	20、40、60、80、120、200、320、400、500

表 6-3　　　　　　　　快、慢走丝线切割机床的主要区别

机床类型 比较项目	快走丝线切割机床	慢走丝线切割机床
走丝速度（m/s）	≥2.5，常用值 6～10	<2.5，常用值 0.25～0.001
电极丝工作状态	往复供丝，反复使用	单向运行，一次性使用
电极丝材料	钼、钼钨合金	黄铜、铜、以铜为主体的合金
电极丝直径（mm）	$\phi0.03～0.25$；常用值 $\phi0.12～0.20$	$\phi0.003～0.3$，常用值 $\phi0.2$
穿丝方式	只能手工	可手工、可自动
工作电极丝长度	数百米	数千米
电极丝张力（N）	上丝后即固定不变	可调，通常 2～25
电极丝振动	较大	较小
运丝系统结构	较简单	较复杂
脉冲电源	开路电压 80～100V；工作电流 1～5A	开路电压 300V 左右；工作电流 1～32A
单面放电间隙（mm）	0.01～0.03	0.01～0.12
工作液	线切割乳化液或水基工作液	去离子水，个别场合用煤油
工作液电阻率（KΩ·cm）	0.5～50	10～100
导丝机构形式	导轮，寿命较短	导向器，寿命较长
机床价格	便宜	昂贵

5. 电火花线切割机床加工操作

（1）电火花线切割加工件

作一内接圆半径为 30mm 的一个五角星。如图 6-7 所示。

（2）准备工作

加工以前完成相关准备工作，包括准备工件毛坯并加工出准确的基准面、压板、夹具等装夹工具。

（3）开机

检查系统各部分是否正常，包括高频电源、工作液泵、储丝筒等的运行情况。

（4）装夹工件

根据工件厚度调整 Z 轴至适当位置并锁紧，工件安装后，还必须进行校正，方能使工件的定位基准面分别与坐标工作台面及 X、Y 进给方向保持平行，从而保证切割出的表面与基准面之间的相对位置精度。常用拉表法在三个坐标方向上进行，如图 6-8 所示。

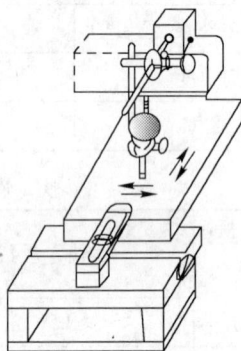

图 6-7　五角星　　　　　　　图 6-8　工件调整

利用磁力表座，将百分表或千分表固定在机床的丝架上或其他固定部位，使测量头与工件基面接触；往复移动工作台，按表中指示的数值相应调整工件位置，直至指针的偏转值在定位精度所允许的范围之内；注意多操作几遍力求位置准确，将误差控制到最小。

（5）进行储丝筒绕丝、穿丝和电极丝位置校正等操作

① 电极丝的选择。电极丝是线切割加工过程中必不可少的重要工具，合理选择电极丝的材料、直径及其均匀性是保证加工稳定进行的重要环节。快走丝线切割机床上用的电极丝主要是钼丝和钨钼合金丝；慢走丝线切割机床上用的电极丝主要是铜丝。

电极丝材料不同，其直径范围也不同，一般钼丝为 $\phi 0.03 \sim 0.25mm$，钨钼合金丝为 $\phi 0.03 \sim 0.35mm$。电极丝直径小，有利于加工出窄缝和内尖角的工件，但线径太细，能够加工的工件厚度也将受限。因此，电极丝直径的大小应根据切缝宽窄、工件厚度及凹角尺寸大小等要求进行确定，快走丝线切割加工中一般使用 $\phi 0.12 \sim 0.20mm$。

② 电极丝的安装。安装电极丝一般分为两步：先绕丝，再穿丝。

绕丝具体步骤如下。

a. 将购回的丝盘上的电极丝绕在储丝筒上。

b. 使储丝筒移动到其行程的一端，把电极丝通过导丝轮引向储丝筒端部的螺钉处并压紧。

c. 打开张丝电机启停开关，旋动张丝电压调节旋钮，调整电压表读数至电极丝张紧且张力合适。

d. 旋转储丝筒，使电极丝以一定的张力逐渐均匀地盘绕在储丝筒上。

e. 待储丝筒移至其行程的另一端时，关掉张丝电机启停开关，从丝盘处剪断电极丝并固

定好丝头穿丝。

穿丝具体步骤如下。

a. 将固定在摆杆上的重锤从定滑轮上取下，推动摆杆沿滑枕水平右移，插入定位销暂时固定摆杆的位置，装在摆杆两端的上、下张紧轮位置随之固定。

b. 牵引电极丝剪断端依次穿过各个过渡轮、张紧轮、主导轮、导电块等处，用储丝筒的螺钉压紧并剪掉多余丝头。

c. 取下定位销，挂回重锤，受其重力作用，摆杆带动上、下张紧轮左移，电极丝便以一定的张力自动张紧。

d. 使储丝筒移向中间位置，利用左、右行程撞块调整好其移动行程，至两端仍各余有数圈电极丝为止。

e. 使用储丝筒操作面板上的运丝开关，机动操作储丝筒自动地进行正反向运动，并往返运动二次，使张力均匀。

③ 电极丝初始坐标位置的调整，主要有目视法、火花定位法、接触感知法。

（6）确立电极丝切割起始坐标位置

移动 X、Y 轴坐标来确定电极丝切割起始坐标位置。

（7）输入或调用加工程序

输入或调用加工程序并存盘后装入内存。进入机床操作面板。

① 按 F1 键，进入"文件"操作主界面。在该界面里可分别对主程序及子程序进行调用、存盘、编译操作。子程序是主要用于在一个工件下加工单个外形、单个孔或单个开形状；主程序主要用于跳步模程序加工，可在一个工件上加工多个外形或孔。

② 按 F2 键，弹出加工主界面。此界面包括三个标签选项，依次是"简易加工"、"程序加工"、"断丝处理"。现分别介绍如下。

a. 简易加工：不需编程，系统按给定加工长度值切割的一种方法。例如：要想 Y 轴负方向加工-10mm，只需在 Y 轴的编辑框中输入-10 或-10 000。当然，X、Y、U 和 V 轴可同时加工。

b. 程序加工：根据已经编辑好的程序进行加工。程序加工有两种选择：主程序加工和子程序加工。程序加工运行方式共有四种：检验画图、仿真运行、程序加工和断点加工。

检验画图：通过画图来验证程序编制是否正确。此时坐标不动，机床无任何动作，只是在数控系统主界面的图形视窗中显示图形。

仿真运行：在不开高频、不走丝、不开水泵、不发脉冲的情况下，根据程序实际的行走轨迹模拟运行。这种运行方式常用来判断装卡工件的位置是否合理，是否撞限位等。

程序加工：程序正常加工。

断点加工：上次加工由于某种原因尚未完成，此时又想继续加工，而采用的一种方法。

c. 断丝处理：在加工过程中，由于电参数选用不当或工件变形等原因，常会使电极丝烧断或夹断。在这种情况下，控制系统为用户提供了 6 种处理途径，分别是：回子程序零点、回主程序零点、G00 回断丝点、M05G00 回断丝点、切回断丝点和回机床零点。当用户重新上好丝后，根据电极丝断了的位置，即可选用不同的处理方法，操作简便，用户只需用鼠标单击单选框即可。

③ 按 F3 键，弹出"定位"主界面。此界面包括 9 个标签选项："坐标设置"、"移动"、"接触感知"、"极限移动"、"半程移动"、"找中心"、"边角找正"、"火花找正"、"程序运行"，

现分别介绍。

坐标设置：选择需要设定的坐标轴，并输入相应的坐标值，点击"确认"按钮，即可完成坐标设定工作，并显示在各自的坐标系上，各坐标轴距机械原点的距离也随之变化。

移动：在此对话框中，对于 X、Y、U、V 轴，选择需要移动的坐标轴并输入相应的坐标轴的移动量，并根据需要确定是否选择"接触感知"功能，然后点击"确认"按钮，即可将选定轴移动到相应的目标位置处。

接触感知：为了提高定位速度，请先输入快速移动的距离，然后根据定位需要选择移动方向，并输入以下变量：感知后反转值、电极丝半径；然后点击"确认"按钮，"感知后反转值"的数值，决定接触感知后电极丝停止的位置。

极限移动：选择需要移动的坐标轴，并选择坐标轴的"+"或"-"的方向，然后点击"确认"按钮，既可按照设定的方向进行"极限移动"，机床移动到极限位置处，并找到机床零点后，停止。选 X、Y、U、V 轴的"-"的方向"确认"后，机床移动极限位置处后，此时进入"坐标设置"画面下，坐标系"ABS"的值应为零。

半程移动：选择需要移动的坐标轴，然后点击"确认"按钮，即执行"半程"功能，机床移动到当前坐标值的一半处停止。

找中心：为了提高定位精度，用手控盒将电极丝移动到待找工件内孔的大概中心位置处，然后在对话框中，根据定位需要输入以下变量：X 和 Y 轴的快速移动量；感知后返回距离。再点击"确认"按钮，即开始执行"孔中心定位"，定位完成后，电极丝停在工件的内孔中心处。

边角找正：为了提高定位精度，用手控盒将电极丝移动到待找工件边角的大概位置处，然后根据定位需要选择"象限选择"，并输入以下变量：移动距离；感知后返回距离；电极丝半径。然后点击"确认"按钮，即开始执行"边角找正"。其中"象限选择"的 1、2、3、4 分别对应第一至第四象限工件的各个角。定位完成后，电极丝停在工件的内孔中心处。"感知后返回距离"的输入值，决定角定位后电极丝停在的位置。如输入值为零，电极丝将停在工件角上两邻边的交点处。

火花找正：一种带有小电流放电的定位方式。它用于电极丝和工件的找正和定位，在实际加工中经常用到。这里简述一下它的使用方法。在对话框中，选择需要找正的方向，"X-"、"X+"、"Y-"、"Y+"四个中的一个，然后点击"确认"按钮，即开始执行"火花找正"的操作。当电极丝快要接近垂直校正块时，即有小火花放电，此时可根据火花上下是否均匀，用手控盒移动 U 轴或 V 轴来使电极丝上下放电均匀即可找正。在进行找正时，默认为 C903 参数当然也可修改其加工参数来控制火花的大小，但是火花不能太大，以防烧断电极丝或损坏垂直校正块。

程序运行：主要用于非程序加工情况下如拷机、交坐标等程序运行。

④ 加工条件。加工条件分"用户参数"和"系统参数"两大类。其区别在于："用户参数"下的参数选择项用户可以根据加工经验进行修改，以满足用户可以随时调用自己成熟的加工参数，在"用户参数"对话框，用户可以对选定的加工参数进行修改、删除、保存等操作；而"系统参数"是由厂家自行定义的现成的加工参数库，用户只可调用，不允许修改。

⑤ 机床参数。"机床参数"是厂家为保障机床的各种精度及机床正常加工运行而设置的各种机床参数，它包括速度参数、机床行程参数、伺服电压和控制参数等各种机床参数。厂

家已进行加密保护,防止用户由于误操作而造成机床不能正常运行。

⑥ 调试。本功能模块仅供专业人员使用。厂家已进行加密保护,防止用户由于误操作而造成机床不能正常运行。

⑦ 系统退出。单击该功能模块,退出系统返回 Windows 界面。

如图 6-7 所示,在线切割数控装置里编制五角星外形图:

用鼠标点击"多边形"的快捷图标,输入多边形顶点数:5 [回车]、[(I 内接圆)/(O 外切圆)]<I> [回车]。

输入圆心点坐标:150,-150 [回车]。

输入移动点坐标:178.5317,-140.7295 [回车]。

作进刀线,长 5mm。点击"两点线"图标,输入第一点坐标:178.5317,-140.7295,也可用鼠标直接捕捉端点坐标;输入下一点坐标:183.5317,-140.7295。

选择穿孔点快捷图标,并选择捕捉直线端点坐标,点击后即对进刀线添加穿孔点。如图 6-9 所示。

工件图形排序:选择排序功能,点击图形的穿孔点。提示"该工件切割部分[Y 一部分/N 两部分]"。由于是用快速走丝线切割机床加工,故此输入"Y"。提示"用鼠标选择分支目标",选择顺时针方向切割,用鼠标选择后进刀线和五角星图形变为绿色。

后置处理,生成 G 代码:点击"后置处理"的"导出"子菜单,选择所需生成加工程序名,其文件扩展名为 ISO,再选择文件所在目录,按鼠标左键确认"保存"即可生成加工程序。生成的程序可在 MD22A EDW 控制系统的"文件"操作主界面作为子程序进行调用、存盘、编译等操作。

选择文件管理中的"退出"。

开启工作液泵,调节喷嘴流量;确认程序无误后,进行自动加工。

(8) 固定工件

当工件行将切割完毕时,其与母体材料的连接强度势必下降,此时要注意固定好工件,防止因工作液的冲击使得工件发生偏斜,从而改变切割间隙,轻者影响工件表面质量,重者使工件切坏报废。

(9) 结束

加工结束,取下工件,将工作台移至各轴中间位置。

6. 电火花线切割加工 3B 格式编程举例

线切割加工角度、曲面组合,如图 6-10 所示。

图 6-9 五角星进刀线

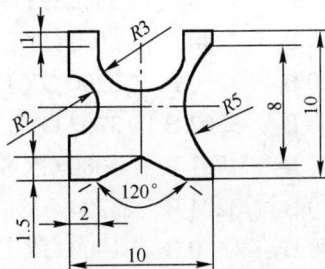

图 6-10 角度、曲面体

线切割程序 1（不补偿）：

```
B    2000 B      0 B    2000 GX L1
B    2000 B      0 B    2000 GX L1
B    2598 B   1500 B    2598 GX L1
B    2598 B   1500 B    2598 GX L4
B    2804 B      0 B    2804 GX L1
B       0 B   1000 B    1000 GY L2
B    3000 B   4000 B    4000 GX SR3
B       0 B   1000 B    1000 GY L2
B    2000 B      0 B    2000 GX L3
B       0 B   1000 B    1000 GY L4
B    3000 B      0 B    6000 GY SR4
B       0 B   1000 B    1000 GY L2
B    2000 B      0 B    2000 GX L3
B       0 B   3000 B    3000 GY L4
B       0 B   2000 B    4000 GX SR1
B       0 B   3000 B    3000 GY L4
B    2000 B      0 B    2000 GX L3
DD
```

线切割程序 2（单边补偿 0.1mm）：

```
B    1900 B      0 B    1900 GX L1
B    2127 B      0 B    2127 GX L1
B    2571 B   1485 B    2571 GX L1
B    2571 B   1485 B    2571 GX L4
B    2931 B      0 B    2931 GX L1
B       0 B   1150 B    1150 GY L2
B    2900 B   3950 B    4000 GX SR3
B       1 B   1150 B    1150 GY L1
B    2200 B      0 B    2200 GX L3
B       0 B   1100 B    1100 GY L4
B    2900 B      0 B    5800 GY SR4
B       0 B   1100 B    1100 GY L2
B    2200 B      0 B    2200 GX L3
B       0 B   3202 B    3202 GY L4
B     100 B   1897 B    4000 GX SR2
B       0 B   3204 B    3204 GY L4
B    1900 B      0 B    1900 GX L3
DD
```

6.2.2 电火花线切割技能训练

1. 数控电火花线切割加工生产应用图例（如图 6-11 所示）

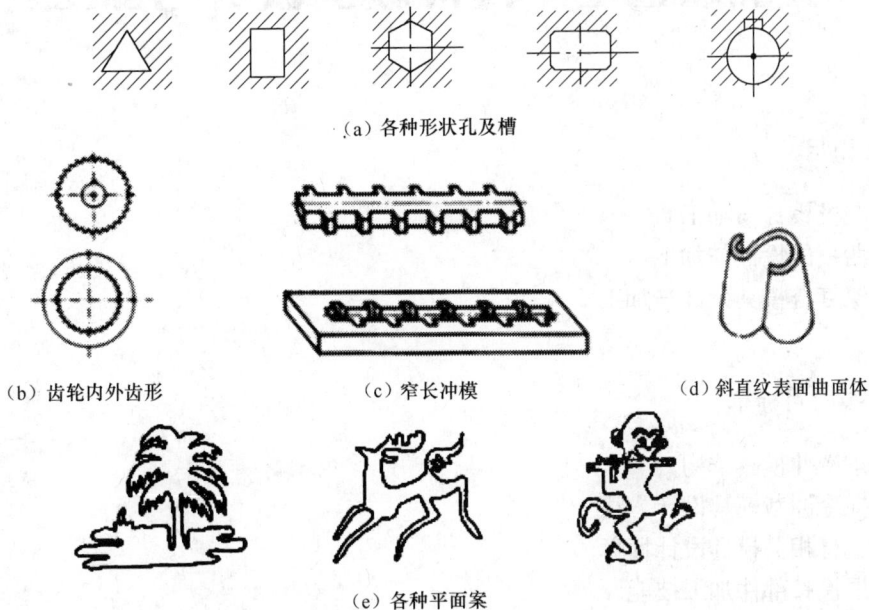

(a) 各种形状孔及槽

(b) 齿轮内外齿形　　　　(c) 窄长冲模　　　　(d) 斜直纹表面曲面体

(e) 各种平面案

图 6-11　线切割加工图例

2. 线切割加工曲、直面组合件（如图 6-12 所示）

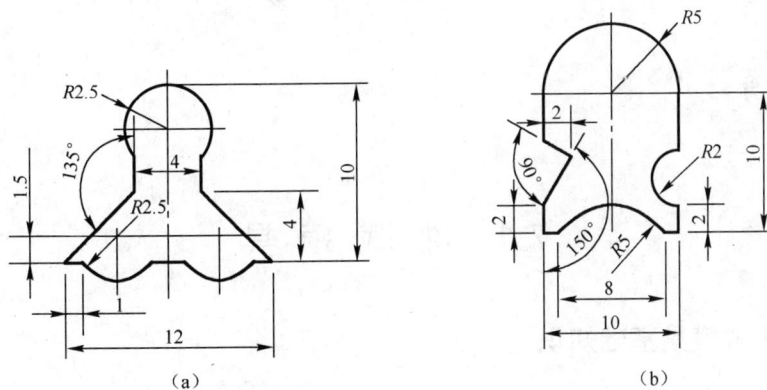

(a)　　　　　　　　　　(b)

图 6-12　曲、直面组合件

实训项目七 冷冲模的设计与加工

知识目标

- 冲裁模设计与加工
- 弯曲模的设计与加工
- 拉深复合模具设计与加工

技能目标

- 熟悉冷冲模具结构
- 掌握冷冲裁模具设计方法
- 能进行相关模具设计计算
- 掌握模具部件加工技能
- 能独立编排模具的零件加工工艺和模具的装配工艺
- 能按图样要求正确地加工和装配模具并保证其技术要求
- 装配完后能正确地调整模具。制作装配调试后达到模具制作技术要求

建议学时

100 学时

7.1 冲 裁 模 具

7.1.1 冲裁模具基础知识

冷冲模是指通过冲压将材料加工成零件或制品的各种模具，主要包括冲裁模具、成型模具、弯曲模具、拉深模具等。

1. 冷冲模的组成

（1）工作零件

工作零件是直接进行冲裁或成型的零件，包括凸模、凹模及凸凹模（复合模用）。

（2）定位零件

定位零件是使坯料或制件在冲模中正确定位的零件。毛坯在模具中的定位有两个内容：一是送料方向上的定位，用来控制送料的进距，通常称为挡料，如图 7-1 所示的挡料销 a；二是在与送料方向垂直方向上的定位，通常称为送料导向，如图 7-1 所示的导料销 b 和 c。

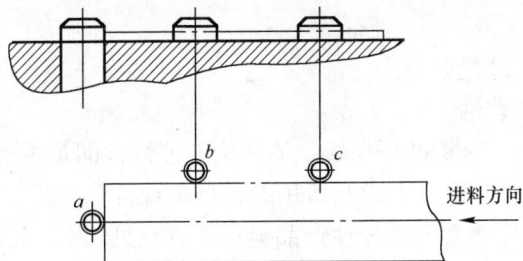

图 7-1　毛坯的定位

（3）压料、卸料和顶出零部件

这类零件起压料、卸料和顶料作用，并保证把卡在凸模上和凹模孔内的制件或废料卸下或推出、顶出，以保证冲压能继续进行。

（4）导向零件

这类零件能够保证在冲裁过程中凸模与凹模之间的间隙均匀，保证模具各部分保持良好地运动状态。

（5）固定零件

它主要用来连接及固定工作零件，使之成为完整的模具结构。

（6）紧固件其他零件

它将上述各类零件固定于一定的位置或将冲模与压力机连接。

各零部件的相互关系如下：

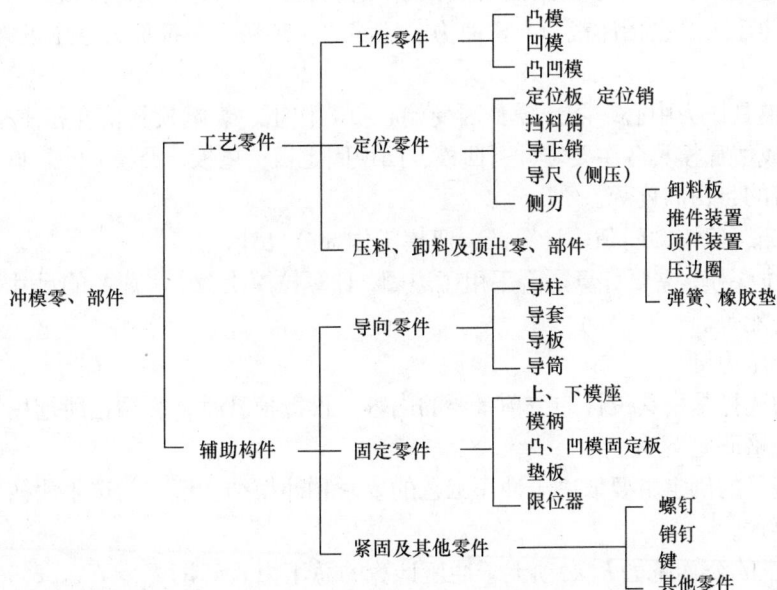

2．冷冲模的设计与加工

冷冲模的设计与加工是在具备一定的模具设计相关知识和较强的模具技能操作的基础上进行的实训练习，特别是加工技能方面，需要有较强的锉削加工技能、加工精度意识、配合加工技能、识图能力等，需要具备一定的机械加工工艺与加工工序常识。当然，这也是模具实训的重要内容。通过模具实习训练，掌握模具的设计过程、加工方法，为今后从事模具生产打下坚实的基础。

冷冲模的设计与加工过程如下。

(1) 分析冲压件的工艺性

根据给定的制件要求，分析冲压件成型的结构工艺性，即是否适用于冲模制造，分析冲压件的形状特点、尺寸大小、精度要求及所用的材料是否符合冲压工艺要求。在实际生产中，如发现冲压件工艺性差，则需要对冲压件产品提出修改意见，经产品设计者同意后方可修改。

(2) 制定冲压件工艺方案

在分析了冲压件的工艺性之后，通常可以列出几种不同的冲压工艺方案(包括工序性质、工序数目、工序顺序及组合方式)。从实际的生产上说，冲压件的产品质量、生产效率、设备使用情况、模具制造的难易程度和模具寿命高低、工艺成本、操作的方便和安全程度都是加以考虑的因素。通过这些因素的综合分析、比较，最终确定适合于具体生产条件的最经济合理的工艺方案。

(3) 确定毛坯形状、尺寸和下料方式

在最经济的原则下，决定毛坯的形状、尺寸和下料方式，并确定材料的消耗量。

(4) 确定冲模类型及结构型式

根据所确定的工艺方案和冲压件的形状特点、精度要求、生产批量、模具制造条件、操作方便及安全的要求，以及利用现有通用机械化、自动化装置的可能，选定冲模类型及结构形式，绘制模具结构草图。

(5) 进行必要的工艺计算

① 计算毛坯尺寸，以便在最经济的原则下进行排样和合理使用材料。

② 计算冲压力(包括冲裁力、弯曲力、拉深力、卸料力、推件力、压边力等)，以便选择压力机。

③ 计算模具压力中心，防止模具因受偏心负荷作用，影响模具精度和使用寿命。

④ 计算或估算模具各主要零件(凹模、凸模固定板、垫板、凸模)的外形尺寸，以及卸料橡胶或弹簧的自由高度等。

⑤ 确定凸、凹模的间隙，计算凸、凹模工作部分尺寸。

⑥ 对于拉深模，需要计算是否采用压边圈，计算拉深次数、半成品的尺寸和各中间工序模具的尺寸分配等。

(6) 选择压力机

压力机的选择是模具设计的一项重要的内容，设计模具时，必须把所选用的压力机的类型、型号、规格确定下来。

压力机型号的确定主要取决于冲压工艺的要求和冲模结构情况。选用曲柄压力机时，必须满足以下要求。

① 压力机的公称压力 F_g 必须大于冲压计算的总压力 F，即 $F_g > F$。

② 压力机的装模高度必须符合模具闭合高度的要求，即

$$H_{max} - 5 \geqslant H_m \geqslant H_{min} + 10$$

式中：H_{max}、H_{min}——分别为压力机的最大、最小装模高度(mm)；

H_m——模具闭合高度(mm)。

当多副模具联合安装在一台压力机上时，多副模具应有同一个闭合高度。

③ 压力机的滑块行程必须满足冲压件的成型要求。对于拉深工艺，为了便于放料和取料，其行程必须大于拉深件高度的 2~3 倍。

④ 为了便于安装模具，压力机的工作台面尺寸应大于模具尺寸，一般每边大 50~70mm。台面上的孔应保证冲压件或废料能够漏下。

(7) 绘制模具总图和非标准零件图

根据上述分析、计算及方案论证后，绘制模具总装配图及零件图。

(8) 确定模具加工工艺

根据零件图确定模具加工工序、加工方案。

3. 冲裁模设计与加工

(1) 冲裁模具的分类

冲裁模的结构形式多种多样，如按工序的组合分类，一般有单工序模、级进模、复合模等。

① 单工序模。

单工序模是一次只完成一种工序的冲裁模，如落料、冲孔、切边、剖切等。单工序模可以同时有多个凸模，但完成的工序类型相同。

② 复合模。

复合模能在压力机一次行程内，完成落料、冲孔及拉深等多道工序。在完成这些工序的过程中，冲件材料无需进给移动。

③ 级进模。

级进模是在压力机一次行程中完成多个工序的模具，它具有操作安全的特点，模具强度较高，寿命较长。使用级进模便于冲压生产自动化，可以采用高速压力机生产。级进模较难保证内、外形相对位置的一致性。材料的送进与定位是级进模设计的关键问题。

冲模结构类型之间的比较见表 7-1。

表 7-1   单工序模、级进模和复合模的比较

比较项目	单工序模	级进模	复合模
工件尺寸精度	较低	一般 IT11 级以下	较高，IT9 级以下
工件形位公差	工件不平整，同轴度、对称度及位置度误差大	不太平整，有时要较平，同轴度、对称度及位置度误差较大	工件平整，同轴度、对称度及位置度误差小
冲压生产率	低，冲床一次行程内只能完成一个工序	高，冲床在一次行程内能完成多个工序	较高，冲床在一次行程内可完成两个以上的工序
实现操作机械化、自动化的可能性	较易，尤其适合于多工位冲床上实现自动化	容易，尤其适应于单机上实现自动化	难，工件与废料排除较复杂，只能在单机上实现部分机械化操作
对材料的要求	对条料宽度要求不严，可用边角料	对条料或带宽度要求严格	对条料宽度要求不严，可用边角料
生产安全性	安全性较差	比较安全	安全性较差

续表

比较项目	单工序模	级进模	复合模
模具制造的难易程度	较易，结构简单，制造周期短，价格低	形状简单件，比用复合模制造难度低	形状复杂件，比级进模的制造难度低
应　用	通用性好，适于中、小批量和大型件的大量生产	通用性较差，适用于形状简单，尺寸不大，精度要求不高件的大批量生产	通用性较差，适用于形状复杂、尺寸不大、精度要求较高的大批量生产

（2）冲裁模具设计

① 工件图。

如图 7-2 所示，材料为 10 钢，厚度 t=2mm。

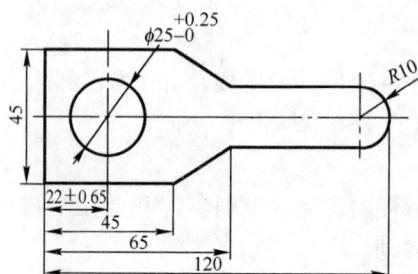

图 7-2　工件

② 工件的工艺分析。

冲裁件的工艺性是指冲裁件对冲裁工艺的适应性。良好的冲裁工艺性应保证材料消耗少、工序数目少、模具结构简单等。而影响冲裁件工艺性的因素很多，如冲裁件的形状特点、尺寸大小、精度要求和材料性能等。

a. 冲裁件的形状和尺寸。

冲裁件的形状应尽量简单、对称，最好是由圆弧和直线组成。应避免冲裁件上有过长的悬臂和狭槽，其最小宽度要大于料厚的两倍，即 $b>2t$，该工件形状简单，由圆弧和直线组成，圆弧悬伸部分不影响冲裁的力学性能，本工件孔中心与边缘距离尺寸公差为-0.65mm，符合冲裁件孔中心与边缘距离尺寸公差 ±0.6mm 的要求。工件简图标注的精度要求能够在冲裁加工中得到保证，符合冲裁的工艺要求。

b. 冲裁件的尺寸精度。

工件尺寸无公差尺寸要求的，按 IT14 级选取，即 $45^0_{-0.62}$ mm、$65^0_{-0.74}$ mm、$120^0_{-0.87}$ mm、$R10^0_{-0.36}$ mm，利用普通冲裁方式可达到图样要求。本件适用于冲裁加工。材料为 10 钢，σ_b=300MPa。

③ 确定工艺方案。

模具确定形式，应以冲裁工件的要求、生产批量、模具加工条件等为主要依据。通过上述工艺性分析，图 7-2 所示工件采用冲孔落料复合冲裁模具加工制造，并且可一次成型。

④ 进行必要的工艺计算。

a.排样。

排样是指冲件在条料、带料或板料上布置的方法。合理的排样和选择适当的搭边值,是降低成本和保证工件质量及模具寿命的有效措施。

排样分直排、斜排、直对排、混合排、少废料、无废料排样等几种排样方式,本冲裁工件采用直对排的排样方案,如图7-3所示。

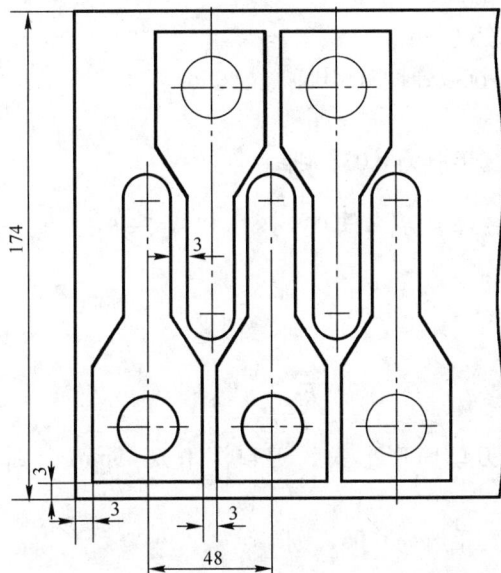

图7-3 排样图

搭边。排样时工件之间,以及工件与条料侧边之间留下的余料叫搭边。搭边的作用是补偿条料的定位误差,保证冲出合格的工件,搭边还可以保持条料有一定的刚度,便于送料。该工件确定最小搭边值 $a = 3\text{mm}$ (查表参照模具手册)。

计算冲压件毛坯面积:

$$A = \left[45 \times 45 + \frac{1}{2} \times 20 \times (45 + 20) + 45 \times 20 + \frac{1}{2} \pi \times 10^2 \right] \text{mm}^2 = 3\,732\text{mm}^2$$

条料宽度: $b = 120\text{mm} + 3\text{mm} \times 3 + 45\text{mm} = 174\text{mm}$

进距: $h = 45\text{mm} + 3\text{mm} = 48\text{mm}$

材料利用率。排样时,在保证工件质量的前提下,主要考虑如何提高材料的利用率。一个进距的材料的材料利用率

$$\eta = \frac{nA}{bh} \times 100\% = \frac{2 \times 3732\text{mm}^2}{174\text{mm} \times 48\text{mm}} \times 100\% = 89\%$$

式中: A —— 冲裁件面积(包括冲出小孔在内);

$\quad\quad n$ —— 一个进距内的冲件数目;

$\quad\quad b$ —— 条料的宽度(mm);

$\quad\quad h$ —— 进距(mm)。

b.计算冲压力。

落料力(根据冲裁力公式: $F = Lt\sigma_b$)

$$F_1 = Lt\sigma_b = (306.4 \times 2 \times 300)\,\text{N} = 184 \times 10^3\,\text{N}$$

冲孔力

$$F_2 = Lt\sigma_b = (78.5 \times 2 \times 300)\,\text{N} = 47.1 \times 10^3\,\text{N}$$

式中： L ——冲裁件的周长（mm）；

$\qquad$ t ——材料厚度（mm）；

$\qquad$ σ_b ——材料的抗拉强度（MPa）。

c．落料时的卸料力。

卸料力系数 $K_{卸}$ 查模具手册为 0.03，则

$$F_{卸} = K_{卸}F_1 = \left(0.03 \times 184 \times 10^3\right)\text{N} = 5.52 \times 10^3\,\text{N}$$

d．冲孔时的推件力。

推件力

$$F_{推} = nK_{推}F_2$$

该凹模设计为柱形刃口筒形形式。刃口深取 $h = 5\text{mm}$ ，则梗塞在凹模内料的个数 $n = h/t = 5\text{mm}/2 \approx 2$ 个。

推件力系数 $K_{推}$ 查模具手册为 0.05，则

$$F_{推} = \left(2 \times 0.05 \times 47.1 \times 10^3\right)\text{N} = 4.71 \times 10^3\,\text{N}$$

选择冲床时的总冲压力

$$F_{总} = F_1 + F_2 + F_{卸} + F_{推} = 241.33\text{kN}$$

e．确定模具压力中心。

冲裁模的压力中心就是冲裁力合力的作用点。冲压时，模具的压力中心应与冲床滑块的中心线、模柄轴线相重合，否则冲床滑块受偏心载荷，模具歪斜，导致冲床与模具受损，故必须确定压力中心，从而使模具压力中心与滑块轴线重合，使冲模平稳工作。

模具压力中心：如是对称形状的工件，其压力中心就是轮廓图形的几何中心；如复杂工件或形状不规则工件可用求平行力系合力作用点的方法。

图 7-2 工件的压力中心：先按比例画出工件形状，确定坐标系 x、y。因该工件是左右对称，即 $x_0 = 0$，只需计算出 y_0 即可。如图 7-4 所示。将工件冲裁周边分成 I_1、I_2、$\cdots I_6$ 线段，求出各段长度及各段的中心点。

$l_1 = 45\text{mm}$ ， $y_1 = 0$ ；

$l_2 = 89\text{mm}$ ， $y_2 = 22\text{mm}$ ；

$l_3 = 50\text{mm}$ ， $y_3 = 65\text{mm}$ ；

$l_4 = 90\text{mm}$ ， $y_4 = 87.5\text{mm}$ ；

$l_5 = 31.4\text{mm}$ ， $y_5 = 110 + \dfrac{10\sin 2}{\pi/2} = 116.29\text{mm}$ ；

$l_6 = 78.5\text{mm}$ ， $y_6 = 22\text{mm}$ ；

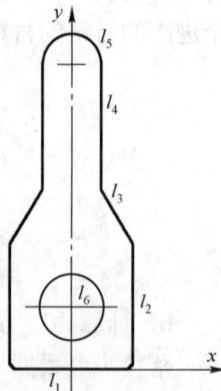

图 7-4 压力中心

$$y_0 = \frac{l_1 y_1 + l_2 y_2 + \cdots + l_6 y_6}{l_1 + l_2 + \cdots + l_6} \text{mm} = 48.08\text{mm}$$

f. 凸、凹模刃口部分尺寸的计算。

冲裁间隙的确定：冲裁模凸、凹模刃口部分尺寸之差即为冲裁间隙。冲裁间隙是一个很重要的工艺参数，其间隙值的合理与否，直接关系到冲裁件的精度、质量，同时对模具使用寿命、冲裁力产生重大影响。因此合理确定间隙值是模具设计的关键。冲裁间隙值可由经验数据得出，也可查验相关数据。

该冲裁工件查表（模具手册）得间隙值为 $Z_{\min} = 0.34\text{mm}$，$Z_{\max} = 0.39\text{mm}$。

冲裁件的尺寸精度是通过凸、凹模刃口尺寸合理地分配其冲裁间隙来实现和保证的。所以正确地确定刃口尺寸是设计模具的重要一步。

决定模具刃口尺寸时要考虑：落料件尺寸取决于凹模，也就是制造公差标注在凹模上，凸模上只标注与凹模的配合间隙；冲孔件尺寸取决于凸模，其制造公差标注在凸模上，凹模上只标注与凸模的配合间隙。

还要注意的是，确定模具刃口制造公差时，既要保证工件的精度，又要保证有合理的冲裁间隙值。一般模具制造精度比工件精度高 3～4 级。

由于模具的加工和测量方法的不同，凸、凹模刃口部分尺寸计算和制造公差一般采用以下两种方式。

第一种是凸、凹分开加工。这就要分别标注凸模与凹模刃口尺寸与制造公差，这种方法适用于圆形或简单形状的工件，但必须满足下列条件：

$$\delta_{\text{凸}} + \delta_{\text{凹}} \leq Z_{\max} - Z_{\min}$$

式中：$\delta_{\text{凸}}$、$\delta_{\text{凹}}$——凸模的制造公差、凹模的制造公差。

第二种是凸模与凹模配合加工。对于形状复杂或料薄的冲裁件，为了保证凸、凹模之间的间隙值，必须采用配合加工。即先加工好其中的一件（凸模或凹模）作为基准件，去配作另一件，并保证配合间隙。

a. 冲孔凸、凹模刃口尺寸计算。根据上述模具加工方法的要求，该工件冲孔部分采用凸、凹模分开加工方法，其凸、凹模刃口部分尺寸计算如下。

查表（模具手册）得凸、凹模的制造公差：

$$\delta_{\text{凸}} = 0.02\text{mm}，\quad \delta_{\text{凹}} = 0.025\text{mm}$$

校核：$Z_{\max} - Z_{\min} = 0.05$ mm，$\delta_{\text{凸}} + \delta_{\text{凹}} = 0.045$mm，满足 $\delta_{\text{凸}} + \delta_{\text{凹}} \leq Z_{\max} - Z_{\min}$ 条件，则

$$d_{\text{凸}} = \left(d + x\Delta\right)_{-\delta_{\text{凸}}}^{0} = \left(25 + 0.5 \times 0.25\right)_{-0.02}^{0} = 25.13_{-0.02}^{0}(\text{mm})$$

$$d_{\text{凹}} = \left(d_{\text{凸}} + Z_{\min}\right)_{0}^{+\delta_{\text{凹}}} = \left(25.13 + 0.39\right)_{0}^{+0.025} = 25.52_{0}^{+0.025}(\text{mm})$$

式中：Δ——工件的制造公差；

x——磨损系数。（查模具手册 $x = 0.5$）

b. 工件外轮廓落料凹模、凸凹模刃口部分尺寸计算。因本套模具为复合冲裁模，除冲孔凸模和落料凹模外，必然还应有一个凸凹模。根据上述模具加工方案采用配合加工模具的方法，如按落料件尺寸取决于凹模，则必然以凹模为基准，为了加工方便，本套模具的制造公差标注在凸凹模的外轮廓冲裁凸模刃口部分上。

复杂工件由于各部分的尺寸性质不同，凸模与凹模磨损情况也不同，所以基准件的刃口尺寸需要按不同方法计算。当以凹模为基准件时，凹模磨损后，刃口部分尺寸都增大，故均属于 A 类尺寸。

查表（模具手册）可知：当工件制造公差 $\Delta \geqslant 0.5$ 时，$x=0.5$；当工件制造公差 $\Delta < 0.5$ 时，$x=0.75$。

根据公式：$A_凸 = \left(A_{max} - x\Delta - Z_{min}\right)^{0}_{-\frac{\Delta}{4}}$，得

$$45_凸 = \left(45 - 0.5 \times 0.62 - 0.34\right)^{0}_{-\frac{0.62}{4}} = 44.35^{0}_{-0.15} \text{(mm)}$$

$$65_凸 = \left(65 - 0.5 \times 0.74 - 0.34\right)^{0}_{-\frac{0.74}{4}} = 64.29^{0}_{-0.18} \text{(mm)}$$

$$120_凸 = \left(120 - 0.5 \times 0.87 - 0.34\right)^{0}_{-\frac{0.87}{4}} = 119.23^{0}_{-0.22} \text{(mm)}$$

$$R10_凸 = \left(10 - 0.75 \times 0.36 - 0.34\right)^{0}_{-\frac{0.36}{4}} = 9.39^{0}_{-0.09} \text{(mm)}$$

⑤ 凸模、凹模、凸凹模的结构设计。

a. 凸模结构形式。冲孔凸模为圆柱形，采用台阶式。将凸模压入固定板内，采用 H7/m6 配合，凸模的长度为凸模固定板与凹模及附加长度之和。如图 7-5 所示。

b. 凹模的结构形式。为增加强度，凹模采用阶梯形，刃口深度取 5mm，凹模的外形尺寸，按公式求出：

凹模厚度 $H = Kb = 0.24 \times 120 = 29 \text{(mm)}$

凹模壁厚 $C = 1.5H = 1.5 \times 29 = 44 \text{(mm)}$

式中：b——冲裁件的最大外形尺寸；

　　　K——系数。考虑到料厚的影响，可查表（模具手册）。

凹模的刃口尺寸按凸凹模的外缘凸模刃口部分配合加工，并保证双面间隙 0.34～0.39mm，凹模采用螺钉与销钉固定在上模。其结构形式如图 7-6 所示。

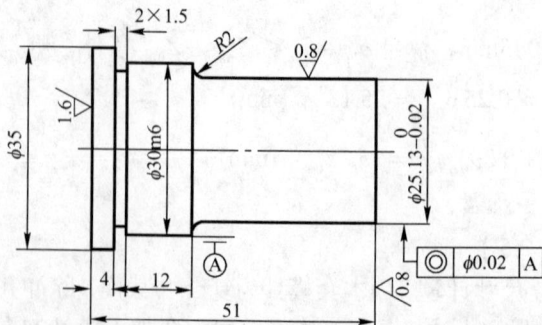

图 7-5 凸模

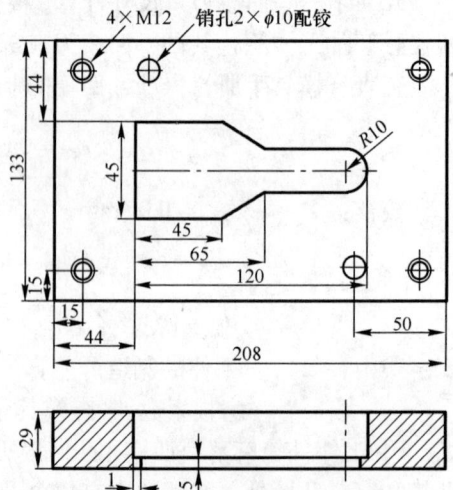

图 7-6 凹模

c．凸凹模的结构形式。复合模中，至少有一个凸凹模。凸凹模的内外缘均为刃口，内外缘之间的壁厚决定于冲裁件的尺寸。从强度上考虑，其内外缘之间的壁厚受最小值限制，凸凹模的最小壁厚受冲模结构影响，对于正装复合模，由于凸凹模装在上模，内孔不会积聚废料，胀力小，最小壁厚可小些；对于倒装复合模，因内孔会积存废料，所以壁厚要大些。

该模具为倒装复合模，而倒装复合模最小壁厚约为工件料厚的 1.5 倍，即最小壁厚为3mm。该工件内孔与外围最小壁厚为10mm，完全符合强度要求。

凸凹模上的孔中心与外轮廓边的距离有公差要求，依据模具刃口公差比零件精度要高3～4级的原则，在此中心距尺寸定为22±0.15mm。凸凹模采用螺钉和销钉固定在下模座上。其结构形式如图 7-7 所示。

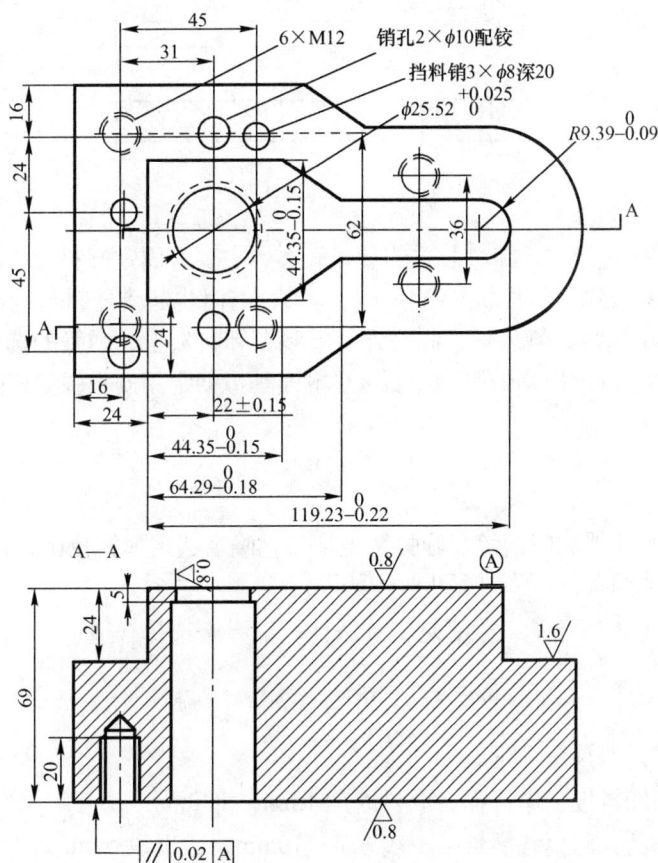

图 7-7　凸凹模

⑥ 主要零、部件结构设计。

a．凸模固定板结构形式。凸模固定板将凸模固定在模座上，与凹模相联，所以其外形尺寸取与凹模一样，厚度按凹模厚度的 0.6～0.8 倍确定。凸模固定板厚度为 20mm。其结构图如图 7-8 所示。

b．垫板结构形式。垫板的作用是直接承受和扩散来自凸模传递的压力，以降低模座所受的单位压力，保护模座以免被凸模端面压陷。凸模固定板通过垫板与上模座联接固定。垫板的外缘尺寸与凸模固定板一致，螺钉孔、销钉孔、推销孔与凸模固定板配钻、配铰。

厚度取 12mm。

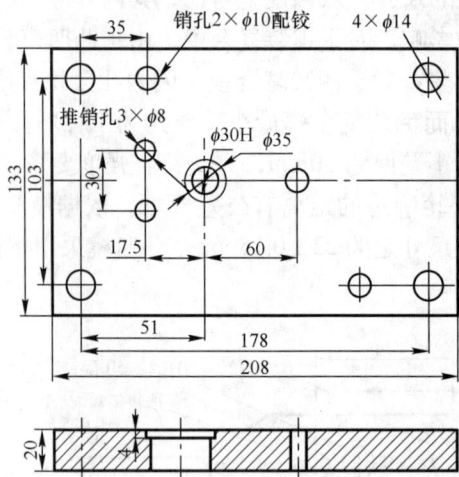

图 7-8 凸模固定板

c. 卸料装置的结构形式。卸料装置的型式较多，主要有固定卸料板，活动卸料板、弹压卸料板等几种。卸料板除了将板料从凸模上卸下外，有时也起到压料或为凸模导向作用。本模具上的卸料板采用弹性卸料装置，卸料弹簧安装在卸料板上，弹簧的选用要根据总卸料力 $F_{卸}$ 和模具的结构来确定拟用的弹簧个数 n。本模具拟初定用 6 根弹簧，则单个弹簧所承受的负荷

$$F_{预} = \frac{F_{卸}}{n} = \frac{5520\text{N}}{6} = 920\text{N}$$

通过查验《模具手册》圆钢丝螺旋弹簧规格表，确定选定弹簧范围，初始选出序号 68～72 的弹簧，其工作极限负荷 $F_j = 1550\text{N} > 920\text{N}$。

检查弹簧最大允许压缩量，如满足下列条件，则弹簧选择合适：

$$s_1 \geqslant s_{总}, \quad s_{总} = s_{预} + s_{工} + s_{修磨}$$

式中：$s_{预}$ ——弹簧预压缩量；

$s_{工}$ ——卸料板工作行程，取料厚加 1mm，即 3mm。

$s_{修}$ ——凸、凹模修磨量，一般取 4～10mm，这里取 5mm。

根据负荷—行程曲线，计算得到下面数据：

序号	自由高度 H_0(mm)	受负荷时高度 H_1(mm)	受负荷时总变形量 $s_1 = H_0 - H_1$	$s_{预}$	$s_{总} = s_{预} + s_{工} + s_{修磨}$
68	60	44.5	15.5	8.5	16.5
69	80	58.2	21.8	12.5	20.5
70	120	85.7	34.3	18	26
71	160	113.2	46.8	26	34
72	200	140.5	59.2	34.5	42.5

从上表中计算数据可知，第 69～72 号均满足 $s_1 \geqslant s_{总}$，在此选取第 69 号弹簧最合适。其规格如下。

外径 $D = 45$ mm

钢丝直径 $d = 7$ mm

自由高度 $H_0 = 80$ mm

装配高度 $H = H_0 - s_{预} = (80 - 12.5)\text{mm} = 67.5$ mm

弹簧外露高度=67.5 − 6 − 30=31.5mm

卸料板的外围尺寸边长为 200mm，厚度取 14mm。用螺钉固定在下模座上。其结构如图 7-9 所示。

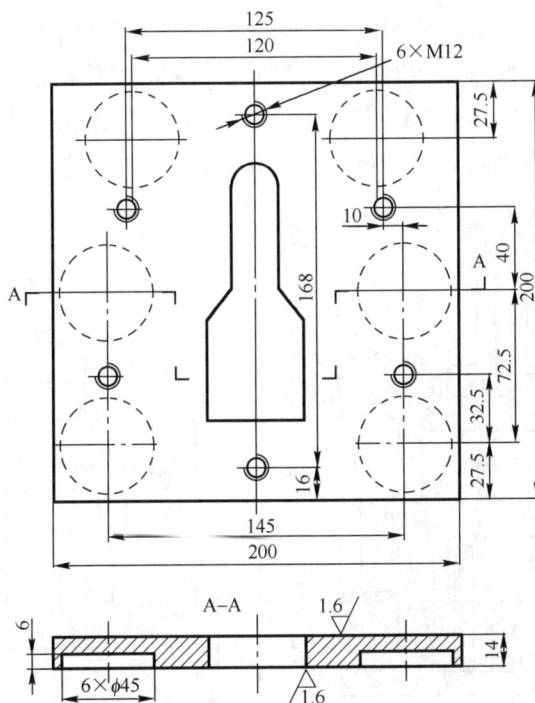

图 7-9 卸料板

d．模架的选用。模具工作零部件确定后，应尽量选的择标准模架。模架的选择一般要根据凹模、定位零件和卸料装置等的平面布置来选择模座的形状和尺寸大小。模座外形尺寸应比凹模相应尺寸大 40～70mm。模座厚度一般取凹模厚度的 1～1.5 倍。下模座外形尺寸每边至少要超过压力机台面孔槽约 50mm，同时选择的模架其闭合高度应与模具设计的闭合高度相适应。本套模具选用中等精度，中、小尺寸冲压件的后侧导柱模架，从右向左送料。其尺寸确定如下。

上模座：250mm × 250mm × 50mm

下模座：250mm × 250mm × 65mm

导　柱：$\phi 35$mm × 200mm

模具的闭合高度 $H=$（50+12+20+29+2+14+31.5+65）mm=223.5mm

⑦ 选择压力机。

根据模具设计计算结果，选用开式双柱可倾压力机 J23-40。其主要参数如下。

公称压力：400kN

滑块行程：100mm

最大闭合高度：330mm

连杆调节量：65mm

工作台尺寸：460mm×700mm

　　　　　　模柄孔尺寸：φ50mm×70mm

最大倾斜角度：30°

⑧ 模具装配图。

由右向左送料，两个导料销24控制条料的导向，固定导料销2控制送料的进距，弹性卸料装置由卸料板16、卸料螺钉23和弹簧19组成，冲制的工件由推杆5、推板7、推销8和推件块14组成的刚性推件装置推出，冲孔的废料通过凸凹模的内孔从冲床台面孔掉落。

模具装配图如图7-10所示。零件材料明细表见表7-2。

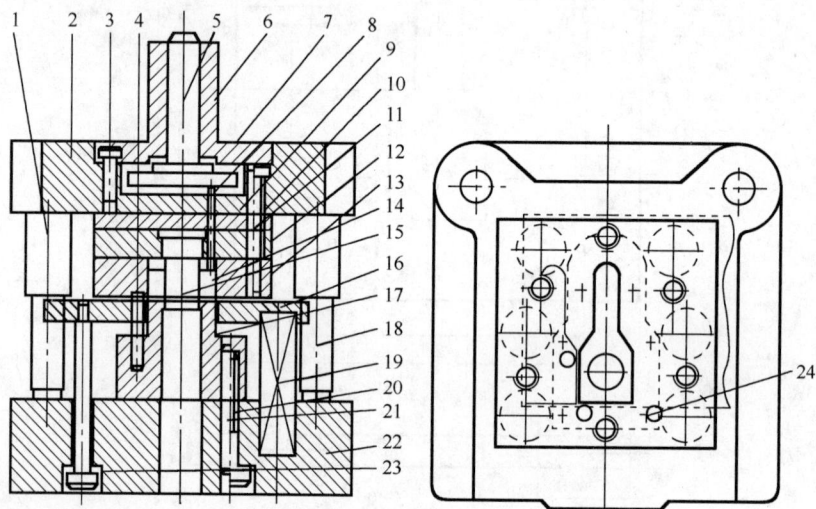

图7-10　倒装复合冲裁模

表7-2　　　　　　　　　　　　　倒装复合冲裁模零件明细表

序号	名　称	规　格（mm）	数量	材　料	热处理
1	导套	φ48×φ35×125	2	20钢	渗碳0.8～1.2mm 58～62HRC
2	上模板	250×250×50	1	HT200	
3	内六角螺钉	M12×30	3		
4、24	挡、导料销	φ6×63	3	45钢	40～50HRC
5	推杆		1	45钢	40～50HRC
6	模柄	φ50×70	1	Q235	
7	推板	φ100×12	1	45钢	

续表

序号	名　称	规　格（mm）	数量	材　料	热处理
8	推销	$\phi 8 \times 65$	3	45 钢	40～50HRC
9	垫板	$208 \times 133 \times 12$	1	45 钢	40～50HRC
10	螺栓	M12×90	4		
11	圆柱销	$\phi 10 \times 90$	2	45 钢	40～50HRC
12	凸模固定板	$208 \times 133 \times 20$	1	45 钢	
13	凹模	$208 \times 133 \times 29$	1	T8A	58～62HRC
14	推件块	按凹模内形配制	1	45 钢	
15	冲孔凸模		1	T8A	56～60HRC
16	卸料板	$200 \times 200 \times 14$	1	45 钢	
17	凸凹模		1	T8A	58～62HRC
18	导柱	$\phi 35 \times 200$	2	20 钢	渗碳 0.8～1.2mm 58～62HRC
19	弹簧		6		
20	螺钉	M12×70	6		
21	凸凹模固定销	$\phi 10 \times 70$	2	45 钢	40～50HRC
22	下模座	$250 \times 250 \times 65$	1	HT200	
23	卸料螺钉	M12×120	6		

（3）冲裁模具的加工

冲模的加工对模具钳工来说，必须具备很强的手工加工技能，如锉削技能、配加工和模具修研技能，还有识图能力、工件加工定位装夹辅助设计能力、模具整体结构的调整与装配能力。

冲模加工中，模具制造公差的标注方式这样的，如冲孔模，冲压件的尺寸是由凸模来保证的，其制造公差标注在凸模上，在凹模上只标注与凸模的配合公差。所以，应先加工凸模，保证凸模的制造公差，然后以凸模去配加工凹模。反之，应保证凹模的制造公差，以凹模去配加工凸模。

在图 7-10 所示的倒装复合冲裁模具中，需钳工精加工的零件主要有：凸模、凸模固定板、凹模、卸料板、凸凹模。其加工顺序为先精加工凸模 15；加工凸模固定板 12，用凸模配加工凸模固定板达到配合精度要求；精加工凸凹模 17；精加工凹模 13，以凸凹模去配加工凹模，配合间隙控制在 0.34～0.39mm 以内。

① 凸模的加工。

圆形或简单形状的凸模一般是分开加工的，如图 7-5 所示。该倒装冲裁复合模的冲孔凸模的加工通过钳工的修研达到制造公差精度要求。凸模的加工步骤如下（如图 7-11 所示）。

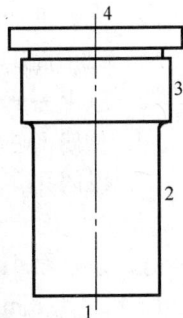

图 7-11　凸模精加工

a．先去掉机加工产生的毛刺。

b．精加工平面1，保证与圆柱体轴心线垂直。

c．加工、修研圆弧面2、3，保证两面的同轴度精度要求、粗糙度值要求。

d．以平面1为基准，加工平面4，达到尺寸要求。

e．转送热处理。

f．以圆弧面3为基准平磨平面1，磨出刃口，见光即可。

g．以圆弧面3为基准平磨平面4，见光即可。

② 凸模固定板的加工。

凸模固定板如图7-8所示。

a．去除机加工的毛刺。

b．涂色，划线。

c．钻孔、扩孔、锪孔。

d．精加工内孔ϕ30H7，保证尺寸。

e．按凸模配研内孔，精修凸起表面，保证与凸模的过渡配合。

③ 凸凹模的精加工。

凸凹模如图7-7所示。加工步骤如图7-12所示，为保证凸凹模锥面7、10的尺寸精度与对称性，在此必须先加工一副半形样板。半形样板如图7-13所示。

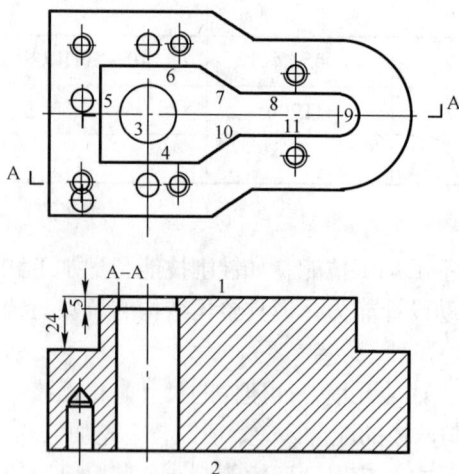

图7-12 凸凹模的精加工

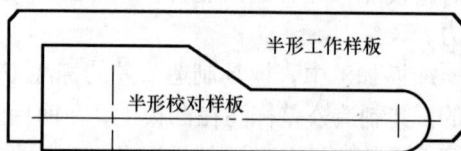

图7-13 凸凹模样板

a．去除机加工产生的毛刺。

b．以平面1为基准精加工平面2，保证两平面的平行度要求。

c．以平面2为基准精加工平面1，达到尺寸要求。

d．修研凸凹模冲孔凹模孔3，达到其尺寸精度要求，并保证深度尺寸5mm。

e．以内孔3为基准精加工平面5，保证尺寸精度22 ± 0.15mm。

f．以平面5为基准精加工平面4、6，保证尺寸$44.35^{0}_{-0.15}$ mm。

g．以平面4、5、6为基准精加工锥面7、10，以半形工作样板（见图7-13）检测，保证尺寸$64.29^{0}_{-0.18}$ mm。

h．以平面5为基准精加工圆弧面9，以半形工作样板（见图7-13）检测，保证尺寸$R9.39^{0}_{-0.09}$ mm、

$R119.23_{-0.22}^{0}$ mm。

i．精加工平面 8、11，并与圆弧面 8 光滑过渡。

j．转送热处理。

k．以平面 2 为基准，平磨平面 1，磨出刃口。

l．以平面 1 为基准，平磨平面 2，见光即可。

④ 凹模的精加工。

凹模如图 7-6 所示。凹模加工步骤如图 7-14 所示。

a．去除机加工产生的毛刺。

b．在工件划线表面涂色。

c．按凸凹模外缘凸模划线。

d．按线加工到线。

e．精加工平面 1。

f．以平面 1 为基准，精加工平面 2 达尺寸要求。

g．以平面 2 为基准，精加工平面 3，保证与平面 2 互相垂直。

h．以平面 3 为基准，精加工平面 4、5，保证其长度尺寸。

i．以平面 3、4、5 为基准，按半形样板（如图 7-13 所示）精加工锥面 6、10，平面 7、9，圆弧面 8。

j．将凸凹模在凹模放正搭边后，用铜棒轻轻敲打凸凹模，然后退出凸凹模，这时凹模表面便有明显积痕，再根据这些积痕进行精加工，如此反复，直到凸凹模外缘凸模轻松通过，但必须间隙不得超过 0.34～0.39mm。可用塞尺检查。

注意在凹模配加工过程中，一定要注意凸凹模与凹模配合时的垂直度。

k．转送热处理。

l．凹模淬火后，用磨石按凸凹模精加工，保证配合间隙。

m．以平面 1 为基准，平磨平面 2，磨出刃口。

n．以平面 2 为基准，平磨平面 1，见光即可。

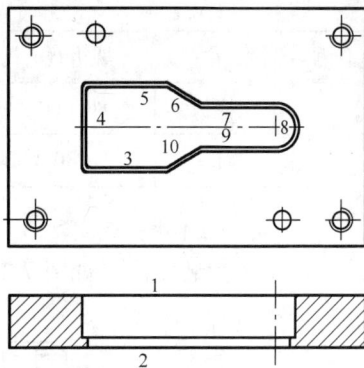

图 7-14 凹模加工

7.1.2 冲裁模技能训练

1. 实训课题材料

件号	名称	规格（mm）	数量	件号	名称	规格（mm）	数量
1	下模板	$140 \times 120 \times 16$	1	10	孔冲头	$\phi 6 \times 62$	2
2	冲裁凹模	$80 \times 60 \times 12$	1	11	圆柱销	$\phi 6 \times 45$	4
3	导向板	$62 \times 25 \times 6$	1	12	前挡板	$40 \times 16 \times 8$	1
4	卸料板	$80 \times 60 \times 12$	1	13	支承板	$42 \times 42 \times 2.5$	1
5	落料凸模	$60 \times 40 \times 26$	1	14	导向板	$102 \times 25 \times 6$	1
6	固定板	$82 \times 60 \times 10$	1	15	内六角螺钉	$M4 \times 8$	2
7	垫板	$80 \times 60 \times 3$	1	16	导正销	$\phi 6 \times 58$	2

续表

件号	名称	规格（mm）	数量	件号	名称	规格（mm）	数量
8	上模板	$80 \times 60 \times 16$	1	17	内六角螺钉	$M6 \times 40$	4
9	模柄	$\phi 30 \times 72$	2	18	圆柱销	$\phi 6 \times 45$	4

2．实训工件图

（1）冲裁装配图（如图 7-15 所示）

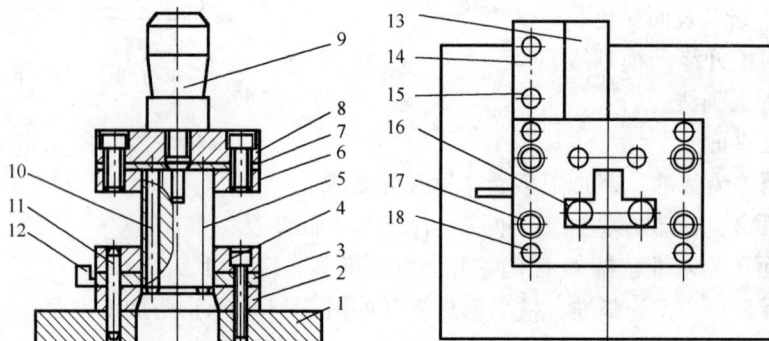

图 7-15　装配图（冲模配合间隙不大于 0.06mm）

（2）零件图（如图 7-16～图 7-28 所示）

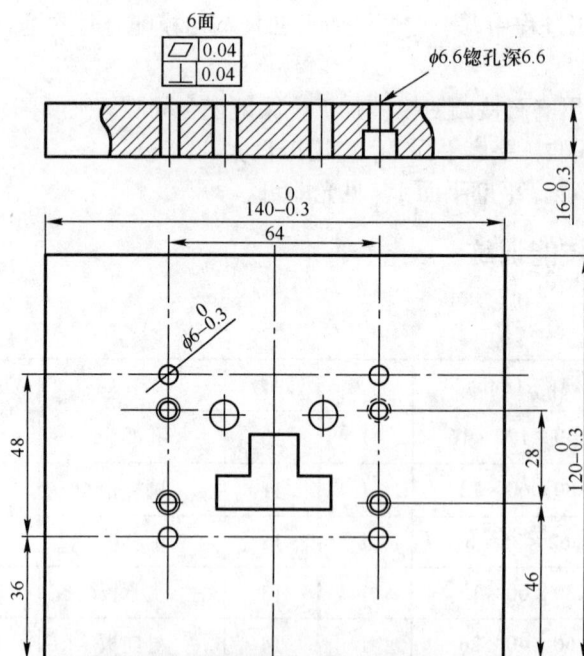

（材料：235，所有孔与件 5 配钻并配铰）

图 7-16　件 1 下模板

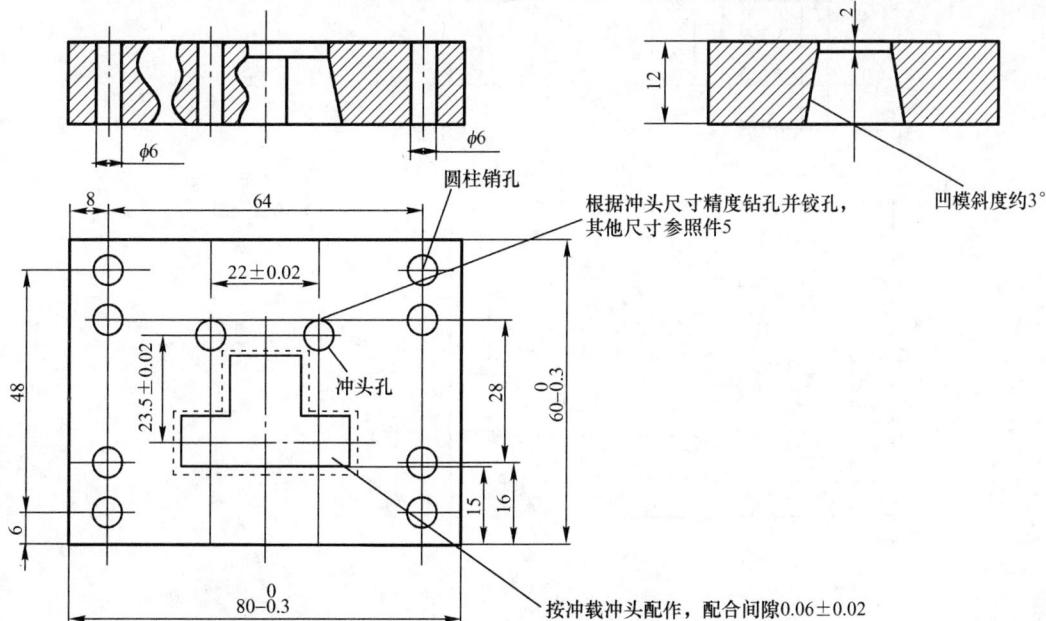

φ6 φ6

圆柱销孔

根据冲头尺寸精度钻孔并铰孔，其他尺寸参照件5

凹模斜度约3°

8 64

22±0.02

冲头孔

23.5±0.02

28

$60_{-0.3}^{0}$

48

15

16

6

$80_{-0.3}^{0}$

按冲载冲头配作，配合间隙0.06±0.02

（孔与件 5 配钻并配铰）

图 7-17　件 2 冲裁凹模

全部 1.6

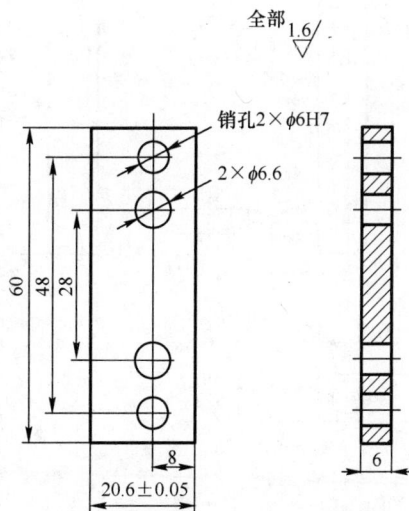

销孔2×φ6H7

2×φ6.6

60

48

28

8

20.6±0.05

6

（材料：Q235A，定位孔、销孔与件 5 配钻、配铰）

图 7-18　件 3 导向板

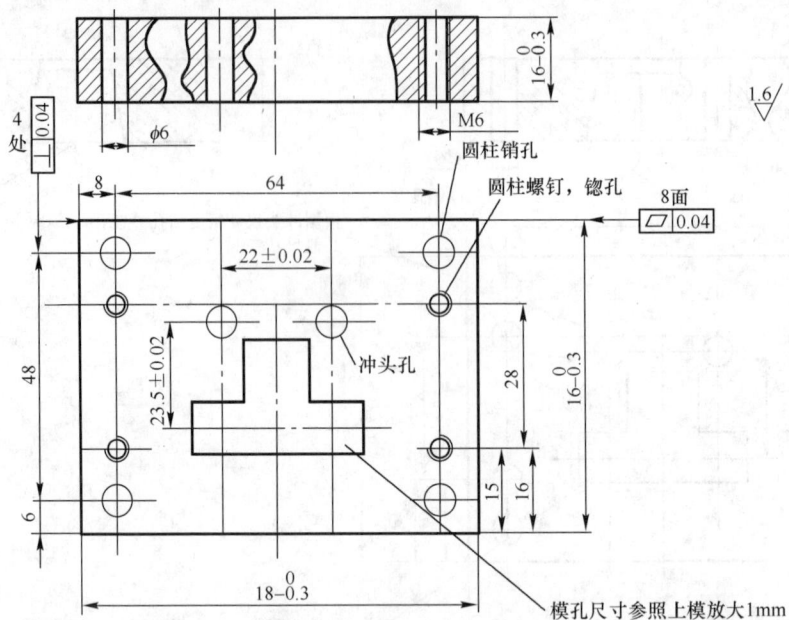

（材料：Q235A，孔与件 1、2、3、4、配钻配铰）

图 7-19　件 4 卸料板

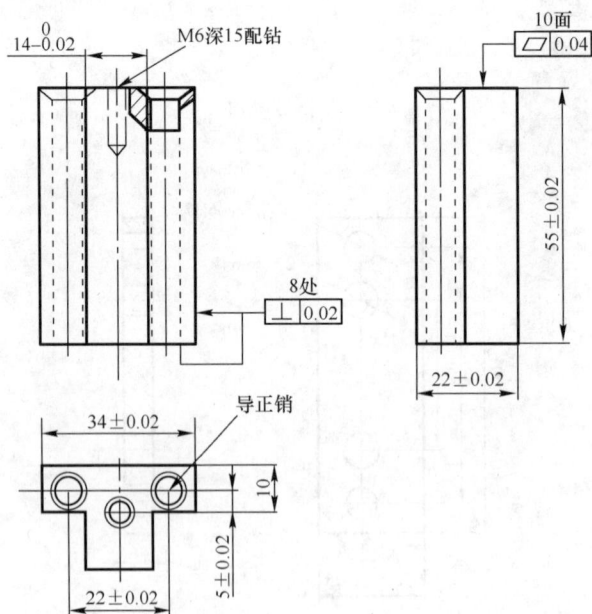

（材料：45 钢，联接螺孔 M6 与垫板配钻加工）

图 7-20　件 5 落料凸模

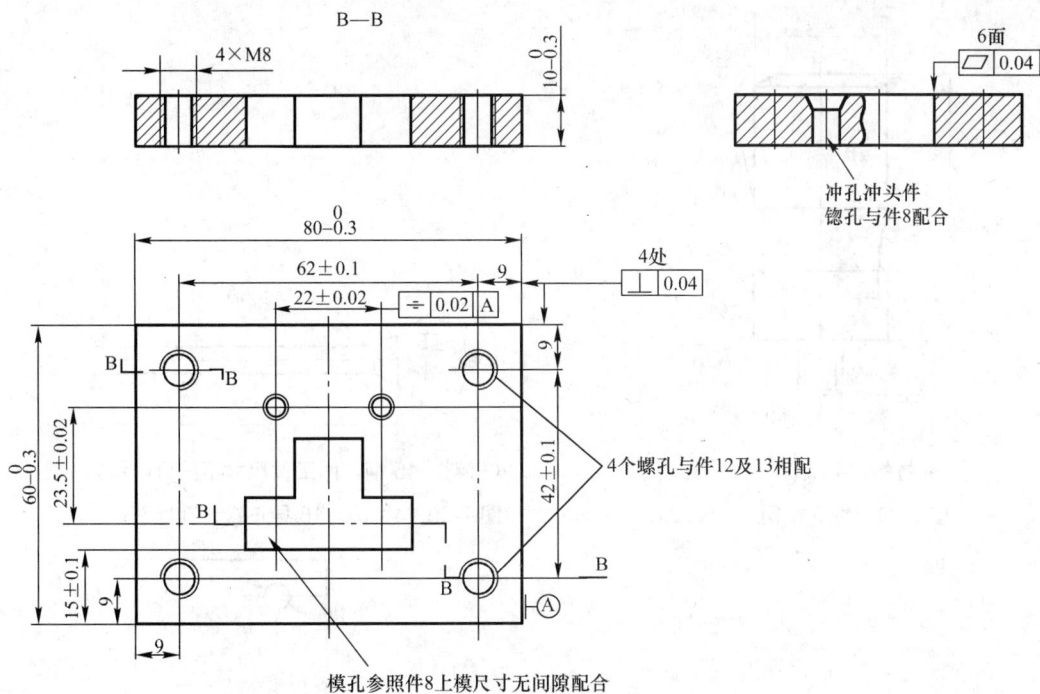

B—B

4×M8

$10^{0}_{-0.3}$

6面

□ 0.04

冲孔冲头件
锪孔与件8配合

$80^{0}_{-0.3}$

$62±0.1$

9

4处

⊥ 0.04

$22±0.02$

≑ 0.02 A

9

B B

B B

$60^{0}_{-0.3}$

$23.5±0.02$

$42±0.1$

4个螺孔与件12及13相配

B B

$15±0.1$

9

B B

A

9

模孔参照件8上模尺寸无间隙配合

（材料：45 钢）

图 7-21　件 6 固定板

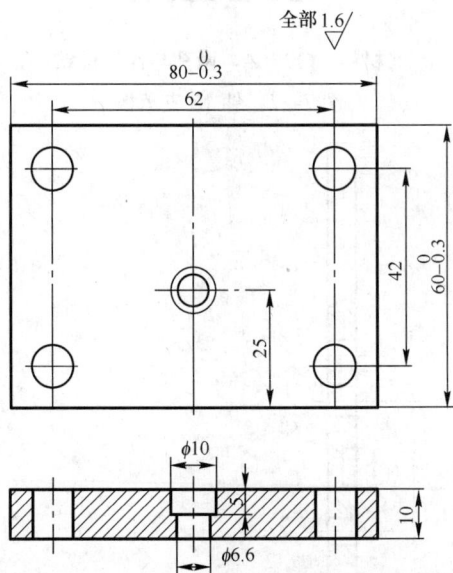

全部 1.6

$80^{0}_{-0.3}$

62

$60^{0}_{-0.3}$

42

25

φ10

φ6.6

10

（螺孔与上模板配钻，沉孔与凸模配钻，材料：Q235A）

图 7-22　件 7 垫板

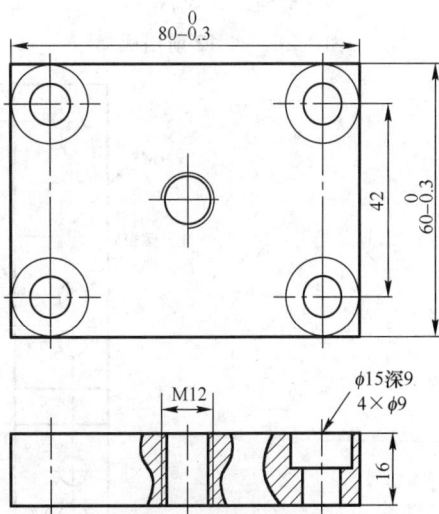

$80^{0}_{-0.3}$

$60^{0}_{-0.3}$

42

M12

φ15深9

4×φ9

16

（材料：45 钢）

图 7-23　件 8 上模板

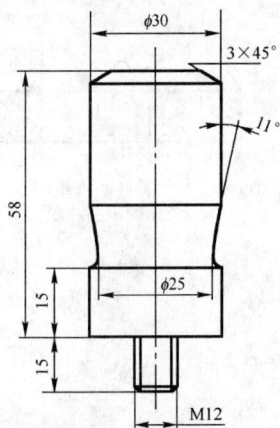

（材料：45 钢）

图 7-24　件 9 模柄

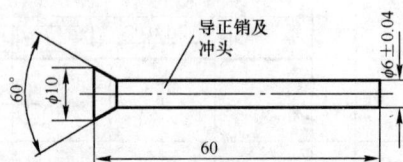

（材料：45 钢，两工件尺寸不同可以锯短）

图 7-25　件 10、16 导正销、孔冲头

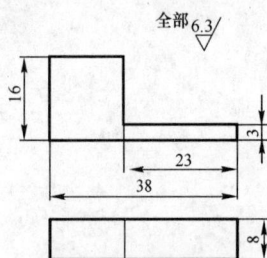

（材料：Q235A）

图 7-26　件 12 前挡板

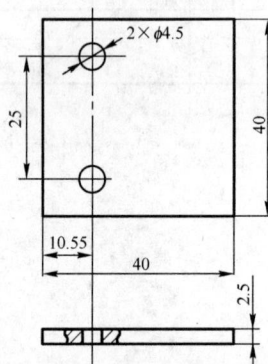

（材料：Q235A，两孔与件 4 配钻）

图 7-27　件 13 支承板

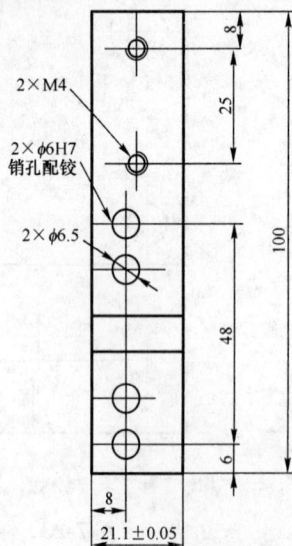

（材料：Q235A，销孔与螺孔与件 5 配钻）

图 7-28　件 14 导向板

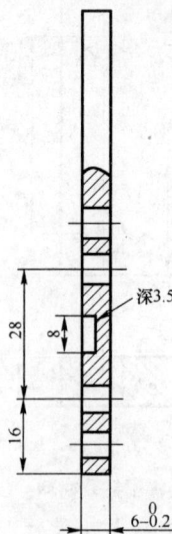

3．T形冲模加工工序

① 按上模部分、下模部分进行组装。

② 凸模 5 与凸模固定板 6 采用 H7/m6 过渡配合。

③ 按凸模配作凹模，保证配合间隙要求。

④ 卸料板模孔按凸模放大 1mm 配作加工完成后，先与凹模组装，钻销孔。

⑤ 凹模销孔与卸料板销孔配钻，配铰。

⑥ 上模部分组装后，用冲头在手动螺旋压力机上挤压凹模冲孔并加工。

⑦ 所有销孔、螺孔按图样要求配钻、配铰。

⑧ 表面光洁，无明显敲痕，棱边倒棱。

7.2 弯 曲 模

7.2.1 弯曲模基础知识

弯曲是使材料产生塑性变形、形成有一定形状、角度的零件的冲压工艺。弯曲工艺可以用模具在普通压力机上进行，也可在专用的折弯机或弯曲设备上进行。

1．弯曲模设计

（1）工件图

图 7-29 所示为工件图。材料为 10 钢，厚度 t=1mm 冷轧钢板。

（2）工件的工艺分析

从工件图可知，它是经过两道工序完工的，第一道工序是落料冲孔或通过剪切钻孔加工完成的，第二道工序必须弯曲成型，即完成弯曲模设计。

① 弯曲工件的形状和尺寸。

弯曲件的圆角半径与回弹。材料产生塑性变形才能形成所需的形

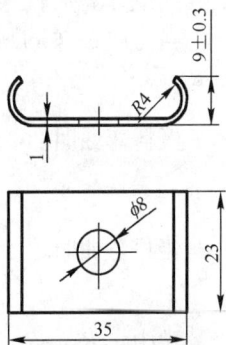
图 7-29 工件图

状，为了实现弯曲件的形状要求，弯曲圆角时的半径是要考虑的，弯曲圆角半径最大值是没有限制的，但弯曲半径最小值是有限制的，如果弯曲半径过小，材料会因拉伸变形应力达到或超过其抗拉强度而断裂。弯曲半径最小允许值见表7-3。如果弯曲件的特殊要求，圆角半径必须小于最小弯曲圆角半径值时，可设法提高其塑性，即可在材料退火或加热状态下弯曲，也可采用将材料弯曲部位开槽、压槽的方法，使弯曲部位变薄防止材料断裂。

表 7-3　　　　　　　　　　　　　最小弯曲圆角半径

材　　料	退 火 或 正 火		冷 作 硬 化	
	弯 曲 线 位 置			
	垂直于纤维方向	平行于纤维方向	垂直于纤维方向	平行于纤维方向
08、10	0.1t	0.4t	0.4t	0.8t
15、20	0.1t	0.5t	0.5t	1t
25、30	0.2t	0.6t	0.6t	1.2t
35、40	0.3t	0.8t	0.8t	1.5t

材 料	退火或正火		冷作硬化	
	弯 曲 线 位 置			
	垂直于纤维方向	平行于纤维方向	垂直于纤维方向	平行于纤维方向
45、50	0.5t	1t	1t	1.7t
55、60	0.7t	1.3t	1.3t	2t
65Mn、T7	1.0t	2t	2t	3t
不锈钢	1t	2t	3t	4t

弯曲圆角半径过大，存在的问题是弯曲部位出现回弹，这时只需计算或试验出其回弹量。实际上影响弯曲件回弹的因素除圆角半径过大外，还有材料的力学性能、材料的相对弯曲半径 R/t、弯曲工件的形状（一般 U 形工件比 V 形工件回弹量要小）、模具的间隙（间隙越大回弹越大）、校应力（增加工校应力可减小回弹量）。

由上述可知，回弹量的确定比较复杂，一般是设计模具时，对回弹量的确定多是按照经验数据或计算后在实际试模中再进行修正。

当弯曲工件的圆角半径 $R/t > 5 \sim 8$ 时，可用下式计算回弹量进行补偿弯曲凸模的圆角半径 $R_凸$。

板料弯曲时：

$$R_凸 = \frac{R}{1 + 3\dfrac{\sigma_s R}{Et}}$$

棒料弯曲时：

$$R_凸 = \frac{R}{1 + 3.4\dfrac{\sigma_s R}{Ed}}$$

式中： R、$R_凸$——弯曲件、弯曲凸模圆角半径（mm）；

σ_s——材料的屈服点（MPa）；

E——材料弹性模量（MPa）；

d——棒料直径（mm）；

t——材料厚度（mm）。

当 $R/t < 5 \sim 8$ 时，工件的弯曲半径一般变化不大，只考虑角度回弹。角度回弹的数据可查相关表，此处略。

图 7-29 所示弯曲工件板料厚度为 1mm，则 $R/t = 4$。符合要求 $R/t < 5 \sim 8$，弯曲变形后，弯曲半径变化不大。

弯曲加工必然要发生回弹现象，要完全消除回弹是非常困难的，减少回弹量的措施主要有补偿法和校正法。如图 7-30、图 7-31 所示。此弯曲工件回弹主要考虑施加校正力以保证工件质量。

② 弯曲部位与孔的最小距离。

工件在弯曲处附近预先钻或冲出的孔，在弯曲后由于弯曲时材料的流动会使孔变形，为防止这种情况的发生，应使孔分布在弯曲变形区以外的部位。设孔的边缘至弯曲半径 R 中心距离为 l，则应满足下式：

当 $t < 2mm$ 时，$l \geqslant t$；

当 $t > 2mm$ 时，$l \geqslant 2t$。

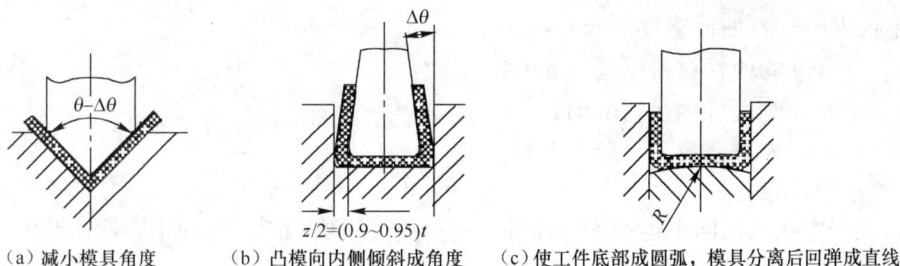

（a）减小模具角度　　　（b）凸模向内侧倾斜成角度　　（c）使工件底部成圆弧，模具分离后回弹成直线

图 7-30　补偿法

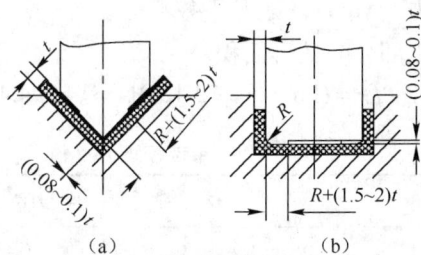

图 7-31　校正法

改变模具结构，使校正力集中在弯角处，产生变形，克服回弹，图 7-29 弯曲工件满足上述要求。

③ 弯曲工件的工艺分析。

工件的形状较简单，两边是对称的圆弧，从图 7-29 标注的尺寸可知圆弧是两个半圆，工件弯曲半径为 4mm，抗拉强度 σ_b 为 400MPa，圆心角为 148°，应按此设计模具。

（3）确定工艺方案

通过上述弯曲工件的工艺分析，弯曲工件的模具结构可以采用滚轴式压弯模和双楔块式弯曲模，但滚轴式弯曲模的凹模旋转角度必须小于 90°，而本工件的弯曲部分接近半圆，故不能采用这种模具结构形式。最终确定为双楔块式弯曲模具。其工作过程大致如下。

将弯曲工件坯料放在顶件块和凹模所形成的平面上，坯料上的 ϕ8mm 孔由安装在顶件块上销定位。开启后，上模下行，凸模与顶件块将坯料压紧，并在凸模和楔块上的斜滑块的作用下弯曲，进入凹模，凸模到达下止点，完成圆弧的预弯曲。同时双楔块上的斜滑块在斜楔的作用下由两边向中间运动，当上模继续下行至下止点时，楔块使工件弯曲变形，产生校应力。滑块上行，上模回程，此时凸模不动，楔块上斜滑块随着斜楔的上升在弹簧的作用下向两边复位，凸模上升，顶件块将工件托出凹模，工件预留在凸模上，可从正面取出。

由此初步确定模具的组成主要由上模座、垫板、凸模固定板、凸模、凸模预紧弹簧等组成，下模部分由凹模、双楔块组、顶件块、弹簧等组成。

（4）进行必要的工艺计算

① 弯曲力计算。

弯曲力是指工件完成预定弯曲时需要压力机所施加的压力。弯曲力与材料品种、材料厚度、弯曲几何参数有关，同设计弯曲模所确定的凸、凹模间隙大小等因素也有关。

弯曲力 F_1 按公式计算：

$$F_1 = \frac{0.7KBt^2\sigma_b}{R+t} = \frac{0.7 \times 1.3 \times 23 \times 1^2 \times 400}{4+1} \text{N} = 1\,674.4\text{N}$$

143

式中：B——弯曲件宽度（mm）；

　　　t——弯曲件材料厚度（mm）；

　　　R——弯曲件内径（mm）；

　　　K——安全系数，一般取 1.3。

② 校正力计算。

弯曲过程中除凸模向下运动的弯曲外，还有通过楔块的斜滑块向中间弯曲圆弧，并施加校正力 F_2。

$$F_2 = qA = 30 \times 23 \times 9 \times 2\text{N} = 12\,420\text{N}$$

式中：q——单位校正力（MPa），见表7-4；

　　　A——工件被校正部分的投影面积。

冲压力　　　　$F = F_1 + F_2 = (1\,674.4 + 12\,420)\text{N} = 14\,094.4\text{N}$

表7-4	单位校正力 q 值			（单位：MPa）
材　料	材　料　厚　度　t(mm)			
	<1	1~3	3~6	6~10
铝	15~20	20~30	30~40	40~50
黄铜	20~30	30~40	40~60	60~80
10、15、20 钢	30~40	40~60	60~80	80~100
25、30 钢	40~50	50~70	70~100	100~120

③ 工件展开长度的计算。

图7-29 弯曲工件的长度主要由直线部分和圆弧部分组成。板料弯曲时，在弹性阶段中性层位于板厚的中间，圆弧部分需计算其中性层半径，中性层半径 ρ 为弯曲内半径与中性位置因数 K（查表7-5其值为0.44）和料厚之积的总和。

即　　　　　　$\rho = R + Kt = 4 + 0.44 \times 1 = 4.44(\text{mm})$

圆弧部分的长度：

$$L_{弧} = 2\pi\rho\frac{a}{360°} = 2 \times 3.14 \times 4.44 \times \frac{148°}{360°} = 11.5(\text{mm})$$

总长度为：　　　　$2 \times 11.5 + 35 - 5 \times 2 = 48(\text{mm})$

表7-5　　　　中性层位置因数 K 与 R/t 比值的关系

R/t	0.1	0.2	0.3	0.4	0.5	0.6	0.7	0.8
K	0.21	0.22	0.23	0.24	0.25	0.26	0.27	0.3
R/t	1	1.2	1.5	2	2.5	3	4	5	75
K	0.31	0.33	0.36	0.37	0.4	0.42	0.44	0.46	0.5

④ 斜楔块的计算。

双楔块在斜滑块的作用下，向中心运动，完成工件圆弧部位的弯曲变形，由于斜滑块要与凸模完成弯曲成型，因此必须首先确定凸模与凹模的间隙值和凹模的圆角半径。

间隙：其中 k 为系数。与弯曲件高度 H 与弯曲线长度 B 有关，查表7-6。

$$\frac{Z}{2} = t(1+k) = 1 \times (1+0.1) = 1.1(\text{mm})$$

确定凹模圆角半径：凹模的圆角半径选择的合理与否，关系到材料弯曲时可能导致材料表面出现擦伤或压痕。两边圆角要一致，否则弯曲时毛坯会发生偏移。凹模口圆角半径通常根据材料的厚度选取或采用查表法。由表 7-7 可得其凹模圆角 $R_{凹} = 3$ mm。

表 7-6   系数 k 值

弯曲件高度 H/mm	材 料 厚 度 t(mm)								
	<0.5	>0.5~2	>2~4	>4~5	<0.5	>0.5~2	>2~4	>4~7.5	>7.5~12
	$B \leqslant 2H$				$B > 2H$				
10	0.05	0.05	0.04	—	0.1	0.1	0.08	—	—
20	0.05	0.05	0.04	0.03	0.1	0.1	0.08	0.06	0.06
35	0.07	0.05	0.04	0.03	0.15	0.1	0.08	0.06	0.06
50	0.1	0.07	0.05	0.04	0.2	0.15	0.1	0.06	0.06
75	0.1	0.07	0.05	0.2	0.15	0.15	0.1	0.1	0.08
100	—	0.07	0.05	0.05	—	0.15	0.1	0.1	0.08
150	—	0.1	0.07	0.05	—	0.2	0.15	0.1	0.1
200	—	0.1	0.07	0.07	—	0.2	0.15	0.15	0.1

表 7-7   凹模圆角半径选用表   （单位：mm）

弯边高度 H	材料厚度 t							
	<0.5		0.5~2		2~4		4~7	
	L	R凹	L	R凹	L	R凹	L	R凹
10	6	3	10	3	10	4	—	
20	8	3	12	4	15	6	20	8
35	12	4	15	5	20	6	25	8
50	15	5	20	6	25	8	30	10
75	20	6	25	8	30	10	35	12
100	—		30	10	35	12	40	15
150			35	12	40	15	50	20
200	—		45	15	55	20	65	25

注：L 为弯曲深度。

斜滑块的移动行程，如图 7-32 所示。斜滑块的移动距离为 2.45mm。

（5）主要零、部件结构设计

① 凸模结构。

凸模下行时，要保持大于弯曲力的夹紧力，直到下止点。这时

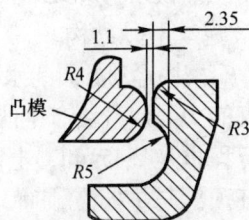

图 7-32 斜滑块移动行程

凸模与凸模固定板才开始有相对运动，两边斜楔开始推动斜滑块向中心运动，直至完成弯曲加工。

凸模进入凹模的行程，与下模顶出机构弹簧组装置的工作行程一致。顶出装置工作行程为 14mm。

而凸模在凸模固定板中的行程，应由斜楔的运动行程所确定，凸模到达下止点后斜滑块向中心运动的行程为 2.45mm。因斜楔的角度设定为 45°，滑块行程 s 与斜楔行程 s_1 的比值 $s/s_1 = \tan \alpha$。所以凸模在凸模固定板中的行程也是 2.45mm。

凸模弹簧组选择弹簧的种类要根据其工作载荷、工作行程和所允许的运动空间而确定。

凸模弹簧组预紧力应大于弯曲力（1 674.4N），行程初定为 6mm，显然行程较小而载荷较大。由此，选用弹簧应选取大工作载荷、小工作行程的碟形弹簧较适宜。现选用 ϕ50mm、厚度为 2mm、内截锥高 1.4mm 的碟形弹簧，当变形 1.05mm 时载荷为 4 770N，取 8 片则允许变形为 6.88mm，变形为 0.35mm 时，其工作载荷为 1 770N，此定为预紧状态，这时 8 片弹簧的预紧高度为 0.35mm×8=2.8mm（查模具手册——碟形弹簧的选用）。也就是在预紧状态下弹簧高度为 3.4mm×8－2.8mm=24.4mm。

凸模弹簧组在上模下行时，与下模工件顶出机构的弹簧组同时将工件夹紧。因此，下模顶出机构弹簧组的预紧力同样要大于弯曲力（1 674.4N）。载荷大，必须采用碟形弹簧，工作行程 14mm，根据其行程特点，其碟簧选取规格与凸模弹簧组一样，采用 40 片组成，则最大允许变形量 1.05mm×40=42mm，预紧力与凸模弹簧组一致 1 770N，每片变形量为 0.35mm，总变形量为 0.35mm×40=14mm。预紧状态下弹簧高度为 3.4mm×40－14mm=122mm。

上模到达下止点，下模顶出弹簧组则从初始位置要下降 14mm，加上弹簧组的预紧变形量 14mm，总变形量为 28mm。平均每片碟簧的变形量为 28/40=0.7mm，查得变形在 0.63mm 时负荷为 3 240N；在 0.74mm 时负荷为 3 530N，用插值法可算出变形在 0.7mm 时负荷为 3 364N。

凸模弹簧组每片弹簧的变形量与下模顶出弹簧组的弹簧相同，受力也相同，此时凸模弹簧组的总变形量应为 0.7mm×8=5.6mm，而预紧变形量为 2.8mm，实际上凸模在凸模固定板中的相对移动量为 2.8mm。

凸模设计时的上部碟簧导向部位的高度，应是弹簧压缩后的高度，即 3.4mm×8－0.7mm×8=21.6mm，凸模肩台部位外径与碟簧外径相同为 ϕ50mm。

弯曲工件未标注尺寸公差按 IT14 选取：$36^0_{-0.62}$mm。

弯曲模凸、凹模的间隙是这样确定的：弯曲 V 形工件时，凸、凹模间隙是靠调整压力机闭合高度来控制的，不需要在模具结构上确定间隙；弯曲 U 形件时，则要选择适当的间隙。图 7-29 弯曲工件圆弧弯曲的凹模实际上是由斜滑块在斜楔的作用下完成的。

凸模结构形式如图 7-33 所示。

② 楔块结构。

楔块运动方向为水平运动，斜楔的斜面角一般为 40°～50°，在此取 45°。则压力机施加斜楔的力与斜滑块产生的压力相等。由上述分析可知，斜滑块与斜楔的行程相等，滑块的有效行程也是 2.45mm。上模下行，当凸模与上模垫板相距 2.45mm 时，滑块开始工作；凸模导向杆顶部与垫板接触时，斜滑块到达工作行程，并具有校正力。

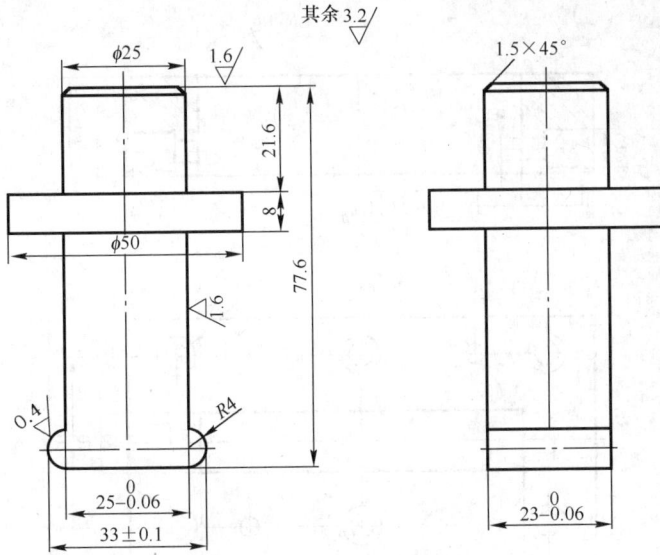

图 7-33 凸模

斜楔结构 斜楔的长度应为凸模长度加上滑块运动的行程，宽度为凸模宽度。斜楔与凸模固定板配合用 H7/k6，并用螺栓固定在垫板上，如图 7-34 所示。

斜滑块结构 斜滑块的斜面与底面是滑动工作面，宽度与凸模一样，其圆弧部分为弯曲凹模工作部位，斜滑块后部装有复位的弹簧机构。

根据工作位置、空间，弹簧选用外径为 16mm，弹簧钢丝直径 1.6mm，最大工作载荷为 79.6N，单圈最大变形量为 5.075mm，有效圈数为 3，最大变形量为 5.075×3=15.23mm，预紧量为 8mm。斜滑块如图 7-35 所示。

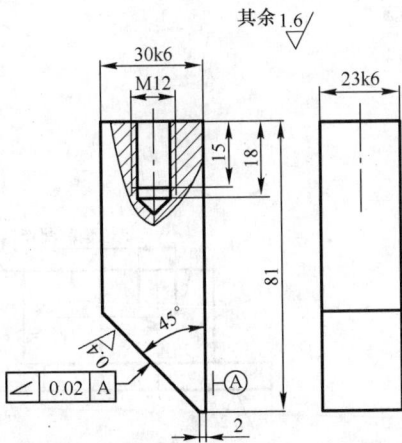

图 7-34 斜楔

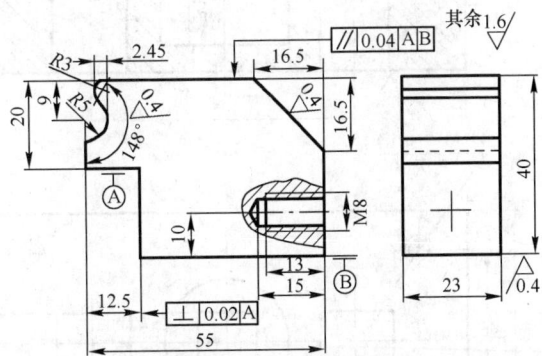

图 7-35 斜滑块

③ 凹模结构。

双斜滑块与凹模组合成弯曲凹模，凹模用螺钉与下模连接，厚度取斜滑块厚度加上材料厚度。凹模设计如图 7-36 所示。

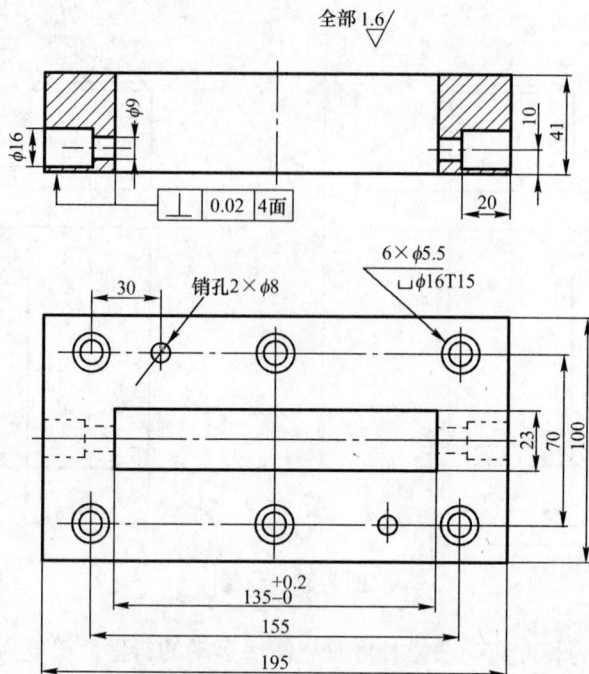

图 7-36 凹模

④ 凸模固定板。

凸模及凸模弹簧组与凸模固定板配合安装在一起，凸模弹簧组在凸模固定板的滑动内孔深度应加上其压缩弹性量，内孔直径与碟簧外径相当。固定板与斜楔的配合采用 H7/k6 过渡配合。如图 7-37 所示。

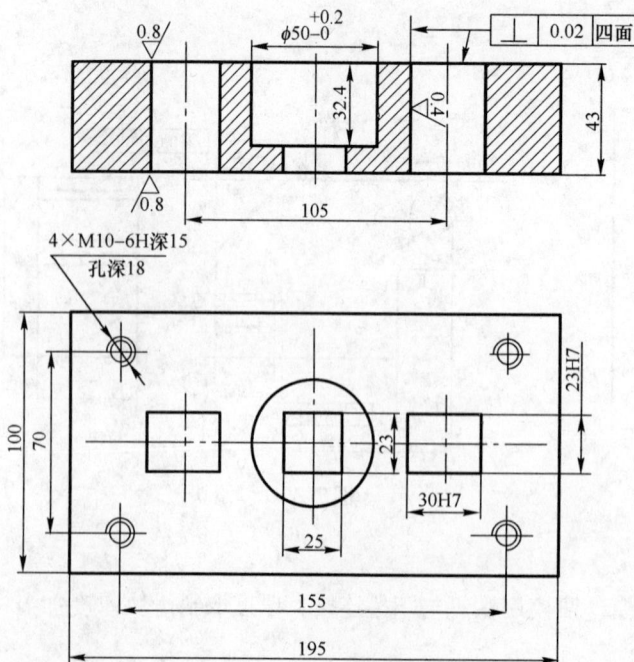

图 7-37　凸模固定板

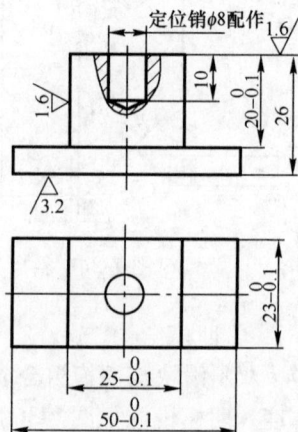

图 7-38　顶件块

148

⑤ 顶出机构。

顶出机构由顶件块、顶出杆、碟形弹簧、螺杆、挡圈组成。顶出机构与凸模弹簧组通过对工件的定位、预紧、弯曲，在上模回程时，将工件从凹模中顶出。

顶件块的设计需与双斜滑块组合配作。定位销孔与圆柱销过盈配合配作，圆柱销长度为定位孔深加 1mm。如图 7-38 所示。

(6) 其他零、部件结构

① 上模板。上模板外围尺寸与凸模固定板一样，厚度为 30mm，即 195mm×100mm×30mm。上模与凸模固定板、垫板、斜楔块用螺钉连接。

② 下模板。下模板尺寸：275mm×170mm×30mm。凹模与下模板用螺钉连接。

③ 垫板。垫板尺寸：175mm×70mm×12mm。

(7) 模具闭合高度

模具闭合高度=30＋12＋43＋10＋41＋30=166（mm）

(8) 选择压力机

根据模具设计计算结果，选用开式双柱可倾压力机 J23-16。其主要参数如下。

公称压力：160kN

最大闭合高度：220mm

最大装模高度：180mm

连杆调节量：45mm

工作台尺寸：300mm×450mm

模柄孔尺寸：ϕ40mm×60mm

最大倾斜角度：35°

(9) 模具装配图

根据模具各零、部件的结构设计分析，绘制模具装配图。如图 7-39 所示。零件材料明细表见表 7-8。

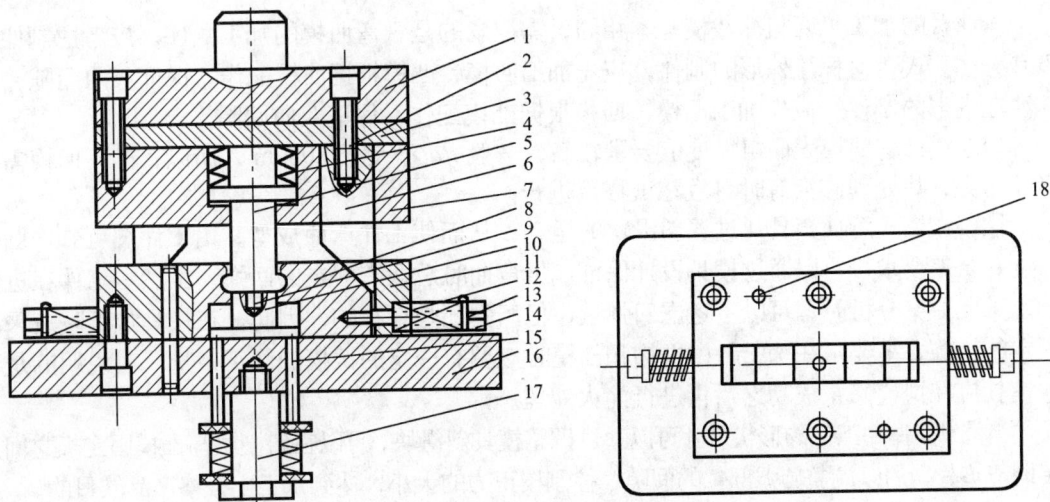

图 7-39　弯曲模装配图

技术要求：1. 凸模的工作部分与固定板的配合间隙不大于 0.06mm。
　　　　　2. 双斜楔与凸模固定板采用 H7/k6 的过渡配合。

表 7-8　　　　　　　　　　　零件明细表

序号	名　称	规　格 (mm)	数量	材　料	热处理
1	上模板	$195 \times 100 \times 30$	1	45 钢	
2	内六角螺钉	M10×45	12		
3	垫板	$195 \times 100 \times 30$	1	45 钢	40～50HRC
4	碟簧				
5	凸模		1	T10A	56～60HRC
6	斜楔块	30×23	2	45 钢	斜面 40～50HRC
7	凸模固定板	$195 \times 100 \times 30$	1	45 钢	
8	斜滑块		2	T10A	58～62HRC
9	定位销	$\phi 8 \times 11$	1	45 钢	40～50HRC
10	顶件块		1	45 钢	
11	凹模	$195 \times 100 \times 30$	1	45 钢	40～50HRC
12	圆柱弹簧				
13	挡圈	按弹簧配置			
14	螺栓	M10×30	2		
15	推杆	$\phi 20 \times 60$	4	45 钢	40～50HRC
16	下模板	$275 \times 170 \times 30$	1	45 钢	
17	顶出螺杆	M14×170	1		
18	圆柱销	$\phi 8 \times 60$	2	45 钢	40～50HRC

2. 弯曲模具的加工

弯曲模的加工工艺与冲裁模基本相同，需注意的是，弯曲模的加工顺序，应考虑制件的尺寸标注形式。对标注外形的制件，应先加工凹模，凸模根据凹模配作，保证双向间隙；对标注在内形的制件，应先加工凸模，凹模根据凸模配作，保证双向间隙。

弯曲模凸、凹模表面粗糙度值要求较高，一般 Ra 不大于 0.08μm，所以，凸、凹模需精磨及抛光，热处理淬火有时可放在试模后进行。

该斜楔块式弯曲模具通过双斜滑块的运动，从而使工件弯曲成型。由工件图可知，圆弧高度有公差要求，可以通过模具设计保证，但弯曲时总会有一定的回弹。虽然本工件在进行确定工艺方案分析时，可以不考虑回弹量，但回弹还是存在的，因此，在模具加工时应采取一定的措施，主要是在加工斜楔机构和凸模时应留有一定的试模的修正余量，需说明的是，本模具应在试模修正成功之后再进行淬火处理。

当然，回弹和工件的形状尺寸可以通过调整模具斜滑块，可以在斜楔块与凸模固定板之间加装调节垫片，用以调整圆弧部位的间隙，控制校正力的大小，达到加工出合格产品的目的。

在这套弯曲模具中，需要配作加工的有凸模、凸模固定板、斜楔、斜滑块、凹模。

（1）凸模加工

凸模的精加工主要集中在凸模的工作部分及圆弧，为了保证凸模圆弧的对称，应加工一半形工作样板，以便加工检测。半形样板如图 7-40 所示。凸模的加工步骤如图 7-41 所示。

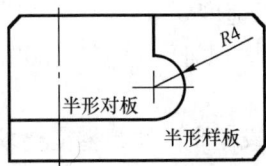

图 7-40 凸模圆弧加工半形样板

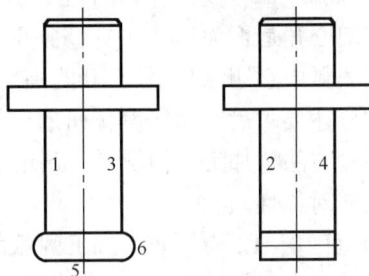

图 7-41 凸模精加工

① 去除机加工时的毛刺。

② 以凸模圆柱部分为基准（圆柱部分机加工后不需钳工加工）精加工平面 1，并保证与台肩部分垂直。

③ 以平面 1 为基准，精加工平面 2，并保证与平面 1 垂直。

④ 以平面 1、2 为基准，精加工平面 3，保证尺寸 $25_{-0.06}^{0}$ mm（见图 7-33），并与平面 2 垂直。

⑤ 以平面 1、2 为基准，精加工平面 4，保证尺寸 $23_{-0.06}^{0}$ mm（见图 7-33），并与平面 1、3 垂直。

⑥ 以平面 1、2、3、4 为基准，精加工平面 5，并与平面 2、4 垂直。保证凸模长度尺寸。

⑦ 以平面 5、1 为基准，精加工圆弧 7，并用半形样板（见图 7-40）检测，修整。检查无光隙即可。

⑧ 以平面 5、3 为基准，同样方法精加工另一对应圆弧达要求。

（2）斜楔、斜滑块加工

加工斜面时可用角度规检测，在加工斜滑块的圆弧面部分之前，可先参照图 7-40 凸模圆弧样板加工一个半形圆弧弯曲样板，以便检测时用。斜楔、斜滑块加工步骤如图 7-42 所示。

① 去除机加工的毛刺。

② 以平面 1 为基准，精加工平面 2，并与平面 1 垂直。

③ 以平面 2 为基准，精加工平面 3，并与平面 1、2 垂直。

④ 以平面 3、2 为基准，精加工平面 4，保证精度 30k6（见图 7-34），并与平面 3 垂直。

⑤ 以平面 2、3、4 为基准，精加工平面 5，保证精度 23k6（见图 7-34），并与平面 4 垂直。

⑥ 以平面 4 为基准，加工斜面 6，用角度规检测，保证与平面 4 的倾斜度不大于 0.02mm，并与平面 3、5 垂直。

⑦ 以平面 12 为基准，精加工斜滑块上的斜面，用角度规检测，与斜面 6 配合研磨或抛光。达粗糙度要求。

⑧ 以斜滑块的大平面为基准，精加工平面 7，并与大平面垂直。研磨或抛光平面 7，达粗糙度要求。

151

⑨ 以平面 7 为基准，精加工平面 8，并保证与平面 7 及斜滑块大平面垂直。保证斜滑块宽度尺寸 55mm。

⑩ 以平面 8、12 为基准，精加工平面 10、弧面 11，用 R 规检测弧面 11，同时用万能角度尺检测其圆心角是否为148°，并修整平面10，达角度要求。将斜滑块立起靠在方箱上，用百分表检测圆弧中心切点与平面 10 的高度是否为 2.45mm，用弯曲圆弧面样板检测斜滑块的凹模弯曲部分达要求后，用研磨棒研磨或抛光弧面 11，达粗糙度要求。

上述同样方法精加工、检测另一斜滑块的凹模弯曲部分，保证两对应斜滑块的凹模弯曲部分的一致与对称性。

⑪ 以平面 10、12 为基准，加工圆弧面 9，并要求研磨或抛光，达粗糙度要求。

（3）凸模固定板的精加工

凸模固定板的外缘尺寸机加工后不需钳工加工，需要钳工精加工的主要是与凸模、斜楔配合的孔，加工步骤如图 7-43 所示。

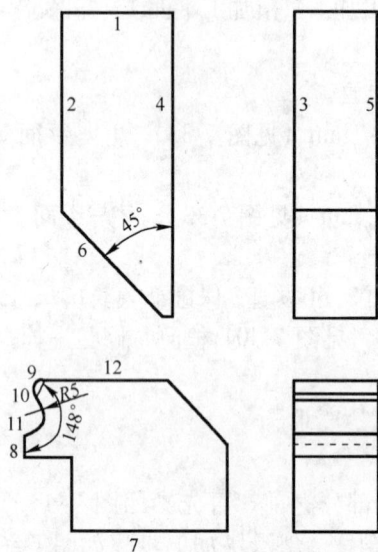

图 7-42 斜楔、斜滑块精加工

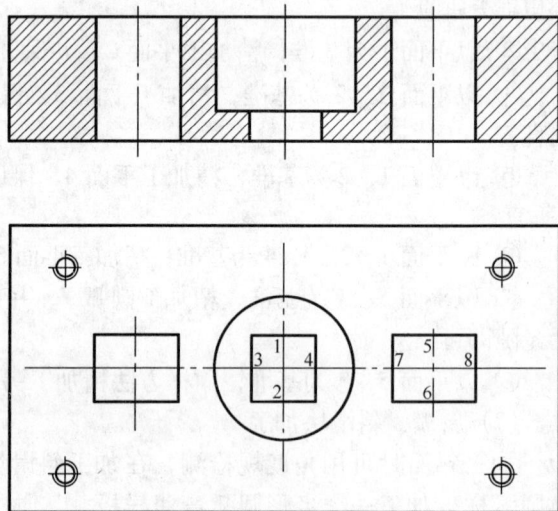

图 7-43 凸模固定板的加工

① 去除机加工时的毛刺。

② 以加工好的外缘平面为基准，精加工平面 1，并保证与大平面垂直。

③ 以平面 1 为基准，精加工平面 2，并保证其尺寸。

④ 以平面 1、2 为基准，精加工平面 3，达要求。

⑤ 以平面 3 为基准，精加工平面 4，并保证其尺寸。

⑥ 用凸模工作部分配作，保证间隙不大于 0.06mm。

⑦ 以上述同样方法，精加工平面 5、6、7、8 按图 5-37 所标注尺寸达要求。

⑧ 用斜楔配作无间隙配合，配作时可用铜棒轻轻敲击。相同方法配作另一对称方孔。

（4）凹模的加工

工件的弯曲成型是通过双斜滑块与凹模的组合在上模的作用下完成的，因此，双斜滑块与凹模的配合加工是凹模精加工的重点，凹模内形的加工方法与凸模固定板内孔的加工方法相同（同上），在保证尺寸的情况下，保证双斜滑块与凹模的配合间隙不大于 0.1mm。研磨或抛光凹模内壁达粗糙度要求。

7.2.2 弯曲模技能训练

1. 实训课题材料

件号	名称	毛坯规格（mm）	数量	件号	名称	规格（mm）	数量
1	冲头柄	$\phi50\times68$	1	6	顶杆	$\phi18\times22$	1
2	销钉	$\phi8\times40$	1	7	凹模	$82\times58\times32$	1
3	凸模	$71\times28\times18$	1	8	弹簧	外径$\phi10$、钢丝直径 $\phi1$、高度15	1
4	挡料销	$\phi6\times20$	1	9	螺钉	$M10\times35$	4
5	圆柱销	$\phi8\times50$	2	10	下模板	$122\times58\times27$	1

2. 实训工件图

（1）弯曲模装配图（见图 7-44）。

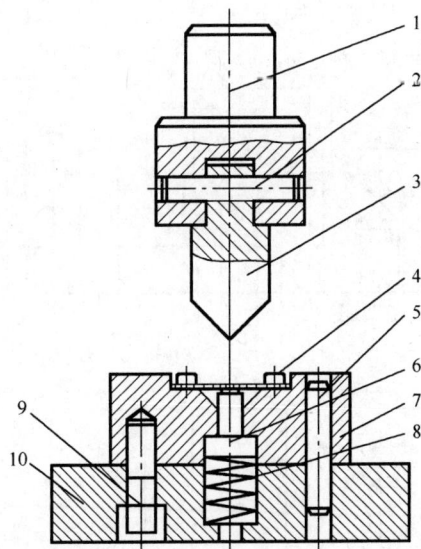

图 7-44 装配图

（2）零件图

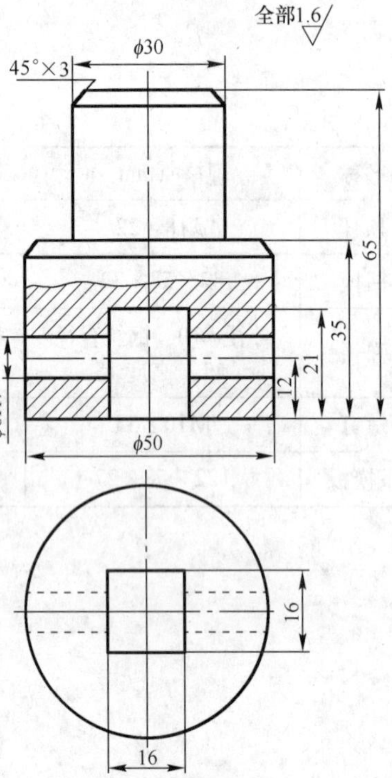

图 7-45　冲头柄
（材料：45 钢，销孔与凸模销孔配钻、
铰，并与冲头柄组装）

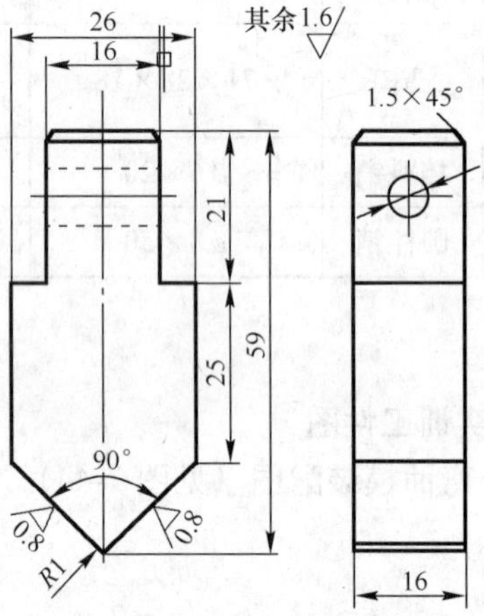

图 7-46　凸模
（材料：45 钢，销孔与冲头柄配钻、配铰）

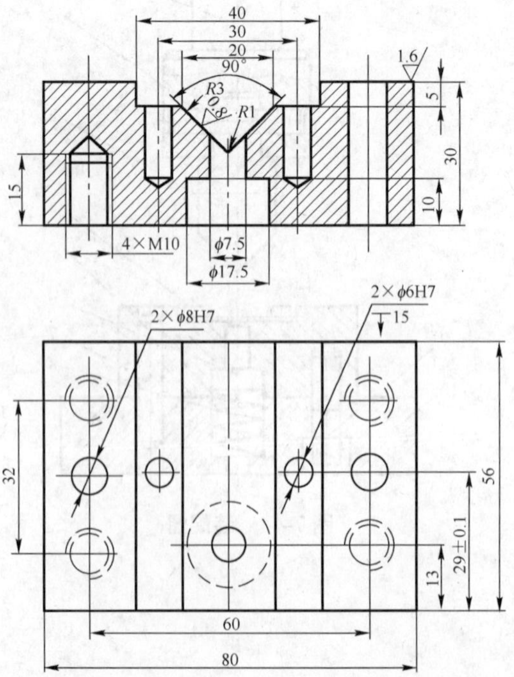

图 7-47　凹模（材料：45 钢　孔、销孔与下模板配钻、配铰）

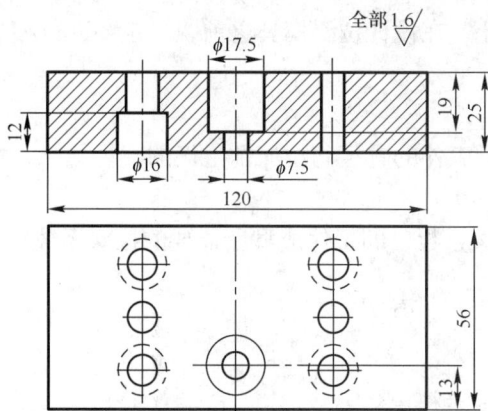

图 7-48 下模座（材料：45 钢）

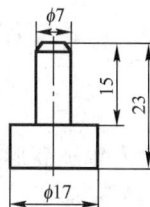

图 7-49 顶杆（材料：Q235）

3. 单角弯曲模加工与装配工艺程序

① 冲头柄内四方可用电火花电解加工完成。

② 销孔、挡料销孔配钻、配铰，装配时压入。

③ 模具装配顺序如下。

a. 挡料销 4 与凹模 7 装配。

b. 顶杆 6 与凹模 7 装配。

c. 弹簧 8 与下模座 10 装配。

d. 凹模 7 与下模座 10 装配，先装配销钉 5，再用螺钉 9 固定。

e. 凸模 3 与冲头柄 1 用销钉 2 装配，凸模的装配顺序在凹模前后进行都可以。

7.3 拉 深 模

7.3.1 拉深模基础知识

拉深是通过压力机械把预先计算好的材料经拉深模冲压制成各种空心零件的工序。在冲压生产中拉深是一种广泛使用的工序，用拉深工序可得到的制件主要有以下三种类型。

旋转体零件：如压缩机外壳、保温杯等。

方形零件：如饭盒、电容器外壳、汽车油箱等。

复杂形状零件：如汽车覆盖件等。

1. 拉深模的设计与加工

（1）拉深模设计

① 工件图。

如图 7-50 所示为工件图。材料为 10 钢，厚度 $t=2\text{mm}$。

② 工件的工艺分析。

由工件图可知，为有凸缘圆筒形工件，要求外形尺寸有公差。工件没有厚度不变的要求，工件的形状适合拉深工艺，可以设计拉深模具进行加工。

根据拉深特点可知，拉深时材料的变形很大，拉深容

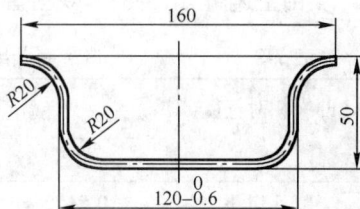

图 7-50 圆盘形工件

易发生起皱、拉裂而使拉深工艺失败。因此，在设计拉深模具之前，一定要进行相关的拉深工艺分析、计算等。

a. 拉深系数与拉深次数。

对于旋转类工件，拉深系数是指拉深后工件的直径与拉深前毛坯的直径之比。拉深系数用 m 表示。

工件直径 d 与毛坯直径 D 之比为总拉深系数，即工件成型所需要的拉深系数。

$$m_{总} = \frac{d_n}{D} = m_1 \cdot m_2 \cdots \cdots m_n$$

工件为非圆筒形件，则总的拉深系数

$$m_{总} = \frac{工件周长}{毛坯周长}$$

确定工件的总的拉深系数，再根据材料的相对厚度、相对高度，查验材料的极限拉深系数表，最终确定是否能够一次拉深，或者要多次拉深。

实际上，由于工件的几何形状不同，拉深变形过程就会呈现不同的特点，则极限拉深系数也不同。如有凸缘的筒形件与无凸缘的筒形件、圆筒形工件与矩形工件，其极限拉深系数是不同的。

本工件为有凸缘圆筒形工件，要确定总的拉深系数，由上述公式可知，先应计算出工件的毛坯直径 D。

根据计算公式　$D = \sqrt{d_{凸}^2 + 4dh - 3.44rd}$

其中　　　$d_{凸} = 160 + 2\Delta h = (160 + 9)\text{mm} = 169\text{mm}$

$$h = (50 - 2)\text{mm} = 48\text{mm}$$

$$d = (120 - 2)\text{mm} = 118\text{mm}$$

$$r = 20\text{mm}$$

则　　　$D = \sqrt{169^2 + 4 \times 118 \times 48 - 3.44 \times 20 \times 118}\text{mm} = 207.6\text{mm}$

工件总的拉深系数 $m_{总} = d/D = 118\text{mm}/207.6\text{mm} = 0.57$

由毛坯的相对厚度 $t/D = 2/202.5 = 0.0098$，工件总的相对拉深高度 $H/d = 48\text{mm}/118\text{mm} = 0.41$，凸缘相对直径比 $d_{凸}/d = 169\text{mm}/118\text{mm} = 1.43$，查表 7-9 得，有凸缘圆筒形件第一次拉深的最小拉深系数 $m_1 = 0.50$，由表 7-10 查得有凸缘圆筒形件的第一次拉深的最大相对高度 $H_1/d_1 = 0.6$。

当要确定有凸缘工件是否能一次拉深出来时，要将工件总的相对高度 H/d、总的拉深系数 $m_{总}$ 与表 7-10 中第一次拉深时最大的相对高度 H_1/d_1、表 7-9 中第一次拉深的极限拉深系数 m_1 比较，如 $m_{总} \geq m_1$、$H/d \leq H_1/d_1$，则可以一次拉成，否则应安排多次拉深。

由上述可知，图 7-50 圆盘形工件的拉深可一次完成。

表 7-9　　　　　　　　有凸缘圆筒件第一次拉深时的最小拉深系数

凸缘相对直径 $d_{凸}/d_1$	毛坯相对厚度 $(t/D \times 100\%)$				
	$2 \sim 1.5$	$1.5 \sim 1.0$	$1.0 \sim 0.6$	$0.6 \sim 0.3$	$0.3 \sim 0.1$
1. 1以下	0.51	0.53	0.55	0.57	0.59
1. 3	0.49	0.51	0.53	0.54	0.55

续表

凸缘相对直径 $d_凸/d_1$	毛坯相对厚度 ($t/D×100\%$)				
	2~1.5	1.5~1.0	1.0~0.6	0.6~0.3	0.3~0.1
1.5	0.47	0.49	0.50	0.51	0.52
1.8	0.45	0.46	0.47	0.48	0.48
2.0	0.42	0.43	0.44	0.45	0.45
2.2	0.40	0.41	0.42	0.42	0.42
2.5	0.37	0.38	0.38	0.38	0.38
2.8	0.34	0.35	0.35	0.35	0.35
3.0	0.32	0.33	0.33	0.33	0.33

表 7-10　　　　　　　有凸缘圆筒件第一次拉深的最大相对高度 H_1/d_1

凸缘相对直径 $d_凸/d_1$	毛坯相对厚度 ($t/D×100\%$)				
	2~1.5	1.5~1.0	1.0~0.6	0.6~0.3	0.3~0.1
1.1以下	0.90~0.75	0.82~0.65	0.70~0.57	0.62~0.50	0.52~0.45
1.3	0.80~0.65	0.72~0.56	0.60~0.50	0.53~0.45	0.47~0.40
1.5	0.70~0.58	0.63~0.50	0.53~0.45	0.48~0.40	0.42~0.35
1.8	0.58~0.48	0.53~0.42	0.44~0.37	0.39~0.34	0.35~0.29
2.0	0.51~0.42	0.46~0.36	0.38~0.32	0.34~0.29	0.30~0.25
2.2	0.45~0.35	0.40~0.31	0.33~0.27	0.29~0.25	0.26~0.22
2.5	0.35~0.28	0.32~0.25	0.27~0.22	0.23~0.20	0.21~0.17
2.8	0.27~0.22	0.24~0.19	0.21~0.17	0.18~0.15	0.16~0.13
3.0	0.22~0.18	0.20~0.16	0.17~0.14	0.15~0.12	0.13~0.10

注：表中数值适用于 10 钢，对于比 10 钢塑性大的金属取接近于大的数值，对于塑性较小的金属，取接近于小的数值。

　　b．拉深模的圆角半径。

　　拉深模的凸、凹模的圆角半径取大些，会降低材料的弯曲拉应力和拉深力，工件不易拉裂，其极限拉深系数也会取小些。在不起皱的前提下，凸、凹模圆角半径愈大愈好；圆角半径也不能过小，凹模圆角半径不能小于材料厚度的 2 倍，凸模圆角半径不能小于材料厚度，如工件内圆角半径要求小于材料厚度，则需要有整形工序来完成。

　　以上是在工件经过多次拉深或无凸缘圆筒形工件拉深时凸、凹模的圆角半径的确定，如只需一次拉深或有凸缘圆筒形工件一次拉深，则凸、凹模圆角半径应是工件的内角半径。

　　本工件是一次拉成，凸、凹模圆角半径为工件的内角半径，且符合圆角半径设计要求，具有良好的拉深工艺性。

c．修边余量 Δh 。

由于金属流动条件和材料的各向异性，毛坯拉深后，工件边缘并不齐。拉深后都要修边，因此在计算毛坯的尺寸时，还要把工件的修边余量计入到毛坯尺寸计算中。本工件的修边余量可以查验相关数据，即 $\Delta h = 4.5\text{mm}$ 。

③ 确定工艺方案。

本工件要先落料，制成 $D = 207.6\text{mm}$ 的圆形坯料，再以此坯料为毛坯进行拉深，达到图样要求的外形尺寸要求，最后进行高度为 50mm 的修边。

④ 进行必要的计算。

a．计算压边力、拉深力。

压边力 $F_{边}$ 计算。根据计算公式可得

$$F_{边} = \frac{\pi}{4}\Big[D^2 - \big(d_1 + 2r_{凹}\big)^2\Big]p$$

$$= \frac{\pi}{4}\Big[207.6^2 - \big(118 + 2 \times 20\big)\text{mm}^2\Big] \times 3\text{MPa} = 42\,705\text{N}$$

式中： D ——平板毛坯直径（mm）；

d_1 、 $\cdots d_n$ ——第 1、 $\cdots n$ 次的拉深直径（mm）；

$r_{凹}$ ——拉深凹模圆角半径（mm）；

p ——单位压边力（MPa），其值查相关手册，在此取 3MPa 。

计算拉深力 F 。根据公式可得

$$F = K\pi dt\sigma_b$$

$$= \big(0.93 \times 3.14 \times 118 \times 2 \times 440\big)\text{N} = 303\,233\text{N}$$

式中： d ——拉深件的直径（mm）；

t ——材料厚度（mm）；

σ_b ——材料的抗拉强度（MPa）；

K ——修正系数，其值查相关手册，取 0.93 。

b．压力机吨位的选择。

压力机吨位可按式

$$F_{压} \geqslant 1.4 \times \big(F + F_{边}\big)$$

得 $F_{压}$ 须大于等于 484 313N 。

c．模具工作部分的尺寸计算。

拉深模间隙 Z 拉深模的间隙对工件的拉深质量具有重要影响。间隙过小，工件质量好，但拉深力加大，工件易拉断、模具磨损严重；间隙过大，工件易起皱、变厚、边线不齐、回弹，质量难保证。

因此，拉深模间隙的取值除考虑工件的公差外，应稍比毛坯厚度略大一点。其间隙值可参考相关手册，在此取（单边间隙）：

$$Z/2 = 1.1t = 1.1 \times 2\text{mm} = 2.2\text{mm}$$

则拉深模双边间隙 $Z = 2.2\text{mm} \times 2 = 4.4\text{mm}$

凸、凹模工作部分的尺寸与公差 本工件为一次拉深，工件要求的是外形尺寸，因此，设计时应以凹模为基准，其计算如下。

根据公式：

$$D_{凹} = \left(d_{max} - 0.75\Delta\right)_0^{+\delta_p} = \left(120 - 0.75 \times 0.6\right)_0^{+0.063}\,mm = 119.55_0^{+0.063}\,mm$$

$$D_{凸} = \left(d_{max} - 0.75\Delta - Z\right)_{-\delta_p}^0 = \left(120 - 0.75 \times 0.6 - 4.4\right)_{-0.063}^0\,mm = 115.15_{-0.063}^0\,mm$$

式中：d_{max}——工件的外形公称尺寸；

Δ——工件的公差；

δ_p——凸、凹模的制造公差。本工件的公差为 IT13 级，则凸、凹模的制造公差取 IT8 级。

⑤ 主要零、部件结构设计。

a．凸模结构。

本模具采用倒装式，凸模为圆柱形，台阶式底面与凸模固定板一起固定在下模座上，凸模长度为凸模固定板、拉深深度、压边圈厚度之和。

拉深模凸模设计必须有通气孔，这是因为拉深工件时，由于空气压力作用或润滑油的粘性等因素，工件会吸附在凸模上，所以应在凸模上钻出通气孔，使工件顺利脱模。通气孔的设计大小可根据凸模大小而定：凸模直径小于50mm 时，通气孔直径为 5mm；凸模直径为 50～100mm，通气孔径应为 6.5mm；凸模直径为 100～200mm，通气孔径为 8mm；凸模直径为 200mm 以上时，通气孔径为 9.5mm。

本模具凸模的通气孔设计为 8mm。如图 7-51 所示。

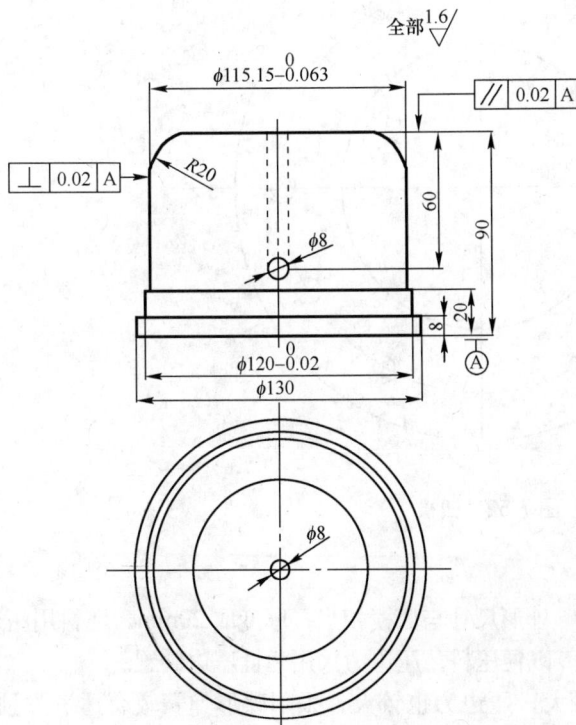

图 7-51 凸模

b．凹模结构。

凹模外径要大于工件毛坯直径，高度为拉深高度与打杆机构之和。

工件拉深后，由打杆推出工件，打杆机构由打杆、打杆板、弹簧组成，并与凹模和垫板固定在上模座上。打杆机构弹簧装置的设计应根据其空间较小选配合适的弹簧。

选用压缩弹簧外径为 40mm，钢丝直径为 4mm，最大工作载荷为 404N，单圈最大变形量为 10.3mm，有效圈数为 5 圈，最大变形量为 5×10.3mm=51.5mm，自由高度为 71mm。

打板外径比凹模内腔稍小，为 $\phi115$mm，厚度为 10mm，与打杆用 M16 螺纹连接。T 形打杆直径为 $\phi30$mm，头部直径与弹簧外径相当。凹模与打杆如图 7-52、图 7-53 所示。

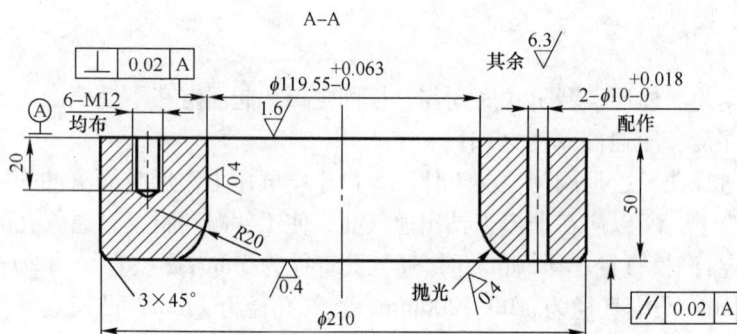

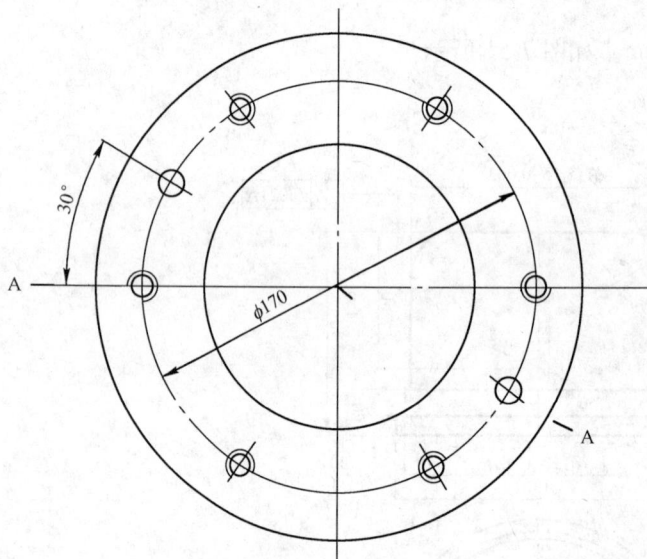

图 7-52 凹模

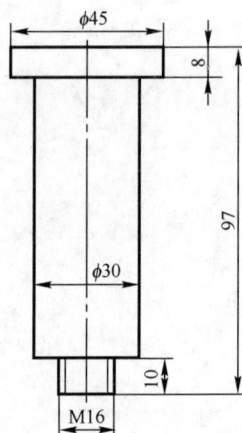

图 7-53 打杆

c．压边圈结构。

压边圈采用平面式，外形尺寸与凹模相当，厚度取 20mm，坯料用压边圈的凹槽进行定位，凹槽深度小于坯料厚度，以便压料，压边力采用弹性压边装置。

因压边装置行程较大，压边力也较大，采用碟形弹簧较合适。弹顶器预紧力与压边力相当，根据要求选用外径为 45mm，按工作负荷 5 020N 时每片变形量为 0.5mm，则总的变形量为 0.5mm×10=50mm，采用 10 片组成弹簧组。导向杆直径为 22mm。

压边圈用螺钉与下模连接，其运动过程：当上模下行时，弹性压边装置的导向杆顶住压边圈，压边圈与凹模口压住坯料，上模继续下行，到达下止点时，完成拉深过程；上模回程时，弹性压边装置的弹顶器恢复变形，导向杆顶起压边圈。压边圈见图7-54。

d．凸模固定板结构。

凸模固定板的外径与压边圈外径一样，厚度取20mm，与凸模的安装采用无间隙配合，用M12螺钉将凸模固定在下模座上。凸模固定板上的φ23孔为导杆通孔，φ16为压边圈螺钉的螺杆通孔。如图7-55所示。

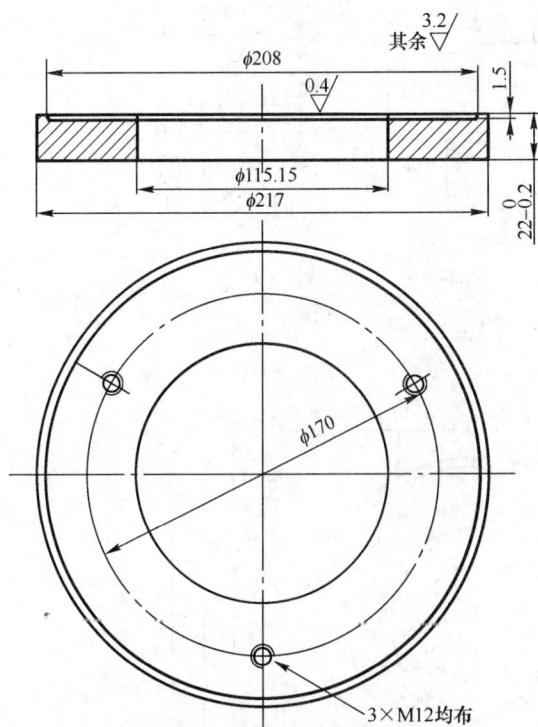

图7-54　压边圈

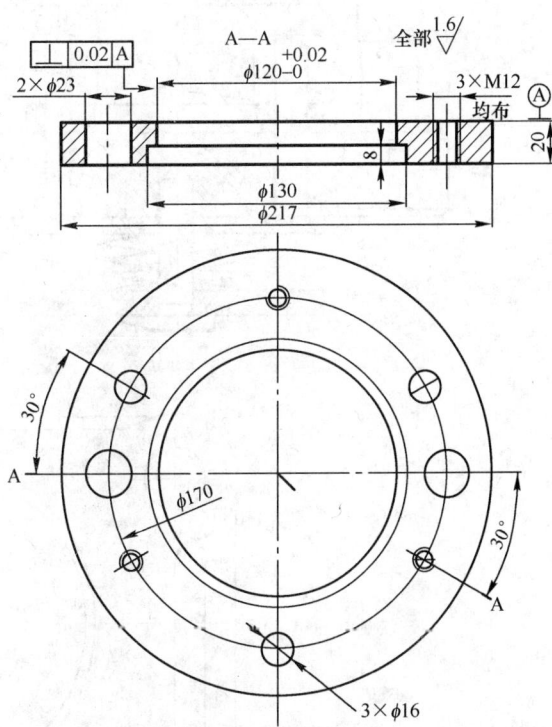

图7-55　凸模固定板

⑥ 其他零、部件结构。

a．模架的选用。本套模具可选用标准后座模架。

b．垫板。垫板与凹模用螺钉和上模座连接，其尺寸为φ210mm×20mm。

c．中垫板。中垫板的尺寸为φ210mm×31mm。

⑦ 模具闭合高度。

模具闭合高度：65＋20＋31＋2＋90＋65＝273（mm）

⑧ 选择压力机。

根据模具设计计算结果，选用四柱压力机。

⑨ 模具装配图。

根据模具各零、部件的结构设计分析，绘制模具装配图。如图7-56所示。零件材料明细表见表7-11。

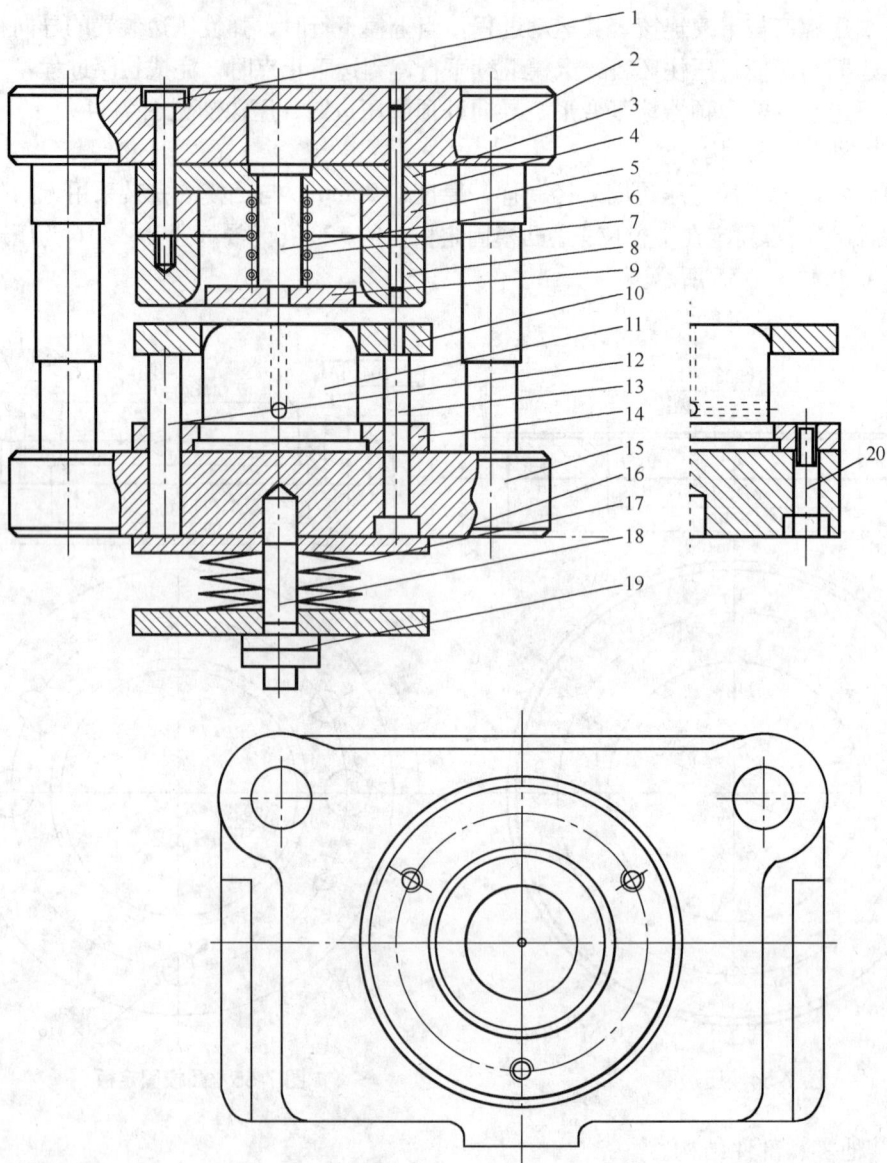

图 7-56 装配图

表 7-11   零件明细表

序号	名　称	规　格（mm）	数量	材料	热处理
1	螺栓	M12×110	6		
2	上模板	400×250×55	1	HT200	
3	垫板	ϕ210×20	1	45 钢	40～50HRC
4	定位销	ϕ10×110	2	45 钢	40～50HRC
5	中垫板	ϕ210×31	1	45 钢	
6	打杆		1	45 钢	40～50HRC
7	圆柱弹簧				

序号	名　称	规　格 (mm)	数量	材料	热处理
8	凹模	$\phi 210 \times 50$	1	T8A	56～60HRC
9	打板	$\phi 115 \times 10$	1	45 钢	40～50HRC
10	压边圈	$\phi 217 \times 22$	1	45 钢	40～50HRC
11	凸模	$\phi 130 \times 90$	1	T8A	56～60HRC
12	导向杆	$\phi 22 \times 138$	2	45 钢	40～50HRC
13	内六角螺杆	$\phi 16 \times 160$ （M12 螺纹）	3		
14	凸模固定板	$\phi 217 \times 20$	1	45 钢	
15	下模座	$400 \times 250 \times 70$	1	HT200	
16	弹簧压板	$\phi 217 \times 16$	1	45 钢	40～50HRC
17	碟簧				
18	螺杆	M16×120	1	45 钢	40～50HRC
19	螺母		2		
20	螺杆	M12×70	3		

（2）拉深模具的加工

该模具是典型的一次拉深模具，圆形毛坯放在有凹槽的压边圈上，上模下行，压住坯料并拉深成型。由此可知，压边圈和凹模必须有很小的表面粗糙度值，以使坯料顺利拉深成型，获得较高的质量要求，稍高的表面粗糙度值反而对凸模的拉深有利，这要求在拉深模具的加工过程中，可以区别对待不同的模具部件的加工要求，从而保证模具质量。

这套模具的孔加工，可以将上模部分与下模部分分开加工。上模部分的螺纹连接孔，应是凹模、中垫板、垫板、上模座一起配合钻孔，然后再将凹模攻螺纹，其他的连接部件再扩孔；上模部分的销孔，应一起配钻、铰。相同方法加工下模部分的螺纹连接孔。

这里需要钳工精加工部件主要有：凸模 11、凸模固定板 14、压边圈 10、凹模 8。

一般来说，模具这些部件的精加工顺序，不是按部件的序号，而是以有利于配合加工为原则的。

① 凸模加工步骤见图 7-57。

a．去除机加工产生的毛刺。

b．以平面 1 为基准，精加工平面 2，并保证与平面 1 的平行度误差不大于 0.02mm。

c．以平面 2 为基准，精加工圆周面 3、4，保证直径公差，并保证与平面 2 的垂直度误差不大于 0.02mm。

d．以平面 2、圆周面 3 为基准，按半径规精加工弧面 5。

e．在中心钻 $\phi 8$mm 排气孔。

② 凸模固定板加工步骤见图 7-58。

a．去除机加工时产生的毛刺。

b．精加工平面 1、2，并互相平行。

c．以平面 1、2 为基准，精加工内圆周面 3，留少量余量，按凸模配加工，保证与凸模的无间隙配合（这是在凸模热处理后进行的）。

在配合时，可用铜棒轻轻敲击，对预留凸模固定板内孔壁"多肉"处，应进行修整，直至达到配合要求。

③ 压边圈的加工，如图 7-54 所示。

a．去掉平磨时产生的毛刺。

b．以压边圈大平面为基准，精加工内孔圆周面。

c．按图 7-57 凸模与压边圈内孔配研，精修多余表面痕迹，保证与凸模的过渡配合。

d．送交热处理。

e．精研压边圈内凹槽平面，达粗糙度要求。

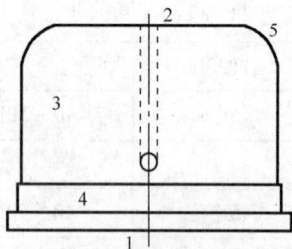

图 7-57　凸模加工

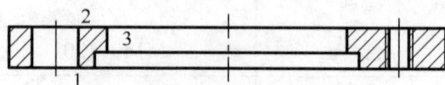

图 7-58　凸模固定板加工

④ 凹模加工步骤见图 7-59。

a．去除机加工时产生的毛刺。

b．以平面 1 为基准，精加工平面 2，保证与平面 1 的平行度误差不大于 0.02mm。

c．以平面 1、2 为基准，精加工内圆周面 3，并与平面 1、2 的垂直度误差不大于 0.02mm。

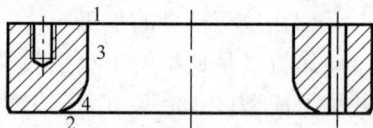

图 7-59　凹模加工

d．以平面 2、内圆周面 3 为基准，按半径规精加工圆弧面 4。

e．送交热处理。

f．精研、抛光平面 2、内圆周面 3、弧面 4，达粗糙度要求。

2．冲模标准模架的选用

（1）模具标准化的内容

① 模具标准化的含义。

在模具生产中，使用标准模架及标准零件和部件，是改变模具单件生产的基本措施，是简化模具设计、提高模具制造质量和劳动生产力、降低生产成本、缩短生产周期的有效方法，是模具生产的发展趋势。

模具标准化，是指将模具的许多零部件的形状和尺寸及各种典型结构按统一结构形式及尺寸，实行标准系列（国家标准），并组织专业化生产，满足用户选用。

企业可以根据需要合理选用模具标准件，制造模具产品，也可以根据内部图样加工的模架和模具零件，制造模具产品。

② 模具标准化的内容。

a．模具基础标准：冲模、塑料注射模、压铸模等模具名词术语；模具尺寸系列；模具体系表等。

b．模具产品标准：冲模、塑料注射模及锻模、挤压模的零件标准；模架标准和结构标准；锻模模块结构标准等。

c．工艺与质量标准：冲模、塑料注射模、拉丝模、橡胶模、玻璃模、锻模、挤压模等模具的技术要求标准；模具材料热处理工艺标准；模具表面粗糙度等级标准；冲模、塑料注射模零件和模架技术条件、产品精度检查和质量等级标准等。

d．相关标准：模架用材料标准，包括塑料模架用钢、冷作模具钢、热作模具钢等标准。

（2）模具技术标准

冲模技术标准如下。

a．冲模术语（GB/T 8845—1988）：该标准规定了基本类型的冲模、冲模通用零部件、圆凸模、圆凹模的结构要素以及冲模设计中用到的一些主要术语和定义。

b．冲模技术条件（GB/T 14662—1993）：该标准规定了冲模的零部件技术条件、装配技术要求、检验和验收技术条件、标记、包装、运输、储存及使用的有关规定。它适用于单工序、复合、级进等冲模。

c．冲模模架的有关标准。

冲模滑动导向模架（GB/T 2851—1990）：本标准规定了对角、中间、后侧和四导柱滑动模架及零件的结构形式、规格和技术条件。

冲模滚动导向模架（GB/T 2852.1～GB/T 2852.4—1990）：本标准规定了对角、中间、后侧和四导柱滚动模架及零件的结构形式、规格和技术条件。

d．冲模零部件的有关标准。

冲模滑动导向模座（GB/T 2855.1～GB/T 2855.14—1990）：本标准规定了对角、中间、后侧和四导柱滑动导向上、下模座的材料、技术条件、结构形式和规格。

冲模滚动导向模座（GB/T 2856.1～GB/T 2856.8—1990）：本标准规定了对角、中间、后侧和四导柱滚动导向上、下模座的材料、技术条件、结构形式和规格。

冲模导向装置（GB/T 2861.1～GB/T 2861.17—1990）：本标准规定了冲模导向装置中各种形式导柱、导套等零件的材料、热处理、技术条件、结构形式和规格。

e．冲压件的有关标准：冲压件尺寸公差（GB/T 13914—1992）；冲压件角度公差（GB/T 13915—1992）；冲压件形状和位置公差（GB/T 13915—1992）；冲压件未注公差尺寸极限偏差（GB/T 15055—1994）；冲裁间隙（GB/T 16743—1997）。

（3）冲模标准模架

① 冲模常用的标准件有：凹模板、模板、模柄、凹模、挡料销、推杆、导正销等标准件。

② 模架是模具的主体结构，它是联接冲模主要零件如凸模、凹模、凹凸模固定板、卸料板等以构成一套完整模具的重要组成部分。

模架的类型与作用分述如下。

a．滑动导向模架。

滑动导向模架是靠导柱与导套相对滑动来导向的模架。由于导柱与导套间有一定的间隙，导向精度不高，适用于冲压工序少的零件。按照导柱、导套的安装位置和数量的不同，其常用的二导柱结构形式有对角导柱滑动导向模架、中间导柱滑动导向模架、后侧导柱滑动导向模架和四柱滑动导向模架。

如图 7-78 所示，对角导柱滑动导向模架受力均衡，工作平稳，可以由两个方向进料，适用于连续模及复合模。中间导柱滑动导向模架，如图 7-79 所示，其特点是受力分布对称、平衡，但只能在一个方向送料，适用于弯曲、拉深、成型等模具。后侧导柱滑动导向模架，如图 7-80 所示，其特点是送料方便，可从三个方向进料，适用于中小型冲压件的各类冲模。四柱滑动导向模架，如图 7-81 所示，其模架受力均衡，导向精度高，适用于大型及精密冲模。

　　b．滚动导向模架。

　　滚动导向模架是在导柱与导套间安装了可沿柱面滚动的钢珠来导向的模架。由于该结构消除了导柱与导套间的间隙，所以其导向精度高，适用于形状复杂、高速冲裁、精密冲裁、硬质合金冲裁模具及冲压材料薄、工序多的零件。与滑动导向模架结构类似，同样按导柱、导套的不同安装位置分为：对角导柱滚动导向模架、中间导柱滚动导向模架、后侧导柱滚动导向模架和四柱滚动导向模架（结构图参照上述滑动导向模架）。

　　③ 冲模标准模架的选择。

　　无论是滑动导向模架还是滚动导向模架，在选择上应根据冲压件的大小、材质、精度要求等因素合理选用，以免造成不必要的损失。

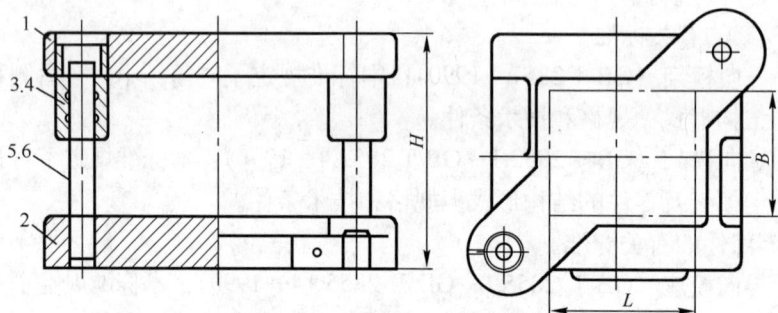

1—上模座；2—下模座；3、4—导套；5、6—导柱

图 7-60　对角导柱滑动导向模架

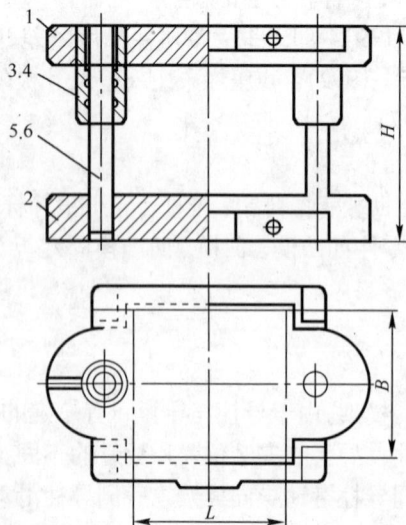

1—上模座；2—下模座；3、4—导套；5、6—导柱

图 7-61　中间导柱滑动导向模架

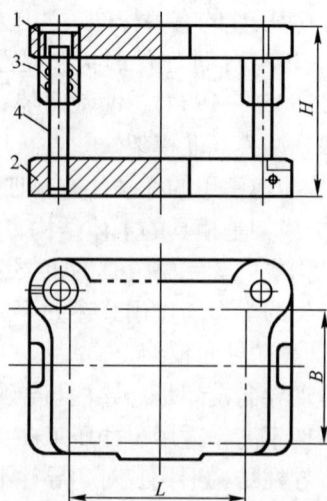

1—上模座；2—下模座；3—导套；4—导柱

图 7-62　后侧导柱滑动导向模架

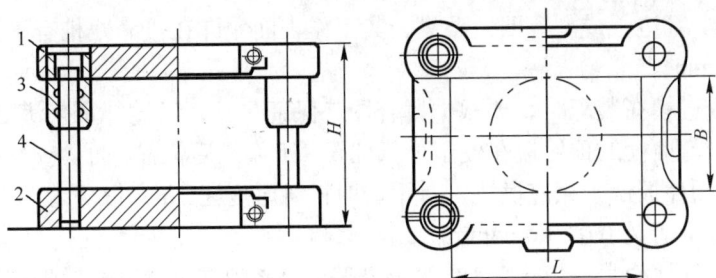

1—上模座；2—下模座；3—导套；4—导柱

图 7-63 四导柱滑动导向模架

总体上，模架的选用一般根据凹模、定位和卸料装置等的平面布置来选择模座的形状和尺寸。模座外形尺寸应比凹模相应尺寸大 40~70mm。模座厚度一般取凹模厚度的 1~1.5 倍。下模座外形尺寸每边至少应超过压力机台面孔约 50mm。同时选择的模架其闭合高度应与模具设计的闭合高度相适应。

3．冲模装配

（1）冲模装配技术要求

冲模装配技术要求在装配过程中可根据实际情况作适当调整。

① 各类冲压模具的装配均应符合装配图及其要求。

② 标准模架、非标准模架的装配技术要求要符合冲模模架技术条件（GB/T2854—1990）和冲模模架精度检查标准（GB/T12447—1990）。

③ 所有各类冲压模上使用的托杆、顶杆、推杆、卸料螺钉，凡在同一组内的应等长，其相对误差不得大于0.05mm。在精密多工位级进模上，为保证卸料板下面与凹模上下平面平行，防止压料不均，当采用轴套固定卸料板时，各轴套长度应完全一样。

④ 模具上下模座、上模柄上凡安装弹顶装置的螺杆孔或推杆孔，除图样上有标注外，一律应在模座的坐标中心，其允许偏差对于有导向模架的不大于 1mm，对于铸件底座的允许偏差不大于 2mm。

⑤ 冲裁模装配后刃口应保持锐利，其冲裁间隙应处于最小合理间隙并保持四周均匀。

⑥ 冲裁凸模与固定板的安装基面在装配后的垂直度，当被冲工件厚度小于 0.5mm 时为 0.02:100；当厚度为 0.5~1mm 时为 0.04:100；当工件厚度大于 1mm 时为 0.06:100。为了达到上述要求模具在带有三个或三个以上凸模时，在装配时允许稍稍敲打，但敲打印痕深度不得大于 0.5mm。凸模数量不满三个时，在装配过程中不允许敲打。

⑦ 凸模与固定板装配后，其尾端与固定板安装面必须一起磨平。

⑧ 装配后模具上的导料板的导向面，应与凹模进料中心线平行，其偏差对一般冲裁模不得大于 0.05:100；对多工位级进模不得大于 0.02:100，同时左右导向面之间的平行度不得大于 0.02:100。

⑨ 装配后的冲压模具其卸料板、推件板、顶板、浮顶装置均应露出凹模面、凸凹模顶端，其值为 0.5~1mm，图样另有要求者除外。

⑩ 冲裁模下模座的漏料孔除图样标明外，其孔形应与凹模孔相似，其尺寸按凹模底面孔尺寸每边放大 0.5~2mm。

⑪ 装配后的冲裁凸模或凹模凡是由多件拼块拼合而成的，其刃口二侧的平面应完全一致，且无接缝感觉，刃口转角处非工作的接缝面不允许有缝隙存在。对于由多件拼块拼合而

成的弯曲、拉深、翻边、成型等凹、凸模，其工作表面允许在接缝处稍有不平现象，但平面度不得大于 0.02mm。

⑫ 多拼块级进模在装配时，要根据拼合图来保证尺寸，通过补正来满足装配要求。

⑬ 装配后的弯曲模的顶件板在处于最低位置（工作最后位置）时，应与相应弯曲拼块接齐，其偏差允许顶件板低于相应拼块，对于弯曲材料厚度在 1mm 以下者为 0.01～0.02mm，材料厚度大于 1mm 者为 0.02～0.04mm。

⑭ 在浮动模柄结构中，传递压力的凹、凸球面，必须在摇摆和旋转的情况下吻合。其吻合接触面积不少于应接触面积的 80%。

⑮ 凡模具利用斜楔、滑块等零件作多方向运动的结构，其相对的斜面必须吻合，吻合程度在吻合面的纵横方向上均不得少于 3/4 长度。同时应保证运动副中被动件的滑动方向必须符合设计要求的预定方向，其对预定方向的偏差不得大于 0.03:100。导滑部分必须活动正常，不得产生阻滞现象。

⑯ 硅钢片冲裁模中拼块凹模模套内壁必须进行铲刮，并保证与安全基面垂直及相对应内壁之间的平行，其平行度和垂直度均不得大于 0.01:100。

⑰ 装配后的拉深模，凡设计图样中带有透气孔的不允许有堵塞现象。

⑱ 所有圆柱销在压入时必须正常，不得有用重锤猛击压入或咬坏销孔现象。

⑲ 装配后的模具外观应整齐。

⑳ 除本技术要求特别说明外，不允许用敲打方法来达到本装配技术要求（装配时可以适当加润滑油脂）。

（2）冲模装配的一般顺序和装配要点

冲模的装配是冲模制造中的关键工序。其装配质量的好坏，将直接影响冲件质量、冲模的技术状态和使用寿命。在装配冲模前应全面了解其工作性能、结构及制件的要求，并按技术要求、模具零件的精度要求等，确定装配工艺，提出实现设计要求的具体措施。模具装配完毕，必须满足规定的装配精度。其中包括：各零、组件的相互位置精度，如模架各工作面的平行度或垂直度等；运动部件的相对运动精度，如卸料件的工作准确性，导向件的导向正确性，传动件的传动精度；配合精度和接触精度，如工作件间的间隙大小和均匀性，导向机构的实际配合间隙或过盈，配合面间的接触面积大小和分布情况。

为实现上述要求，在装配时要遵循一般装配顺序和装配要点。

冲模的装配顺序和装配方法主要取决于冲模类型与结构，其次还与装配者本人的装配经验和工作习惯、装配工具有关。装配顺序如下。

① 对于上、下模之间无导向零件的冲模，装配较为简单。在这种情况下，上、下模可以分别进行装配，不分先后。上、下模之间的相对位置是将冲模安装到压力机上，通过调整来保证的。

② 对于有导柱、导套的冲模，装配顺序如下。

a. 先装下模（或上模）的工作零件（凹模、凸模或凹凸模）。一般情况下，先装下模较方便。但若上模的工作零件是配入上模板窝座内的，或者是由拼块组成的，则应先装上模。

b. 装配导柱、导套。

c. 根据下模（上模）校装上模（下模），找正上、下模之间的间隙。

d. 上、下模找正间隙后，拧紧螺钉并钻、铰定位销孔，打入销钉。

e. 装配其他零件。

③ 对于上、下模的工作零件是分别装入上、下模板窝座内的，则可采用配镗或合镗导柱孔和导套孔的方法来保证上、下模之间的间隙及均匀性。具体措施如下。

a. 首先将上、下模座的导柱孔和导套孔留出加工余量，待装配后配镗或合镗。

b. 按图样要求装配上、下模工作零件。

c. 在坐标镗床上，分别以上、下模的工作零件的工作面（刃口）为基准，镗上、下模座的导套孔和导柱孔，保证上、下同心。或者将组装好的上、下模合在一起，找正上、下模之间的间隙并紧固，然后一起在镗床上合镗导柱孔和导套孔。

d. 按要求装配导柱和导套，并检验。

e. 装配其他零件。

④ 复合模在装配时应选凹凸模为装配基准，倒装复合模应先装下模部分。装配顺序如下。

a. 将凹凸模与凹凸模固定板组合件固定于下模座；其中心位置要符合图样要求。由钳工划线对正。

b. 装凸模与凹模固定板组合件及凹模于上模座。

c. 将上、下模合拢，调整间隙，保证间隙均匀。拧紧螺钉。

d. 组合加工销孔及装配其他零件。

⑤ 精密拼块级进模装配顺序如下。

a. 熟读图样，对所有零件的安装部位、对整副模具的结构及样式、对工件的要求做到心中有数。

b. 对模具上的零件逐一进行测量，检出需钳工加工零件。

c. 所有零件的定位圆柱销，必须经坐标立磨加工。零件上螺纹孔的位置必须用坐标镗床加工中心孔来保证。对每一拼块该倒角的一定要倒角，该去毛刺的一定要去毛刺。

d. 组装模架，并送精密坐标镗床打表检测各项技术指标。

e. 组装凹模与导向板，按拼块图要求检测，修正各坐标尺寸，最后送平面磨床。

f. 将凸模装入各自固定板相应位置。

j. 将导向板插入凸模，看各凸模是否活动自如。如有死点可用油石将毛刺去掉。

h. 装配其他各零件。卸去导向板后弹簧，闭合上、下模，并在导向板与凹模之间放入硬纸，试冲确定间隙是否均匀。如不均匀则重新装拼块测量，直到满足要求为止。

(3) 冲模装配

冲裁模的装配包括组件的装配和总装配。在装配时首先要确定装配基准件，按照零件的相互关系，确定装配顺序。

① 装配组件。

a. 模柄的装配。压入式的模柄装配，在装配前要检查模柄与上模座配合部位孔的各项技术指标是否达到要求。装配时将上模座放在平台上，在压力机上将模柄缓慢压入，或用铜棒打入，要边压边检查模柄轴线相对上模座平面的垂直度，合格后，钻削骑缝孔，装销，最后磨平端面。

b. 凹模、凸模与固定板的装配。凹模、凸模与固定板的装配与装配模柄类似。同样是将模板放在两块等高垫块上，将凹、凸模置于固定板模孔内，压入。紧固后一定要检查凹、凸模轴线是否与模板平面垂直。最后平磨安装端面与凸模刃口面，以保持凹、凸模的刃口锐利。

c. 复合模组件的装配。如果是复合冲裁模，其装配顺序应是：先组装模架，将导套与导柱压入上、下模座，检查，直到导柱、导套滑动平稳，无卡阻现象；再组装模柄，方法同上；最后组装的是凹模、凸模与固定板的装配，其方法同上。

d. 级进模组件的装配。如果是级进模组件的装配，则应先组装基准件。级进模的凹模是组装基准件，其结构多为镶拼的形式，应先将凹模组件进行装配，合格后，再压入凹模固定板内，一起装入下模，以凹模定位装配凸模，再把凸模装入上模。之后，将装配好的上、下模组件对合，用硬纸试冲，检查间隙、步距是否在要求的范围之内，达到要求后，用销钉定位固定，再装入其他辅助部件。

需注意的是：在装配凹模镶块时，应先检查凹模与凸模配合情况，将凸模件插入相应的凹模型孔内，有问题及时修正。再根据凹模镶块精度要求高低，先精后低安装镶块。装好凹模镶块后，按其实际尺寸的要求的过盈量，修整固定板凹模固定孔的尺寸，并将凹模拼块压入固定板内。最后用三坐标测量机、坐标磨床和坐标镗床对位置精度和步距精度作最终检查，并用凸模复检，修整间隙。符合要求后，磨平上、下平面。

② 冲模的总装配。

模具所有组件装配经验查无误后，可进行模具的总装配。将凸模组件部分与上模座装配，将凹模组件与下模座装配，整体模具装配时要严格控制凹、凸模的冲裁间隙，保证间隙均匀。装配后模具内各活动部位必须保证位置尺寸正确，活动配合部动作灵活可靠。

模具装配后首先是要试冲，试冲是模具装配的重要环节，通过试冲发现问题，并采取相应纠正措施，确保模具运行可靠。

7.3.2 拉深模技能训练

1. 实训课题材料

件号	名称	规格（mm）	数量	件号	名称	规格（mm）	数量
1	上模板	$142 \times 97 \times 20$	1	14	弹簧	$2 \times 18 \times 55$	1
2	上垫板	$86 \times 66 \times 6$	1	15	弹顶器螺栓	$M8 \times 95$	1
3	凸凹模固定板	$86 \times 66 \times 16$	1	16	挡圈		1
4	凸凹模	$54 \times 34 \times 31$	1	17	模柄	$\phi 60 \times 28$	1
5	凹模	$92 \times 47 \times 12$	1	18	打杆	$\phi 10 \times 95$	1
6	顶板	$60 \times 34 \times 20$	1	19	螺钉	$M8 \times 25$	3
7	凸模	$22 \times 12 \times 33$	1	20	圆柱销	$\phi 6 \times 45$	2
8	中垫板	$92 \times 47 \times 16$	1	21	内六角螺钉	$M8 \times 35$	4
9	凸模固定板	$92 \times 47 \times 8$	1	22	导柱（圆柱销）	$\phi 12 \times 123$	2
10	下垫板	$92 \times 47 \times 6$	1	23	打板	$21 \times 11 \times 10$	1
11	圆柱销	$\phi 8 \times 45$	2	24	内六角螺钉	$M8 \times 50$	4
12	下模板	$142 \times 92 \times 20$	1	25	顶杆	$\phi 8 \times 42$	2
13	弹簧压板	$68 \times 32 \times 8$	2	26	定位螺钉	$M6 \times 20$	1

2．实训工件图

（1）复合拉深模装配图（见图 7-64 所示）

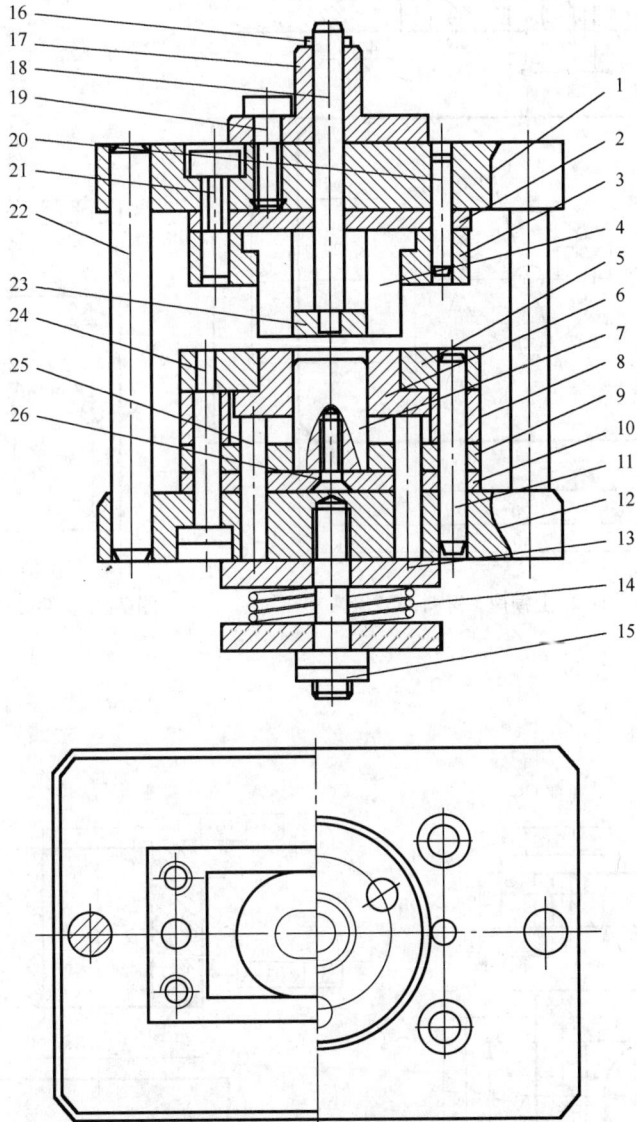

图 7-64　拉深模装配图

（2）零件图

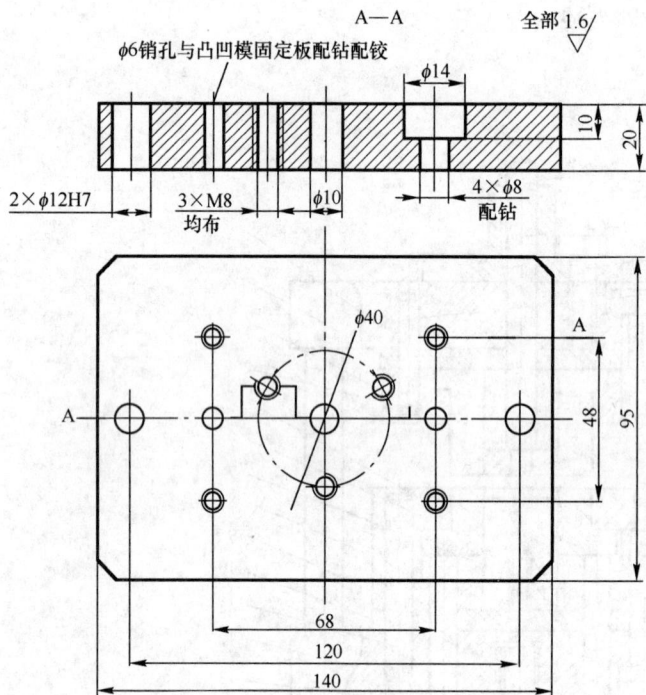

图 7-65 件 1 上模座（材料：Q235A）

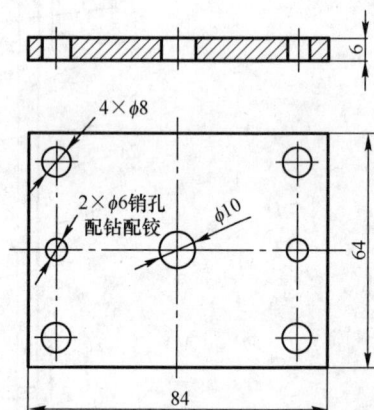

图 7-66 件 2 上垫板（材料：Q235A）

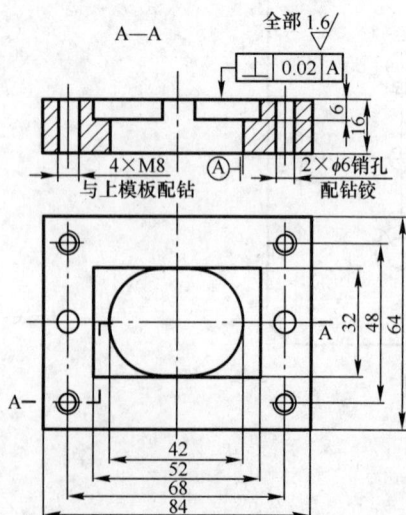

图 7-67 件 3 凸凹模固定板（材料：Q235A）

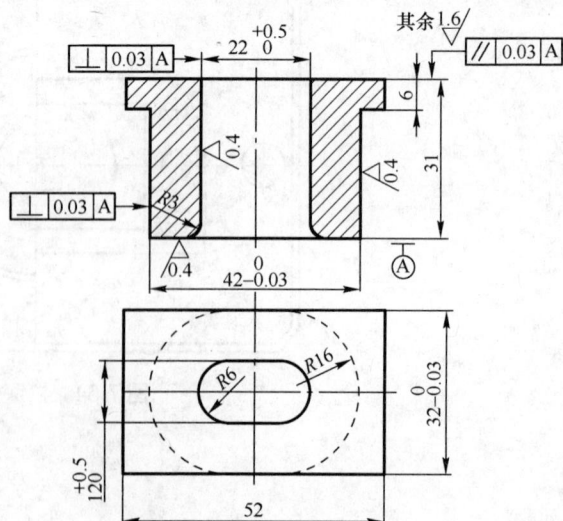

图 7-68 件 4 凸凹模（材料：45 钢）

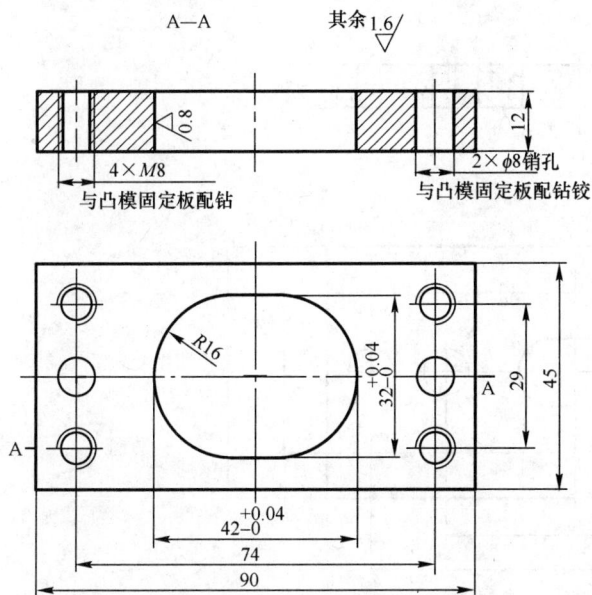

图 7-69　件 5　凹模（材料：45 钢）

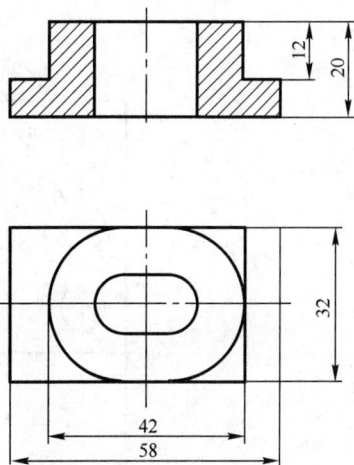

图 7-70　件 6　顶板（材料：Q235A）

　　顶板内腔与凸模配作，顶板凸台外形尺寸按凹模配作，配合间隙均不大于 0.5mm。

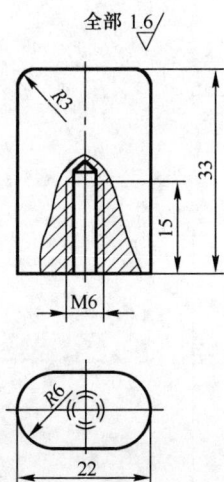

（材料：45 钢，凸模与凸
凹模配作，配合间隙为 1mm）

图 7-71　件 7　凸模

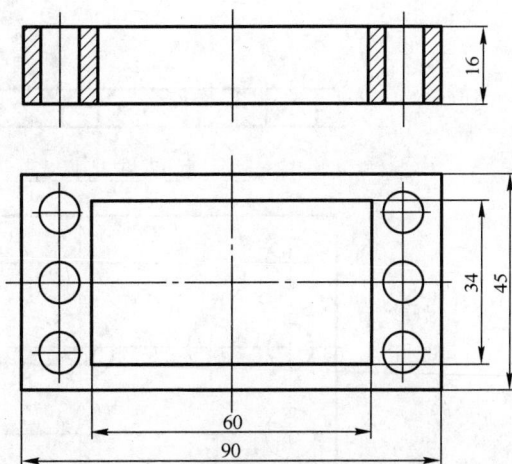

（材料：Q235A，中垫板螺纹通孔与凹模、下垫板、
凸模固定板、下模座配钻；销钉孔与之配钻、配铰）

图 7-72　件 8　中垫板

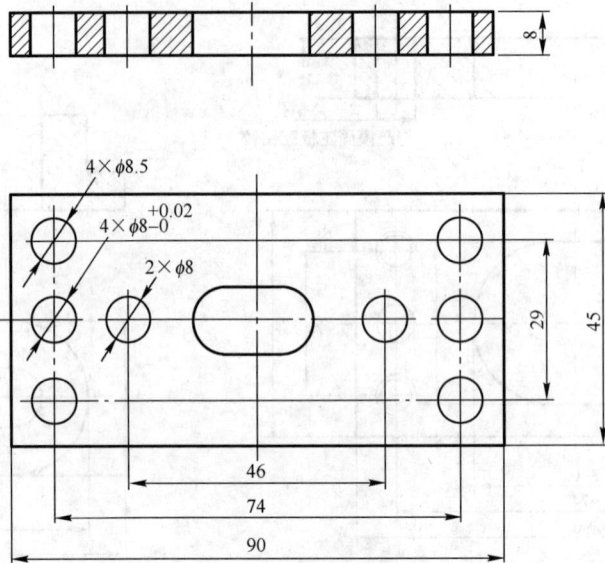

图 7-73　件 9 凸模固定板（材料：Q235A，凸模固定板内腔与
凸模配作，保证过渡配合）

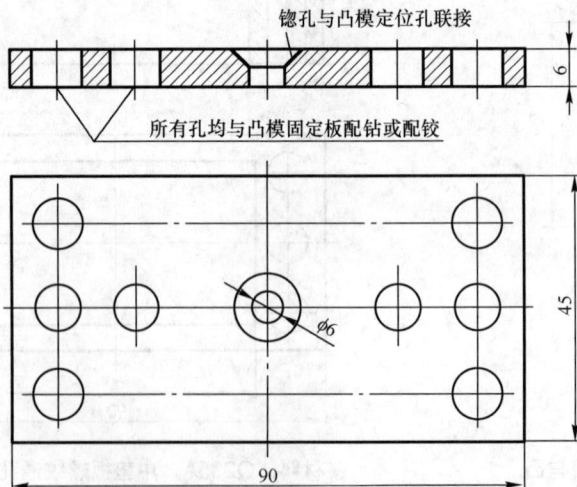

图 7-74　件 10 下垫板（材料：Q235A）

全部 1.6

A—A

C3

15

10

20

2×φ12H7

M10

C6

95

120

140

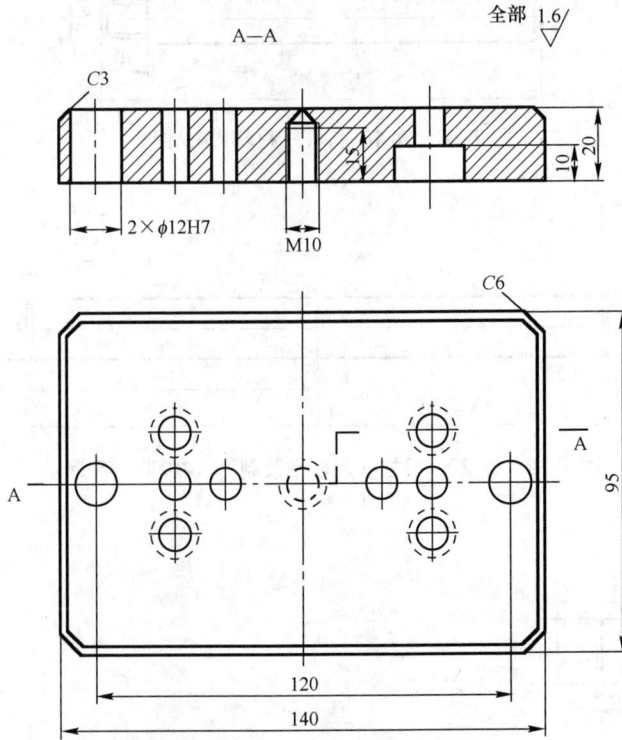

图 7-75　件 12　下模座（材料：Q235A）

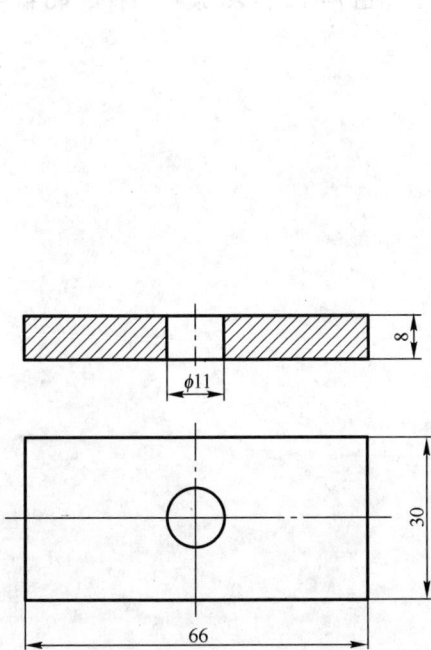

A—A

φ20

φ10

C1.5

C1.5

28

8

3×φ8均布

φ60

φ40

A

A

8

φ11

30

66

图 7-76　件 13　弹簧压板（材料：Q235A）

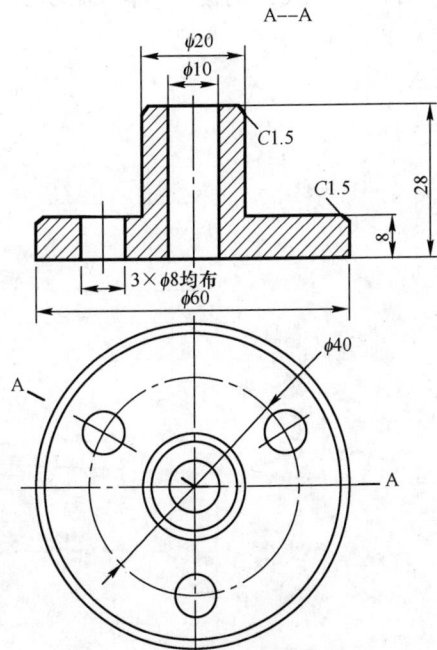

图 7-77　件 17　模柄（材料：Q235A）

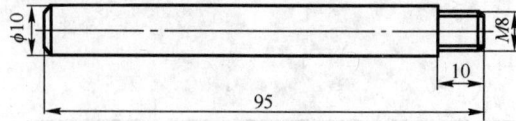

图 7-78　件 18　打杆（材料：45 钢）

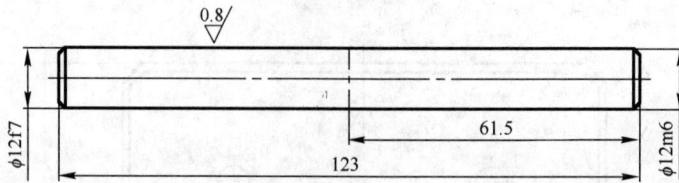

图 7-79　件 22　导柱（圆柱销改制）（材料：45 钢）

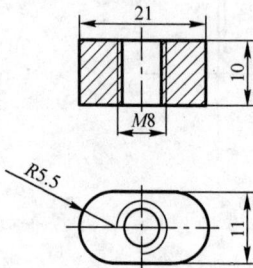

图 7-80　件 23　打板（材料：Q235A）

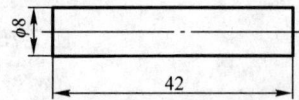

图 7-81　件 25　顶杆（材料：45 钢）

实训项目八 塑料模的设计与加工

知识目标

- 塑料模的设计
- 注射模的设计与加工
- 塑料模配作、装配与试模

技能目标

- 熟悉塑料模具结构
- 掌握注射模具设计方法
- 能进行相关模具设计计算
- 掌握模具配作、试模工艺
- 能独立编排模具的零件加工工艺和模具的装配工艺
- 能按图样要求正确地加工和装配模具并保证其技术要求

建议学时

50 学时

8.1 塑 料 模

8.1.1 塑料模基础知识

塑料产品应用非常广泛，可以说是无所不包。用模具生产的塑料制品具有高精度、高复杂程度、高一致性、高生产率和低消耗等特点，因此，能满足各种领域的需求。

根据塑件不同的形状、塑件不同的塑料特性采用的模具结构进行塑料成型方法称为塑料模具。因此，塑料模具有很多的种类，有注射模、压缩模、压注模、挤塑模等。

1．塑料模的组成

（1）塑料模的设计

在实际生产中，由于塑件结构的复杂程度、尺寸大小、精度高低、生产批量及技术要求各不相同，因此，模具设计是不可能一成不变的，应根据具体情况，结合实际生产条件，综合运用模具设计的基本原理和基本方法，设计出合理经济的成型模具。

塑料模的类型和结构形式很多，但是各类塑料模的设计是具有共同点的，只要掌握这些共同点的基本规律，可以缩短模具设计周期，提高模具设计的水平。

塑料模设计时应保证塑件的质量要求，尽量减少塑件的后加工，模具应有最大的生产能力，且经久耐用，制造方便，价格便宜等。

现就压缩模、注射模和压注模设计的一般程序简述如下。

① 分析塑件。

a. 明确塑件的设计要求。通过塑件的零件图了解塑件的设计要求，对形状复杂和精度要求较高的塑件，有必要了解塑件的使用目的、装配要求及外观等。

b. 分析塑件模塑成型工艺的可能性和经济性。根据塑件所用塑料的工艺性能（流动性、收缩率等）及使用性能（力学强度、透明性等）、塑件结构形状、尺寸及其公差、表面粗糙度、嵌件形式、模具结构及其加工工艺等，对塑件工艺性进行全面分析，了解塑件模塑成型工艺的可能性和经济性。

c. 明确塑件的生产批量。塑件的生产批量与模具的结构关系密切。小批量生产时，为了缩短模具制造周期，降低成本，多采用移动式单型腔模具；而在大批量生产时，为了缩短生产周期，提高生产率，只要塑件可行，设计结构允许，通常采用固定式多型腔模具和自动化生产。为了满足自动化生产的需要，对模具的推出机构、塑件及流道凝料的自动脱落机构等提出相应的要求。

d. 计算塑件的体积和重量。为了选用成型设备，提高设备利用率，确定模具型腔数目及模具加料腔尺寸等，必须计算塑件的体积和重量。

② 确定模具结构。

理想的模具结构必须满足塑件的工艺技术要求和生产经济要求。工艺技术要求是要保证塑件的几何形状、尺寸公差及表面粗糙度。生产经济要求是要使塑件的成本低，生产率高，模具使用寿命长，操作安全方便。在确定模具结构时主要解决以下问题。

a. 塑件成型位置及分型面的选择。

b. 型腔数目的确定，型腔的布置和流道布置及浇口位置的设计。

c. 模具工作零件的结构设计。

d. 侧向分型与抽芯机构的设计。

e. 推出机构的设计。

f. 拉料杆形式的设计。

j. 排气方式的设计。

h. 加热或冷却方式、沟槽的形状及位置、加热元件的安装部位确定。

③ 模具设计的有关计算。

a. 成型零件的工作部分尺寸计算。

b. 加料腔的尺寸计算。

c. 型腔壁厚、底板厚度的确定。

d. 有关机构的设计计算。

e. 模具加热或冷却系统的计算。

④ 模具总体尺寸的确定与结构草图的绘制。

在以上模具零件设计的基础上，参照有关塑料模架标准和结构零件标准，初步绘出模具的完整结构草图，并校核预选的成型设备。

⑤ 模具结构总装图和零件工作图的绘制。

当然，在设计模塑成型工艺中，只是对成型设备的类型、型号等作了粗略的选择，这种选择远远不能满足模具设计的需要。因此，模具设计人员必须熟悉成型设备的有关技术规范。如液压机的公称压力、顶出力、顶出杆的最大行程、上压板的行程、上下压板之间的最大开距及最小开距、台面结构及尺寸等。又如注射机定位圈的直径、喷嘴前端孔径及球面半径、最大注射量、注射压力、注射速度、锁模力、固定模板与移动模板之间的最大开距及最小开距、它们的面积大小及安装螺孔位置、注射机调距螺母的可调长度、最大开模行程、注射机拉杆的间距、顶出杆直径及其位置、顶出行程等。

搜集以上数据，以设计出合格的模具。

（2）塑料模的加工

塑料制品的加工，模具当然是很重要，它会直接影响塑料制品的质量。塑料制品的大小、形状是不会一样的，一般都较复杂，这给模具加工带来一定的困难。因此，对模具钳工的加工技能和创新能力提出较高的要求。模具的装配、调试也非常重要，也必须具备对模具结构的改进能力。

塑料模具形状复杂加工难度大，在加工时，对加工工艺、手段、工具的选用都至关重要。再就是塑料制品大都要求有非常光洁的表面，相对应的模具型腔、型芯表面的粗糙度值也就要求非常低，一般情况下都要进行研磨、抛光、镀铬处理。

塑料制品有的表面需要有一些凸的或凹的文字、图案和花纹（如皮革纹、橘皮纹等自然花纹），需要采用照相腐蚀和皮纹制版工艺。

2．注射模的设计与加工

（1）注射模概述

注射成型生产中使用的模具叫注射模。它是热塑性塑料成型加工中常用的一种模具。整个模具可以划分为定模与动模两个部分，定模安装在注射机的固定板上，动模部分安装在注射机的移动模板上。当动模与定模实现合闭时，注射机通过喷嘴向模具型腔注入熔融的塑料，待冷却后，注射机移动模板带动动模开启，再由推出机构顶出塑件。完成一个生产周期。

（2）注射模的分类与结构组成

① 注射模的分类。

注射模的分类按其不同的使用性质分为不同的种类。若按加工塑件制品的品种分为热塑性塑料注射模和热固性塑料注射模；按模具型腔数目多少分为单型腔注射模和多型腔注射模；按注射模总体结构特征可分为单分型面注射模、双分型面注射模、斜导柱侧向分型与抽芯注射模、带有活动成型部件的注射模、定模设推出机构的注射模、自动卸螺纹注射模等。

② 注射模的结构。

注射模的结构实际上源于不同的塑件制品需要而设计成不同的结构形式确定的，但总是由动模与定模组成，按注射模各部件不同的作用大致分以下几部分组成。

a．成型零部件。成型零部件主要是动、定模部分组成型腔的零件。即成型塑件内表面的凸模、外表面的凹模，其他的成型杆、嵌件等。

b．合模导向零部件。合模导向零部件主要是使动、定模准确无误地对合，以保证产品质量和模具整体结构的有效运作。一般有导柱、导套及一些定位机构。

c．推出机构零部件。推出机构是保证塑件注射成型后，顺利从型腔中脱离。一般有推杆、推杆固定板、拉料杆、复位杆等。

d．浇注系统。浇注系统是熔融的塑料从注射机的喷嘴里注入模具型腔的流经通道。组成流道的部件一般是浇口套、定模板、定位圈等。

e．侧向分型与抽芯机构。当塑件制品侧向有凹凸形孔或凸台时，在塑件成型开模推出塑件前，应先将侧向凹凸塑件的模块或侧向型芯抽离塑体。完成这一机构的部件为侧向分型与抽芯机构。

f．加热与冷却系统。如熔融塑料黏度较低、流动性较好，塑件是薄壁小型的，则模具可以自然冷却；若塑件是厚壁大型的，则需要对模具进行人工冷却。如熔融的塑料粘度高，流动性较差，则要求较高的模温，需要对模具加温。模温过低，会影响塑料的流动性，产生质量缺陷。为了使熔融的塑料顺利充型或塑件充分固化定型。模具中需要设计加热或冷却装置。冷却系统一般是在模具的型板上开设冷却水道；加热系统则在模具内部或四周加装加热元件。

j．排气系统。在注射过程中，型腔内的气体与塑料本身挥发出的气体需要排出，一般是在模具分型面上开设排气槽，或利用模具型腔的配合间隙排气，小型塑件直接利用分型面排气。

h．支承零部件。组成模具的紧固件或支承成型零部件的各种螺钉、构件等。

（3）注射模的设计

① 工件。

工件如图 8-1 所示。

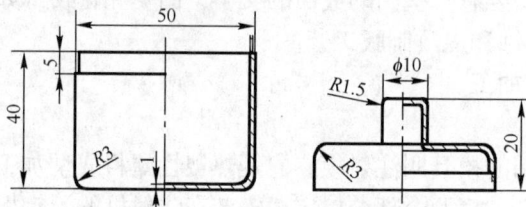

图 8-1　小圆盒（材料：PS）

② 塑件分析。

该塑料制件为小圆盒，塑料品种为聚苯乙烯（PS）。制件壁厚为 1mm，没有尺寸公差要求。

a．塑件尺寸分析。塑件的尺寸的大小取决于塑料的流动性。在挤塑和注射成型的塑料（如玻璃纤维增强塑料）或薄壁塑件时，塑件的尺寸就不能过大，否则，塑件就会成型不完善或产生熔接痕而影响塑件质量。另外，压塑成型的塑件尺寸还要受压机台面最大尺寸和最大压力限制；注射成型塑件受注射机的注射量、锁模力和模板尺寸的限制。

塑件收缩率的波动，模具成型零件的制造误差及磨损、成型工艺条件的变化、塑料的种类及其性能、模具的结构形状、塑件的形状、塑件成型后的时效变化、脱模斜度等因素，都会影响塑件的尺寸精度。因此，塑件的尺寸精度往往不高。

根据国家制订的塑件尺寸公差标准（SJ1372-78），可以作为塑件设计选定的主要依据和对设计塑件是否符合模具加工要求的参考。见表 8-1。此标准将塑件分为 8 个精度等级，每种塑件可选其中三个等级，即高精度、一般精度、低精度。见表 8-2。1、2 级精度要求较高，目前一般不采用。表中列出的公差值，可根据具体的塑件配合性质对塑件尺寸的上下偏差进行分配。对于受模具活动部分的影响很大的尺寸，如压缩模塑件的高度尺寸，受水平分型面飞边厚薄影响，其公差取表中值再加上附加值。1、2 级精度的附加值为 0.05mm，3～5 级精度的附加值为 0.1mm，6～8 级精度的附加值为 0.2mm。

对于塑件图上无公差要求的自由尺寸，建议采用标准中的 8 级精度。对于孔类尺寸可取表中数值冠以（+）号；对于轴类尺寸可取表中数值冠以（-）号；对中心距尺寸和其他尺寸取表中数值的一半冠以（±）号。

表 8-1   塑件制件公差数值表（SJ1372-78）

公称尺寸 (mm)	精 度 等 级							
	1	2	3	4	5	6	7	8
	公差数值（mm）							
0～3	0.04	0.06	0.08	0.12	0.16	0.24	0.32	0.48
3～6	0.05	0.07	0.08	0.14	0.18	0.28	0.36	0.56
6～10	0.06	0.08	0.10	0.16	0.20	0.32	0.40	0.61
10～14	0.07	0.09	0.12	0.18	0.22	0.36	0.44	0.72
14～18	0.08	0.10	0.12	0.20	0.24	0.40	0.48	0.80
18～24	0.09	0.11	0.14	0.22	0.28	0.44	0.56	0.88
24～30	0.10	0.12	0.16	0.24	0.32	0.48	0.64	0.96
30～40	0.11	0.13	0.18	0.26	0.36	0.52	0.72	1.04
40～50	0.12	0.14	0.20	0.28	0.40	0.56	0.80	1.20
50～65	0.13	0.16	0.22	0.32	0.46	0.64	0.92	1.40
65～80	0.14	0.19	0.26	0.38	0.52	0.76	1.04	1.60
80～100	0.16	0.22	0.30	0.44	0.60	0.88	1.20	1.80
100～120	0.18	0.25	0.34	0.50	0.68	1.00	1.36	2.00
120～140		0.28	0.38	0.56	0.76	1.12	1.52	2.20
140～160		0.31	0.42	0.62	0.84	1.24	1.68	2.40
160～180		0.34	0.46	0.68	0.92	1.36	1.84	2.70
180～200		0.37	0.50	0.74	1.00	1.50	2.00	3.00
200～225		0.41	0.56	0.82	1.10	1.64	2.20	3.30
225～250		0.45	0.62	0.90	1.20	1.80	2.40	3.60
250～280		0.50	0.68	1.00	1.30	2.00	2.60	4.00
280～315		0.55	0.74	1.10	1.40	2.20	2.80	4.40
315～355		0.60	0.82	1.20	1.60	2.40	3.20	4.80
355～400		0.65	0.90	1.30	1.80	2.60	3.60	5.20
400～450		0.70	1.00	1.40	2.00	2.80	4.00	5.60
450～500		0.80	1.10	1.60	2.20	3.20	4.40	6.40

注：标准中规定的数据值以塑件成型后或经必要的后处理后，在相对湿度为65%、温度为20°C时进行的测量为准。

对塑件的精度要求，要具体分析，根据装配情况来确定尺寸公差。一般配合部分尺寸精度要高于非配合部分尺寸精度。受塑料收缩波动影响，小尺寸易达到高精度。塑件的精度要求越高，模具的制造精度要求也越高，模具的制造难度及成本亦增高，同时塑件的废品率也会增加。因此，在塑件材料和工艺条件一定的情况下，应参照表 8-2 合理选用精度等级或将其作为塑件可行性分析的参考。

表 8-2　　　　　　　　　　　　　　　塑件精度等级的选用

类别	塑件品种	建议采用的精度等级		
		高精度	一般精度	低精度
1	聚苯乙烯（PS） ABS 聚甲基丙烯酸甲酯（PMMA） 聚碳酸酯（PC） 聚砜（PSU） 聚苯醚（PPO） 酚醛塑料（PF） 氨基塑料 30%玻璃纤维增强塑料	3	4	5
2	聚酰胺 6、66、610、9、1010（PA） 氯化聚醚（CPT） 聚氯乙烯（硬）（HPVC）	4	5	6
3	聚甲醛（POM） 聚丙烯（PP） 聚乙烯（高精度）（HDPE）	5	6	7
4	聚氯乙烯（软）（LPVC） 聚乙烯（低密度）（LOPE）	6	7	8

注：1．其他材料可按加工尺寸稳定性，参照上表选择精度等级。

2．1、2 级精度为精密技术级，只有在特殊条件下采用。

3．选用精度等级时应考虑脱模斜度对尺寸公差的影响。

根据以上分析，图 8-1 所示塑料制件未标注公差尺寸取 8 级精度，即制件各部公差尺寸为：$\phi 50_{-1.2}^{0}$ mm、$20_{-0.88}^{0}$ mm、$40_{-1.04}^{0}$ mm、$\phi 10_{-0.6}^{0}$、$10_{-0.6}^{0}$ mm、$\phi 48_{0}^{+1.2}$ mm、$19_{0}^{+0.88}$ mm、$39_{0}^{+1.04}$ mm、$\phi 8_{0}^{+0.6}$ mm、$9_{0}^{+0.6}$ mm。

b．塑件表面粗糙度。塑件的外观要求越高，表面粗糙度值就应越低，这主要取决于模具型腔表面粗糙度。这并没有考虑成型时工艺上的缺陷，塑料制品的表面粗糙度一般为 $R_a 0.8 \sim 0.2 \mu m$ 之间。而模具表面粗糙度值在此基础上要低于塑件 1~2 级。图样塑件表面粗糙度值为 $R_a 0.8 \mu m$，暂定设计模具的主要部件表面粗糙值比塑件表面粗糙度值低 1 级。

c．塑料性质分析。聚苯乙烯（PS）成本较低，化学稳定性好，透气性好，流动性很好，应注意模具间隙，防止出现飞边；耐热性不高，性脆易裂，热胀系数大，易产生内应力，顶出要求受力均匀。

本塑件壁厚均匀，盒与盖以台阶形式相配合。塑件结构形状简单，加工工艺性好，适合于塑料注射加工。

③ 确定模具结构。

塑件成型位置及分型面的选择。选择分型面，需要结合模具总体运行结构考虑。分型面是为了将塑件和浇注系统凝料等从密闭的模具内取出，或是为了安放嵌件，将模具分成两个及两个以上主要部分，形成可以分离部分的接触表面。所以分型面的确定是非常重要的。

模具分型面的选用原则如下。

a．塑件质量考虑：要确保塑件尺寸精度；确保塑件表面质量要求。

b．注射机技术规格考虑。

一是锁模力问题：应减少塑件在分型面上的投影面积，当塑件在分型面上的投影面积接近于注射机的最大注射面积时，有产生溢料的可能。

二是模板间距：由于分型面设计的不合理，造成开模间距过大导致注射机无法完成注射工作。

c．模具结构考虑。尽量简化脱模结构，应使塑件尽可能留在动模部分；避免侧向抽芯，若无法避开侧向抽芯，应使抽芯距尽量短；合理布置浇注系统；便于排溢；便于嵌件的安放；模具总体结构简化，尽量减少分型面数目，尽量采用平直分型面。

d．模具制造难易性的考虑。要能确保模具机械加工容易。

分型面可以是一个也可以是多个，主要根据塑件脱模需要确定。图样塑件由于采用的浇注系统与塑件不在同一型腔面上，故需要二次脱模。双分型面模具第一个分型面在模具开启后，浇注系统凝料由此脱出，一般由拉料杆完成凝料拉出。模具继续开启，限位杆达到限位后，第二分型面分型，然后在注射机推杆的作用下，顶杆将制件顶出，完成一个注塑工序。

与单分型面注射模比较，双分型面注射模具结构在定模部分增加了一块可以局部移动的中间板，所以也叫三板式（动模板、中间板、定模板）注射模具。开模时，中间板在定模的导柱上与定模板作定距离分离，以便在这两模板之间取出浇注系统凝料。

设计时第一分型面分型距离的确定。为保证浇注系统凝料顺利取出，一般第一分型面距离由下式得出。

$$S=S'+3 \sim 5$$

式中：S——第一分型面分型距离（mm）；

S'——浇注系统凝料在合模方向上的长度（mm）。

需注意的是，由于双分型面注射模使用的浇口多为点浇口，截面积较小，通道直径只有 $0.5 \sim 1.5$mm，所以对大型塑件或流动性差的塑件不宜采用这种结构形式。

双分型面模具结构中导柱的设置及长度。双分型面的注射模具，为了中间板在工作过程中的支承和导向，定模的一侧一定要设置导柱，如导柱同时对动模部分导向，则导柱导向部分的长度应按下式计算。

$$L \geqslant S+H+8 \sim 10$$

式中：L——导柱导向部分长度（mm）；

S——第一分型面分型距离（mm）；

H——中间板的厚度（mm）。

如果定模部分的导柱仅对中间板支承和导向，则动模部分还应设置导柱，用以对中间板的导向，这样，动模部分才能合模导向。如果动模部分是推件板脱模，则动模部分一定要设置导柱，用以对推件板进行支承和导向。

双分型面模具结构的第一次分型装置：采用弹簧分型，应布置4个，对称分布在分型面上模板的四周，以保持分型时弹力均匀，中间板不被卡死。弹簧可安装在限位杆上，同时起定距拉杆作用，也可以在模具的两个侧面加装定距拉板。当然，也可以采用其他的定距分型机构，在此，采用弹簧分型装置。

斜导柱侧向分型与抽芯注射模机构：当塑件侧面有凸出部分或侧孔等，模具成型侧凸或侧孔的零部件必须制成可移动的机构，开模时，它们必须先行移开，以使塑件顺利脱模。这样，模具就要设计侧向抽芯机构，模具的结构就更为复杂，侧向抽芯机构一般由斜导柱、侧型芯滑块、楔紧块、挡块、弹簧等组成。

以上分析，图 8-1 塑件模具采用双分型面分型。开模后塑件留在型芯上。一般而言，为便于脱模，塑件在开模时应留在动模部分（这是因为塑件的顶出机构都设在动模部分，如塑件留在定模上，会使脱模困难，使模具结构变复杂）。

型腔数目的确定，型腔的布置需注意如下几点。

a. 型腔数目。型腔数目的确定主要有四个方面：一是根据所用注射机的最大注射量确定型腔数；二是根据注射机最大锁模力确定型腔数；三是根据塑件精度确定型腔数（对于高精度塑件，一般最多只能采用一模四腔）；四是根据经济性确定型腔数。

与单型腔模具相比，多型腔能满足大批量生产，具有很好的经济性。但多型腔对塑件的质量影响较大，因此，多型腔模具（$n>4$）一般不能生产高精度塑件，高精度塑件宁可一模一腔，保证塑件质量。

b. 型腔的布局。型腔的排布与浇注系统布置密切相关。多型腔的布局原则上应保证每个型腔能够获得来自浇注系统均等的浇注压力，从而使熔融的塑料同时均匀地充溢到各个型腔，使各型腔的塑料内在质量均等，保证产品质量。这也要求型腔与主流道的距离尽可能的短。合理的型腔布局可以避免生产的塑件尺寸误差、应力形成及脱模困难等。

多型腔布局有采用平衡式，即主流道到各型腔浇口的分流道长度、截面形状及尺寸相同，可均衡进料和同时充盈型腔；非平衡式，即主流道到各型腔浇口的分流道的长度不相等，这不利于均衡进料，但可缩短流道距离，为达到同时充满型腔，各浇口截面尺寸可以做得不一样。

图 8-1 塑件产品盒盖、盒底可同时注射成型，通过以上分析，可采用盒盖、盒底组合的四型腔的模具结构，其型腔布局采用均衡式。

流道布置及浇口位置的设计。浇注系统是指模具中从注射机喷嘴开始到型腔为止的塑料流动通道，由主流道、分流道、浇口及冷料穴组成。它是模具设计的一个重要的环节，对制品成型效率有直接的影响。

a. 主流道设计。主流道是指从注射机喷嘴与模具接触的部位起，到分流道为止的这一段。

熔融的塑料首先由喷嘴经过主流道，所以它的大小直接影响塑料的流速及充填时间。对于流动性好，塑件较小，主流道要设计得小些；对于流动性较差，塑件较大，主流道要设计得大些。为了便于凝料从主流道中顺利拔出，主流道设计成圆锥形，半锥角 $a=1°\sim3°$，表面粗糙度 $Ra<0.8\mu m$，主流道小端直径 $d=$（注射机喷嘴直径+0.5~1）mm，一般取 4~8mm，根据塑件重量及补料需要而定。主流道大端直径 $D=(d+2Ltg\dfrac{a}{2})$ mm。主流道一端常设计成带凸台的圆盘，高度为 5~10mm，与注射机固定模板的定位孔间隙配合，衬套的球形凹坑深度取 3~5mm，其半径 $R=$（注射机喷嘴圆弧半径+1~2）mm。主流道长度应尽量短，可小于或等于 60mm。

　　主流道部分在成型中，其小端入口处与注射机喷嘴及一定压力、温度的塑料熔体频繁接触，易劳损，故模具的主流道部分常设计成可拆卸更换的主流道衬套，即浇口套。

　　浇口套选用优质钢材如 T8A、T10A 等，热处理要求淬火 53～57HRC，且应设置在模具对称中心位置上，尽可能与相联接的注射机喷嘴同一轴线。

　　浇注系统的结构设计可以与模具的定模板成一体形式，也可以设计成浇口套与定模板配合形式；或者设计成分体式，与注射机定模板中心定位孔配合定位时加装的台肩，即定位环形式。

　　浇口套与定模座板的固定采用 H7/m6 的配合形式。

　　图 8-1 塑件的浇注系统设计成浇口套形式。与定模座板 H7/m6 配合。如图 8-2 所示。

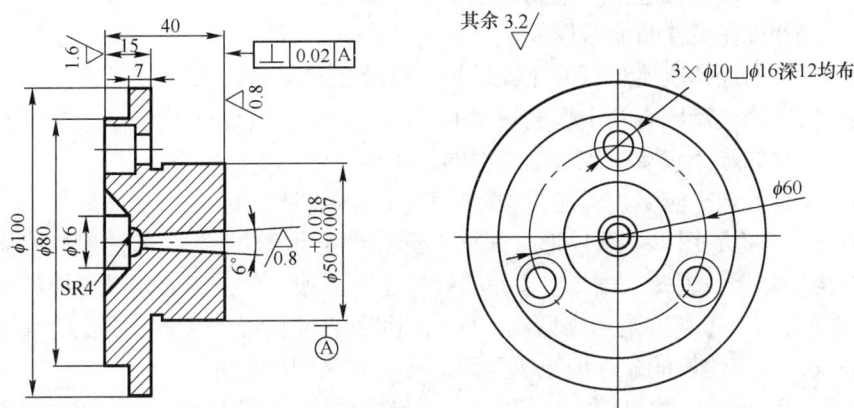

图 8-2　浇口套

　　b. 分流道设计。分流道是主流道与浇口这一段，是浇注系统中通过断面积的变化和塑料转向的过渡段。单腔注射模一般不开设分流道，但当塑件够大而采取多浇口进料时，或者是多腔注射模时才开设分流道。

　　分流道的截面可以设计成圆形、梯形、正六边形、半圆形、U 形、矩形等。设计时应根据塑件的成型体积、塑件的壁厚、外形、所用塑料的工艺特性、注射速率、分流道的长度等因素来确定。

　　分流道截面大小与塑料流动性和流道的长度相关。圆形分流道断面直径一般为 2～12mm，即流动性好、分流道很短时，其直径可小到 2mm，对流动性很差的聚碳酸酯、聚砜等，直径可大到 12mm；梯形断面的分流道高度 $H=(2/3)B$，梯形斜角为 $5°～10°$，底部圆角 $R=1～3mm$，大底面（分流道宽度）B 一般为 4～12mm；U 形断面分流道高度 $H=2r$，斜角为 $5°～10°$；正六边形断面分流道高度 $H=0.433B$（B 为外接圆直径）。

　　分流道只开设在定模或动模上，有时则动、定模都开设分流道（合模后成一定形状的断面），主要是根据模具结构来定。分流道的布置取决于模具型腔的布局。分流道的粗糙度值一般取 $Ra1.6\mu m$ 左右，表面稍欠光滑，有利于塑料熔体的外层冷却皮层固定，从而与中心部位的熔体形成一定的速度差，以保证熔体流动时具有适宜的剪切速率和剪切热。

　　图样塑件注射模的分流道开设在定模上，采用半圆形截面，其 R 值为 6mm。

　　c. 浇口设计。浇口是分流道与塑件之间通道，是浇注系统最狭小的地方。

　　浇口断面形状常用圆形和矩形，矩形浇口用得较多。浇口尺寸一般凭经验数据选取，浇口长度约为 0.5～2mm，矩形断面浇口厚度 $a=(1/3～2/3)s$（s 为浇口处塑件的厚度），中小

型塑件浇口宽度 $b=$（5～10）a，大型塑件取 $b>10a$ 左右。

浇口是浇注系统中的关键部分，浇口的位置、形状及尺寸对塑件的性能和质量有着重要影响。

浇口的表面粗糙度值不能高于 $Ra0.4\mu m$，否则易产生摩擦阻力。

浇口的形式主要有：侧向浇口、点浇口、盘环形浇口。

浇口位置的选择：浇口位置开设正确与否对塑件的影响很大，合理选择浇口位置是提高塑件质量的重要环节。确定浇口位置时，应针对塑件的几何形状特征及技术要求，分析塑料的流动状态、填充条件及排气条件等因素。浇口设计应注意以下几点。

◆ 浇口的尺寸及位置选择应避免产生喷射和蠕动。

◆ 浇口应开设在塑件断面最厚处。

◆ 浇口位置的选择应使塑料的流程最短，料流变向最少。

◆ 浇口位置的选择应有利于型腔气体的排出。

◆ 浇口位置的选择应减少或避免塑件的熔接痕，增加熔接牢度。

◆ 浇口位置的选择应防止料流将型腔、型芯、嵌件挤压变形。

上述分析，考虑到图 8-1 塑件形状简单，塑料性能为流动性好，其注射模的浇注系统的浇口采用点浇口形式。因此，图 8-1 塑件注射模还需另加一个分型面，以便浇口料脱模。

d. 冷料穴设计。冷料穴是用来储藏注射间隔期间产生的冷料头的，防止冷料进入型腔而影响塑件质量，并使熔料能顺利地充满型腔。冷料穴又叫冷料井。

卧式或立式注射机上注射模的冷料穴，一般都设置在主流道的末端，即主流道正对面的动模上，直径应稍大于主流道大端直径，以便冷料流入。直角式注射机上注射模的冷料穴，通常为主流道的延长部分。当分流道较长时，可将分流道的尽头沿前进方向稍延长的部分作冷料穴。

冷料穴的底部常作成曲折的钩形或下凹的凹槽，使冷料穴兼有开模时将主流道凝料从主流道中拉出来附在动模边的作用。冷料穴并非所有注射模都需要开设，有时由于塑料的性能和注射工艺的控制,很少产生冷料或是塑件要求不高及模具本身结构即浇注系统的形式不同,可以不用设置冷料穴。

将冷料穴的凝料拉出，一般由拉料杆完成。为了将凝料拉住，拉料杆头部常做成 Z 字形、球头形、圆锥形等。

Z 形头拉料杆 Z 形头拉料杆可将主流道凝料钩住，开模时即可将凝料从主流道拉出。拉料杆尾部固定在顶杆固定板上，故在塑件顶出时凝料也一并顶出，取塑件时朝拉料钩的侧向稍许移动，即可将塑件和凝料一起取下。因而这种拉杆与模具中的顶杆或顶管等顶出机构同时使用。因主流道凝料拉出后不能自动脱落，需用人工摘除，这种形式的拉料杆不宜用于全自动机构中。

球形拉料杆 球形拉料杆用于推板顶出机构。塑料进入冷料穴后，紧包在拉料杆的球形头上，开模时将主流道凝料从主流道中拉出。拉料杆的尾部固定在动模边的型芯固定板上，并不随顶出机构移动，当推板推动塑件时，就将主流道凝料从球形拉料杆上硬刮下来。这种拉料杆的流道凝能自动脱落。

圆锥形拉料杆 圆锥形拉料杆的锥形头成正锥形，依靠塑料的收紧力而将主流道凝料拉住，其可靠性要看包紧力大小而定，为增加锥面的摩擦力，可采用小锥度，或增加锥面的粗糙度。这种拉料杆与推板顶出机构同时使用。这种拉料杆既起到拉料作用，又起到分流锥的作用，因此广泛用于单腔注射模成型带有中心孔（如齿轮）的塑件。

图 8-1 塑件因分流道较长，应在主流道和分流道均设置冷凝穴，采用球头形拉料杆拉料，拉料杆固定在型芯固定板上。

④ 模具设计的有关计算。

型腔的强度与刚度关系 在注射成型过程中，型腔所受的力有塑料熔体的压力、合模时的压力、开模时的拉力等，其中受塑料熔体的压力是主要的。如型腔侧壁和底壁厚度不够，当型腔中产生的内应力超过型腔材料的许用应力时，型腔将发生强度破坏。与此同时，因刚度不足发生弹性变形，会造成溢料和影响塑件尺寸及成型精度，也可能导致脱模困难等。因此，设计模具时其刚度与强度是都要考虑的因素。

但是，模具的刚度与强度并不是要同时兼顾，实践与理论分析证明：对于大尺寸型腔，刚度不足是主要问题，应以刚度条件计算；对于小尺寸型腔，强度不足是主要问题，应以强度条件计算。强度计算的条件是满足各种受力状态下的许用应力。而刚度计算由于模具的特殊性，应从以下几方面考虑。

a. 要防止溢料。模具型腔某些配合面当高压塑料熔体注入时，会产生足以溢料的间隙。为不致因模具弹性变形而发生溢料，应就塑料的不同性能而确定其最大不致溢料的间隙值，使模具设计时，其配合间隙符合要求，满足其刚度条件。 以下列出部分塑料的最大允许间隙值：

尼龙（PA）、聚乙烯（PE）、聚丙烯（PP）、聚甲醛（POM）等低黏度塑料，允许间隙≤0.025～0.04mm；

聚苯乙烯（PS）、ABS、聚甲基丙烯酸甲酯（PMMA）等中黏度塑料，允许间隙≤0.05mm；

聚砜（PSF）、聚碳酸酯（PC）、硬聚氯乙烯等高黏度塑料，允许间隙≤0.06～0.08mm。

b. 保证塑件精度。塑件均有尺寸要求，有的塑件精度要求还很高，这样，模具型腔应具有很好的刚性，在熔融的塑料注入时不产生过大的弹性变形。最大弹性变形值可取塑件允许公差的 1/5，如中小型塑件公差为 0.13～0.25mm，因此允许的弹性变形量为 0.025～0.05mm，可按塑件大小和精度等级选取。

c. 有利于脱模。当型腔弹性变形量大于塑件收缩率值时，塑件的周边将会被型腔紧紧包住而难以脱模，强制脱模会使塑件损坏或划伤，因此，型腔允许的弹性变形量应小于塑件的收缩率值。但是，塑件的收缩率一般是大于变形量的，故而仅当以上两项为重要满足条件。

设计模具时，其刚度条件以上述几项最苛刻要求者（允许最小变形量）为设计标准，但不宜无根据地过分提高标准，以免浪费材料，增加制造难度。

型腔、型芯内形尺寸的确定 成型零件工作尺寸是指用来构成塑件的尺寸，主要有：型腔和型芯的径向尺寸（包括矩形和异形零件的长与宽），型腔的深度尺寸和型芯的高度尺寸，型芯与型芯之间的位置尺寸等。

塑件的尺寸精度要求确定模具成型零件尺寸与精度等级。在设计模具成型零件尺寸时，塑料的收缩率、成型零件制造误差、模具装配误差、零部件的磨损等因素都会影响塑件尺寸精度，所以在模具设计时应就以上诸因素加以考虑。

型腔与型芯相关尺寸计算 在以下的计算中，塑件的收缩率均为平均收缩率，并规定：塑件外形最大尺寸为基本尺寸，偏差为负值，与之相对应的模具型腔最小尺寸为基本尺寸，偏差为正值；塑件内形最小尺寸为基本尺寸，偏差为正值，与之相对应的模具型芯最大尺寸为基本尺寸，偏差为负值；中心距偏差为双向对称分布。

a. 图 8-1 塑件模具型腔内形（内径）、深度尺寸。

$$D_{腔} = \left(d_s + d_s Q_{cp} - x\Delta\right)_0^{+\delta_z} = \left(50 + 50 \times 0.5\% - 0.5 \times 1.2\right)_0^{+\frac{1.2}{4}} = 49.65_0^{+0.3} \, (\text{mm})$$

$$H_{腔} = \left(h_s + h_s Q_{cp} - x\Delta\right)_0^{+\delta_z} = \left(40 + 40 \times 0.5\% - 0.5 \times 1.04\right)_0^{+\frac{1.04}{4}} = 40.08_0^{+0.26} \, (\text{mm})$$

$$H_{腔} = \left(h_s + h_s Q_{cp} - x\Delta\right)_0^{+\delta_z} = \left(20 + 20 \times 0.5\% - 0.5 \times 0.88\right)_0^{+\frac{0.88}{4}} = 19.66_0^{+0.22} \, (\text{mm})$$

$$H_{腔} = \left(h_s + h_s Q_{cp} - x\Delta\right)_0^{+\delta_z} = \left(10 + 10 \times 0.5\% - 0.5 \times 0.6\right)_0^{+\frac{0.6}{4}} = 9.75_0^{+0.15} \, (\text{mm})$$

$$D_{腔} = \left(d_s + d_s Q_{cp} - x\Delta\right)_0^{+\delta_z} = \left(10 + 10 \times 0.5\% - 0.5 \times 0.6\right)_0^{+\frac{0.6}{4}} = 9.75_0^{+0.15} \, (\text{mm})$$

式中：$D_{腔}$——型腔内形（内径）尺寸（mm）；

d_s——塑件外径基本尺寸（mm）；

Δ——塑件公差；

Q_{cp}——塑料平均收缩率（%）。查表《常用塑料收缩率》聚苯乙烯（PS）收缩率为 0.2～0.8，其平均收缩率是最大收缩率与最小收缩率之和的一半，即为 0.5%。

x——综合修正系数（考虑塑料收缩率的偏差和波动、成型零件的磨损等因素）。塑件精度低、批量比较小时，为 1/2；塑件精度高，批量较大时，为 3/4；一般情况，为 1/2。此塑件修正值取 1/2。

$H_{腔}$——型腔深度尺寸（mm）；

h_s——塑件高度尺寸（mm）；

δ_z——模具成型尺寸设计公差，一般为塑件公差的 1/5～1/3 倍。此取塑件公差的 1/4 倍。

b. 型芯外形（外径）、高度尺寸。

$$d_{芯} = \left(D_s + D_s Q_{cp} + x\Delta\right)_{-\delta_z}^0 = \left(48 + 48 \times 0.5\% + 0.5 \times 1.2\right)_{-\frac{1.2}{4}}^0 = 48.84_{-0.3}^0 \, (\text{mm})$$

$$h_{芯} = \left(H_s + H_s Q_{cp} + x\Delta\right)_{-\delta_z}^0 = \left(39 + 39 \times 0.5\% + 0.5 \times 1.04\right)_{-\frac{1.04}{4}}^0 = 39.72_{-0.26}^0 \, (\text{mm})$$

$$h_{芯} = \left(H_s + H_s Q_{cp} + x\Delta\right)_{-\delta_z}^0 = \left(19 + 19 \times 0.5\% + 0.5 \times 0.88\right)_{-\frac{0.88}{4}}^0 = 19.54_{-0.22}^0 \, (\text{mm})$$

$$d_{芯} = \left(D_s + D_s Q_{cp} + x\Delta\right)_{-\delta_z}^0 = \left(8 + 8 \times 0.5\% + 0.5 \times 0.6\right)_{-\frac{0.6}{4}}^0 = 8.34_{-0.15}^0 \, (\text{mm})$$

$$h_{芯} = \left(H_s + H_s Q_{cp} + x\Delta\right)_{-\delta_z}^0 = \left(9 + 9 \times 0.5\% + 0.5 \times 0.6\right)_{-\frac{0.6}{4}}^0 = 9.35_{-0.15}^0 \, (\text{mm})$$

式中：$d_{腔}$——型腔内形（内径）尺寸（mm）；

D_s——塑件内径基本尺寸（mm）；

Δ——塑件公差；

Q_{cp}——塑料平均收缩率（%）。查表《常用塑料收缩率》聚苯乙烯（PS）收缩率
为 0.2～0.8，其平均收缩率是最大收缩率与最小收缩率之和的一半，即为
0.5%。

x——综合修正系数（考虑塑料收缩率的偏差和波动、成型零件的磨损等因素）。
塑件精度低、批量比较小时，为 1/2；塑件精度高，批量较大时，为 3/4；
一般情况，为 1/2。此塑件修正值取 1/2。

H_s——塑件内形深度基本尺寸（mm）；

h_s——型芯高度尺寸（mm）；

δ_z——模具成型尺寸设计公差，一般为塑件公差的 1/5～1/3 倍。此取塑件公差的
1/4 倍。

型腔壁厚、底板厚度的确定　前面已经说明，型腔壁厚、底板厚度的确定和计算方法。
但实际上型腔尺寸是以刚度或强度的计算取决于型腔的形状、结构、模具材料的许用应力、
型腔允许的弹性变形量及型腔内熔体的最大压力。其分界值在不能确定的情况下，应分别计
算出刚度与强度条件下的壁厚，最后取其中最大值为模具型腔的壁厚。

由于模具结构、形状的多样性，其成型过程受力状况也很复杂。计算不可能很准确，可
从实际出发，具体情况具体分析，采用近似计算的方法，或根据经验数据得出。

图 8-1 塑件属小尺寸型腔，应以强度条件计算型腔壁厚与底壁厚度。

型腔壁厚计算：

$$s = r\left(\sqrt{\frac{[\sigma]}{[\sigma] - 2p}} - 1\right) = 25 \times 1.29 \approx 32\text{mm}$$

式中：s——型腔侧壁厚度（mm）；

r——型腔内半径（mm）；

$[\sigma]$——材料的许用应力（MPa），此取 160 MPa；

p——型腔内塑料熔体压力（MPa），此取 50 MPa。

底板厚度计算：

$$h = r\sqrt{\frac{0.75p}{[\sigma]}} = 12(\text{mm})$$

式中：h——底板厚度（mm）；

p——型腔内熔体的压力（MPa），取 50MPa；

$[\sigma]$——材料的许用应力（MPa），此取 160MPa。

图 8-1 塑件设计模具为多型腔模具结构。多腔模具的型腔与型腔之间的壁厚可大于或等
于侧壁厚度的一半，因本设计模具型腔侧壁厚未经计算为 32mm，故型腔之间的壁厚为 16mm。

⑤ 模具结构零件设计。

成型零部件设计　主要为确定塑件几何形状和尺寸的成型零部件。成型零部件是直接与
塑料接触，承受塑料熔体压力，最后注射成型的重要结构部件。因此，成型零部件的形状结
构、尺寸精度、粗糙度等要求较高。

在设计时，应根据塑料的特性和塑件的结构及使用要求，确定型腔的总体结构选择分型
面、浇口位置、脱模方式、排气部位等，再根据塑件的形状、尺寸和成型零件的加工及装配

工艺要求进行成型零件的结构设计和尺寸计算。

a. 凹模的结构设计。凹模是成型塑件外表面的主要零件，按其结构的不同，可分为整体式与组合式两种。

整体式凹模结构有利于塑件成型，具有较高的精度，结构简单，易于加工；组合式凹模结构有利于复杂塑件的成型，其结构复杂，节约材料，装配调整较麻烦，成型质量会有一定的影响。采用何种模具结构取决于塑件的复杂程度，这是因为拼合结构的凹模改善了加工条件，有利于复杂塑件的加工成型。所以组合式模具主要用于形状复杂的塑件成型。

图 8-1 塑件为小型塑料制品，采用整体式模具型腔结构。根据以上分析、计算，型腔设计如图 8-3 所示。

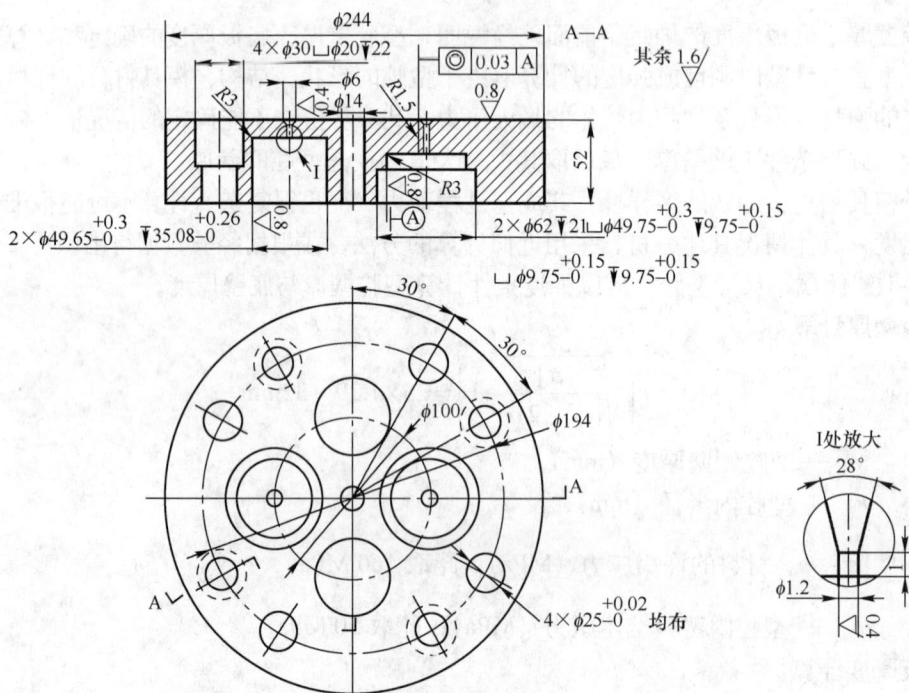

图 8-3 型腔

b. 凸模和型芯结构设计。凸模和型芯均是成型塑件内表面的零件。凸模一般是指成型塑件中较大的、主要内形的零件，也叫主型芯；型芯一般指成型塑件上较小孔槽的零部件。

形状简单的型芯一般采用整体式结构；形状复杂的型芯往往采用镶拼组合式结构。型芯与型芯固定板的采用 H7/m6 的配合形式。

根据上述计算分析，图 8-1 塑件的盒底型芯、盒盖型芯设计如图 8-4 所示。

模体部件设计 包括推板、动模板、托板等部件的设计。

a. 推板。推板主要作用是在顶出机构作用下，与顶杆一起将制品脱出，推板安装在盒盖与盒底型芯上，为使浇口接近同一高度，在推板的盒盖型腔部位加有顶套，顶套与盒盖型芯配合。推板在设计时必须保证有足够的强度，在此推板厚度取 20mm。推板如图 8-5 所示。

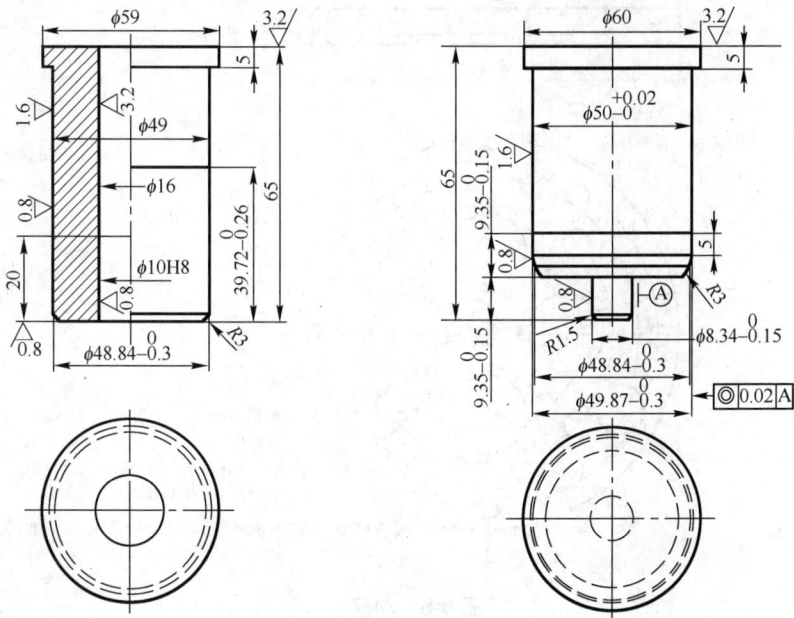

图 8-4 盒底型芯与盒盖型芯

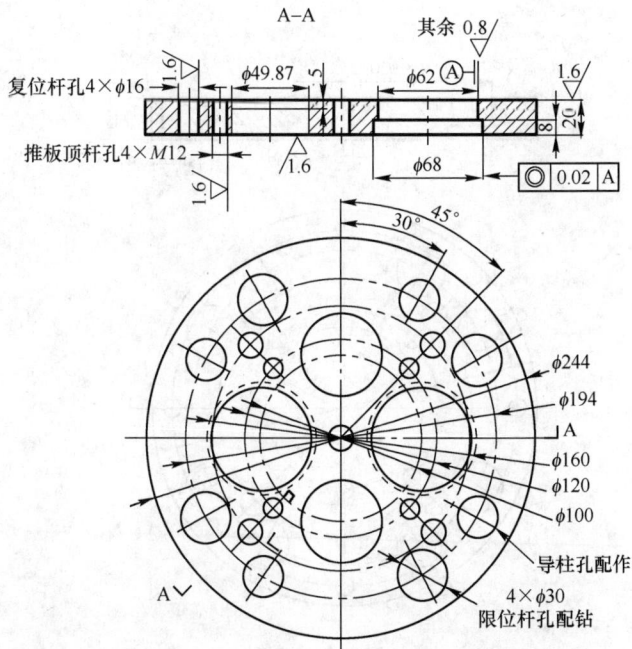

图 8-5 推板

b．动模板。固定盒底与盒盖型芯，厚度取 20mm。如图 8-6 所示。

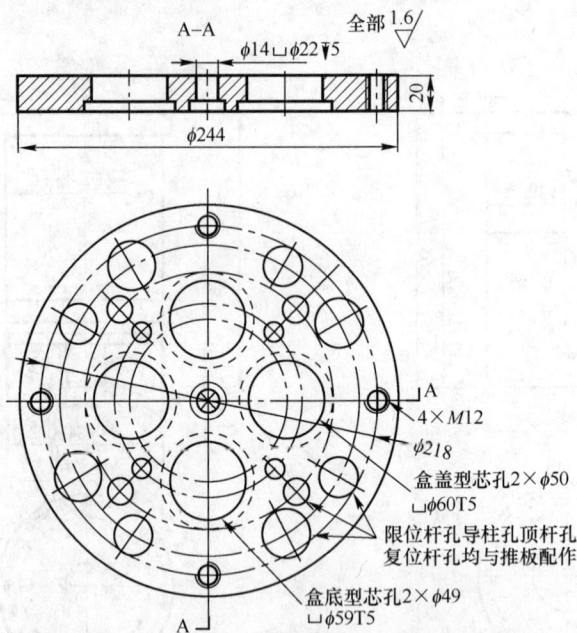

图 8-6 动模板

c. 托板。托板主要是固定型芯，并且在脱模时，可以限制前顶杆在脱模的移动，从而使顶杆将制件顶出，厚度取 25mm。其上各孔均可与动模板及推板配作完成。如图 8-7 所示。

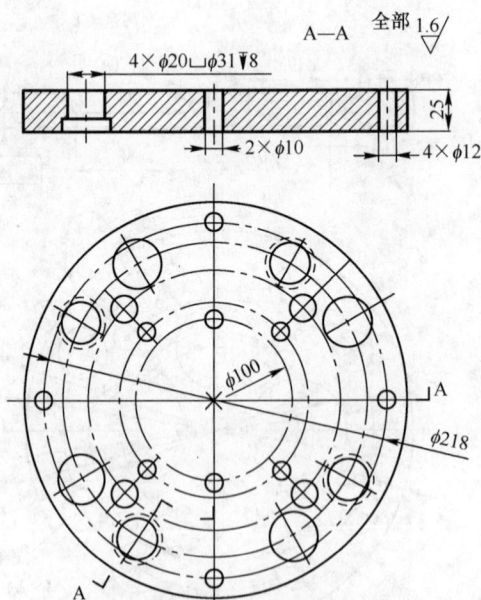

图 8-7 托板

d. 前顶杆固定板。前顶杆固定板顶杆孔、复位杆孔、推板顶杆孔均与动模板等配作。前顶杆固定板尺寸为 $\phi 190mm \times 15mm$。

e. 前顶板。前顶板与前顶杆固定板用螺钉联接，通过限制推板顶杆和拉杆，使模具在合模或开模时使动模回位或将制品推出。其顶杆孔与复位杆孔配钻，前顶板尺寸为ϕ190mm×20mm。

f.垫板。通过注塑机上的顶出杆作用在后顶板上，拉杆克服弹簧作用力而滑出拉杆上的凹槽，使盒底由顶杆顶出。垫板与后顶板用螺钉联接，其顶杆孔、复位杆孔、拉杆孔均与前顶板配作。垫板尺寸为ϕ190mm×15mm。

g.后顶板。与垫板配作，后顶板尺寸为ϕ190mm×15mm。

h.支承块。支承块厚度是前顶杆固定板、前顶板、垫板、后顶板及顶杆顶出距离的总和。为ϕ244mm×105mm×25mm。

导向机构的设计主要为动定模在合模时，进行定位和导向的零部件。

导柱采用台肩形式，对称分布，模具不设导套，而是导柱直接与模板中的导向孔配合。与模板采用 H7/m6 或 H7/k6 的过渡配合；导柱的导向部分采用 H7/f7 或 H8/f7 的间隙配合。

推出机构设计　推出机构是塑件从成型零部件脱出的机构部件，主要由推出零件、推出零件固定板、推出机构的导向与复位部件组成。

本塑件的推出机构零件——顶杆，设在盒底型芯中心处。顶杆直径与型芯模板上顶杆孔采用 H8/f7～H8/f8 的间隙配合，配合长度取直径的 2 倍。但顶杆在装入模具后，应注意其端面要与型芯表面平齐，不得低于型芯表面，或稍高于型芯表面 0.05～0.1mm。

⑥ 模具装配图。

模具结构工作过程：本套模具采用两次分型，由于弹簧 9 的作用力，开模时，I 分型面先分型，浇道冷料穴将点浇口拔出，主浇道被拉料杆 16 带出。当限位杆 11 达到限位时 II 分型面分型，因抱紧力及盒底口边台阶卡在推板 13 内，制件留在型芯 1、12 上。当注塑机上的顶出杆作用在后顶板 23 上时，前顶板 22 因拉杆 5 被滚珠 6 卡住而随后顶板移动，即推板 13、顶杆 21 同时脱模，盖被顶套 3 先脱下，当盒底将顶离型芯 12 时制件仍卡在推板上，前顶杆固定板 18 被托板 15 限制不能再移动，而后顶板因继续受力使滚珠 6 克服弹簧 7 作用力滑出拉杆 5 上滑槽，盒底最后由顶杆 21 顶出。

合模时，复位杆 20 将后顶板回推，前顶板直接由推板 13 通过推板顶杆 4 复位。如图 8-8 所示。模具零件明细表见表 8-3。

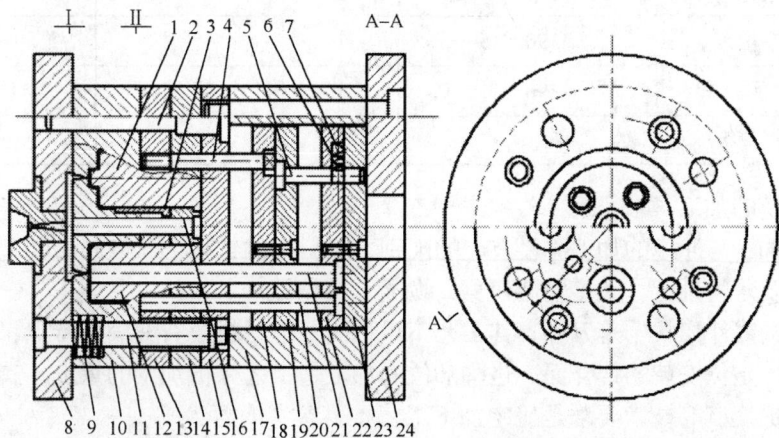

图 8-8　模具装配图

表 8-3   零件明细表

序号	名 称	规 格（mm）	数量	材 料	热处理
1	盒盖型芯		2	T8	HRC≥50
2	导柱		4	T8	50～55HRC
3	顶套		2	45 钢	40～50HRC
4	推板顶杆		4	45 钢	40～50HRC
5	拉杆		4	45 钢	40～50HRC
6	钢球		4		
7	弹簧		4		
8	定模座板	$\phi 305 \times 35$	1	45 钢	
9	弹簧		4		
10	型腔	$\phi 244 \times 52$	1	T10A	50～55HRC
11	限位杆	$220 \times 40 \times 60$	4	45 钢	40～50HRC
12	盒底型芯		2	T8	HRC≥50
13	推板	$\phi 244 \times 20$	1	45 钢	调质 HB235
14	动模板	$\phi 244 \times 20$	1	45 钢	调质 HB235
15	托板	$\phi 244 \times 25$	1	45 钢	调质 HB235
16	拉料杆	$\phi 14 \times 92$	1	45 钢	40～50HRC
17	支承块	$\phi 244 \times 105 \times 25$	1	45 钢	
18	前顶杆固定板	$\phi 190 \times 15$	1	45 钢	
19	前顶板	$\phi 190 \times 20$	1	45 钢	调质 HB235
20	复位杆		4	T8	55～60HRC
21	顶杆		2	T8	55HRC
22	垫板	$\phi 190 \times 15$	1	45 钢	50～55HRC
23	后顶板	$\phi 190 \times 15$	1	45 钢	
24	动模座板		1	45 钢	

（4）注射模的加工

塑料模的加工与冲模的加工并没有大的区别，塑料模的结构形状复杂，其型腔、型芯的表面粗糙度值要求特别低，大多需要研磨、抛光、镀铬处理。

塑料模型板零件形状千差万别，其工艺不尽相同，但塑料模有共同的特点：都具有工作型腔、分型面、定位安装的结合面。这些部位的加工是工艺分析加工的重点，其形状精度、尺寸精度、粗糙度值等技术要求是确定加工工艺重要参考依据。

通过对模具零部件的分析，了解各部件间的工作关系、作用、具体的技术要求等。从而拟定其加工工艺方案。见表 8-4。

表 8-4 主要模具零部件加工工艺过程表

序号	各称	工序名称及内容	设备
1	型腔	车削加工——粗、精加工外圆、平面；铣削加工——盒盖、盒底型芯；电火花加工——盒盖、盒底型腔；研磨加工——型芯内腔；钻削加工——导柱孔、限位杆、拉料杆孔；铰削加工——导柱孔；磨削加工——外圆、平面	车床、铣床、电火花机床、钻床、钳工
2	盒底型芯	车削加工——粗、精加工外圆；钻削加工——钻铰顶杆内孔；磨削加工——精磨型芯外圆	车床、钻床、钳工
3	盒盖型芯	车削加工——粗、精加工外圆；磨削加工——精磨外圆	车床、外圆磨床、钳工
4	推板	车削加工——粗、精车外圆、端面；镗削加工——盒盖盒底型芯内孔、台阶孔；钻削加工——钻铰导柱孔、与型腔配钻限位杆孔、拉料杆孔、钻复位杆孔、推板顶杆孔并攻螺纹；磨削加工——两端面及型腔孔	车床、镗床、钻床、内圆磨、钳工
5	顶套	车削加工——粗精加工内外圆；磨削加工——磨内孔	车床、磨床
6	动模板	车削加工——粗精车外圆、端面；镗削加工——型芯内孔、台阶孔；钻削加工——导柱孔、与推板配钻限位杆孔、复位杆孔、拉料杆孔、推板顶杆孔；磨削加工——两端面	车床、镗床、钻床、磨床
7	托板	车削加工——粗精车外圆、端面；钻削加工——顶杆孔、模板固定孔并攻螺纹、其他孔与推板和动模板配钻；磨削加工——两端面	车床、钻床、钳工
8	前顶杆固定板	车削加工——粗精车外圆、端面；钻削加工——钻攻 M10 螺孔；顶杆孔、复位杆孔、推板顶杆孔与动模板配钻	车床、钻床、钳工
9	前顶板	车削加工——粗精车外圆、端面；钻削加工——拉杆孔、螺孔、顶杆孔、复位杆孔与动模板配钻	车床、钻床、钳工
10	垫板	车削加工——粗精车外圆、端面；钻削加工——钻攻 M10 螺孔、拉杆孔、顶杆孔、复位杆孔配钻	车床、钻床、钳工
11	后顶板	车削加工——粗精车外圆、端面；钻削加工——螺孔、拉杆孔配钻	车床、钻床、钳工
12	支承块	车削加工——粗精车内外圆、端面；钻削加工——模板孔	车床、钻床
13	下模板	车削加工——粗精车外圆、端面；钻削加工——钻扩模板固定孔、注塑机顶出杆孔	车床、钻床
14	定模板	车削加工——粗精车外圆、端面；钻削加工——导柱孔、限位杆孔配钻加工；铣削加工——流道槽；精磨端面、流道槽	车床、铣床、钻床、钳工

这套盒注射模的制造，对于模具钳工来说，难度比较大的是型腔和型芯固定板。型腔属于不通孔，机加工后，利用电动手磨砂轮进行加工是可以完成的。

模具上的顶杆孔、复位杆孔及螺杆孔等均可采用坐标镗床或钻床加工，有些孔除标有尺寸公差外，其精度要求并不重要，主要是各相联接孔必须保证同轴度。加工时可以导柱孔为基准,将几块模板放在一起同加工,可以保证它们的同轴度。

3. 注射模标准件

(1) 塑料注射模技术标准

① 塑料成型模具术语 (GB/T8846—1988)。本标准规定了塑料成型模具中的压缩模、压注模和注射模的模架、零件和设计中用到的主要术语和定义。

② 塑料注射模具零件的有关标准 (GB/T4169.1~GB/T4169.11—1984)。塑料注射模具零件技术条件 (GB/T4170—1984),本标准规定了注射量为 10~4 000g 注射机用模具的 11 种零件。有些零件也可用于压缩模和压铸模。

③ 塑料注射模技术条件 (GB/T12554—1990)。本标准规定了注射模零件技术要求、总装配技术要求等内容,它适用于热塑性塑料和热固性塑料注射模。

④ 塑料模架技术条件包括塑料注射模大型模架技术要求 (GB/T12555.1~GB/T12555.15—1990) 和塑料注射模中小型模架技术条件 (GB/T12556.1~GB/T12556.2—1990) 两个国家标准,分别规定了周界尺寸≤500mm×900mm 及 630mm~1250mm×2000mm 塑料注射模具的模架。

⑤ 工程塑料模制塑件尺寸公差 (GB/T14486—1993)。该标准规定了模塑制品的尺寸公差。

(2) 压铸模技术标准

① 压力铸造模具术语 (GB/T8847—1988)。本标准规定了压力铸造模具 (简称压铸模) 的基本结构中常用模具零件的术语及定义。

② 压铸模技术条件 (GB/T8844—1988)。本标准规定了压铸模零件技术条件、总装配技术要求等内容。

③ 压铸模零件的有关标准 (GB/T4678.1~GB/T4678.15—1984) 和压铸模零件技术条件 (GB/T4679—1984)。这两个国家标准适用于锁模力为 (245~617) ×10^{4}N 压铸机用模具零件标准及技术条件。

(3) 其他模具技术标准

① 锻模及其零件术语 (GB/T9453—1988)。

② 模锻锤和大型机械锻压机用模块技术条件 (GB/T11880—1989)。

③ 硬质合金拉制模具型式和尺寸 (GB/T6110—1985)。

(4) 注射模标准模架

① 塑料注射模模架的基本结构。

塑料注射模模架结构种类较多,其基本结构形式可按注射模分为单分型面和双分型面两大类。不同结构的模架,均以这两类的基本结构加入不同作用的模板 (如推件板、型芯固定板、浇口板等) 组合而成。

定模由定模座板和定模板两块模板组成,其中没有可移动模板;动模由动模板、支承板两块模板以及其余零件组成;导柱、导套把定模和动模组成一个整体模架。在定模板和动模板之间只有一个分型面。这种模具结构形式叫单分型面 (也叫双板式) 模架结构,它适用于推杆、推管脱件。

在上述基本结构的动模部分增加一块推件板,动模有三块模板,叫双分型面模架结构,这种形式适用于推件板脱件。

双分型面 (也称三板式) 模架,与单分型面模架相比,定模中有可移动的模板,在模具结构中增加了定距拉杆或定距拉板,它适用于点浇口进料的模具。

② 注射模标准模架。

a. 中小型标准模架 GB/T12556.1～GB/T12556.2—1990 规定，中小型模架的周界尺寸不大于 560mm×900mm，并规定其模架结构形式为四种型号：基本型分为 A1、A2、A3、A4 四个品种，如图 8-9 所示；派生型分为 P1～P9 9 个品种。标准中还规定，以定模、动模座板有肩、无肩划分，又增加 13 个品种，共 26 个模架品种。中小型模架全部采用 GB/T4169.1～GB/T4169.11——1984《塑料注射模具零件》中的标准件组合而成，其规格基本上覆盖了注射量为 10～4 000cm³ 注射机用和各种中小型热塑性和热固性塑料注射模。

中小型模架规格标记方法如下图所示。

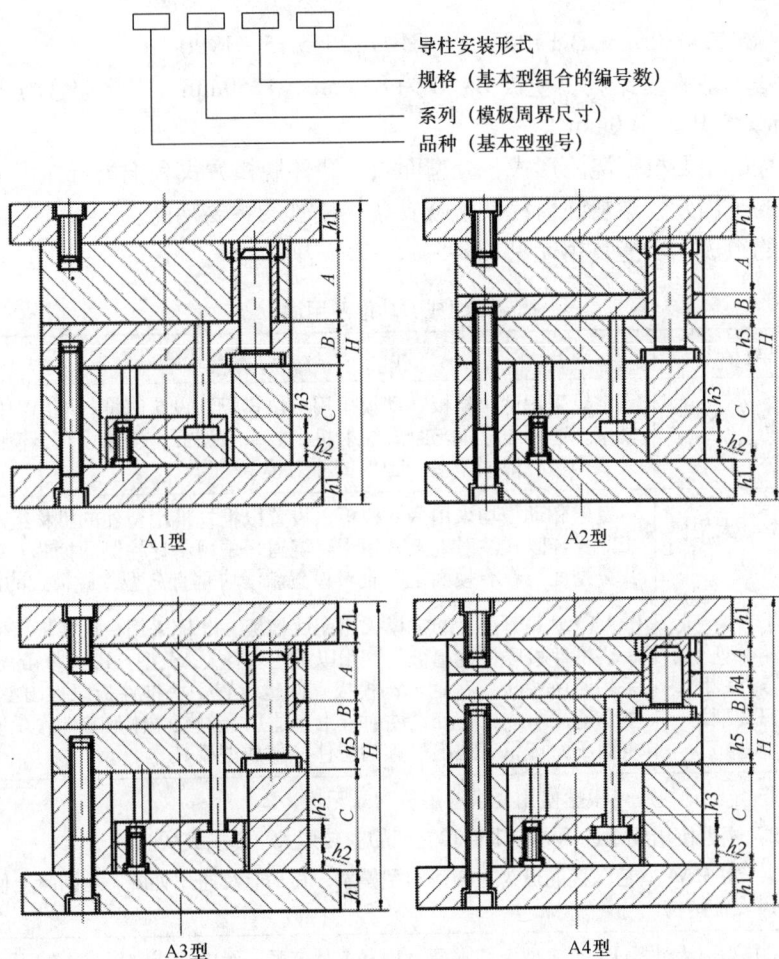

图 8-9　A1、A2、A3、A4 四种中小型模架的基本型架组合形式及尺寸

导柱安装形式：用代号 Z 和 F 来表示。Z 表示正装形式，即导柱安装在动模、导套安装在定模；F 表示反装形式，即导柱安装在定模，导套安装在动模。代号后还有序号 1、2、3，分别表示所用导柱的形式，1 表示采用直导柱，2 表示采用有肩导柱，3 表示采用有肩定位导柱。

例如：A2—100160—03—Z （GB/T12556.1～GB/T12556.2—1990）

表示采用 A2 型标准注射模架，模板周界尺寸 100mm×160mm，规格编号为 03，即模板 A 为 12.5mm，模板 B 为 20mm （查相关模架标准表），采用 Z2 形式。

b. 大型标准模架 GB/T12555.1～GB/T12555.15—1990 规定，大型模架的周界尺寸范围为 630mm×630mm～1 250mm×1 250mm，适用于大型热塑性注射模。模架品种有 A 型、B 型组成的基本型和由 P1～P4 组成的派生型，共 6 个品种。大型模架组合用的零件，除全部采纳 GB/T4169.1～GB/T4169.11—1984《塑料注射模具零件》标准件外，超出该标准零件尺寸系列范围的则按照 GB/T2822—1981《标准尺寸》，结合我国模具设计采用的尺寸，并参照国外先进企业标准，建立了和大型模架相配合的专用零件标准。

大型模架规格的标记方法和中小型模架标记方法相类似，只是模板尺寸 B×L 的表示时少写一个"0"，也可以理解为基长度单位不是"mm"而是"cm"。同时不标示导柱安装方式。

例如：A—80125—26　GB/T12555.1～GB/T12555.15—1990

表示采用基本型 A 型结构。模板 B×L 为 800mm×1250mm。规格编号为 26，即模板 A 为 160mm，而模板 B 为 100mm。

模架组合标准主要根据浇注形式、分型面数、塑件脱模方式和推板行程、定模和动模组合形式来确定的。因此，塑料注射模架组合具备了模具的主要功能。

有关模架的组成、功能及用途见表 8-5。

表 8-5　　　　　　　　　　　　　　模架的组成、功能及用途

类型	型号	组成、功能及用途
基本型模架	A1 型（大型模架 A 型）	定模采用两块模板，动模采用一块模板，设置以推杆推出塑件的机构组成模架。适用于立式与卧式注射机上。单分型面，一般设在合模面上，可设计成多个型腔以成型多个塑件的注射模
	A2 型（大型模架 B 型）	定模和动模均采用两块模板，设置以推杆推出塑件的机构组成模架。适用于立式与卧式注射机上。用于直浇道，采用斜导柱侧面抽芯、单型腔成型，其分型面可在合模面上，也可设置斜滑块垂直分型、脱模式的注射模
	A3、A4 型（大型模架派生型 P1 和 P2 型）	A3 型（P1 型）的定模采用两块模板，动模采用一块模板，它们之间设置一块推件板联接推出机构，用以推出塑件。A4 型（P2 型）的定模和动模均采用两块模板，在定、动模板之间也设置一块推件板以推出塑件。A3、A4 型均适用于立式与卧式注射机上，适用于薄壁壳体形塑件、脱模力大及塑件表面不允许留有顶出痕迹的塑件注射成型模具
	注：1. 定、动模座可根据使用要求选用有肩或无肩； 　　2. 根据使用要求选用导向零件和它们的安装形式（Z 或 F 式）； 　　3. A1～A4 型是以直浇道为主的基本型模架，其功能及通用性强，是国际上使用的模架中具有代表性结构	
派生型模架	P1～P4 型（大型模架 P3 和 P4 型）	P1、P4 型由基本型 A1、A4 对应派生而成，结构形式上的不同点在于去掉了 A1～A4 型定模座板上的固定螺钉，使定模部分增加了一个分型面。它们多用于点进料形式的注射模。所以其功能和用途可按 A1～A4 型的要求
	P5 型	由两块模板组合而成，主要用于直浇道简单、整体型腔结构的注射模
	P6～P9 型	其中 P6 与 P7、P8 与 P9 是互相对应的结构，P7 与 P9 相对于 P6 与 P8 只去掉了定模座板上的固定螺钉。它们均适用于复杂结构的注射模，如定距分型自动脱落浇注系统式注射模等
	注：1. 派生型 P1～P9 型模架组合尺寸系列和组合要素均与基本型相同； 　　2. 其模架结构以点浇口、多分型面为主，适用于多动作的复杂注射模； 　　3. 扩大了模架应用范围，增大了模架标准的覆盖面	

（5）注射模标准件

a．注射模标准件。

塑料注射模常用的导柱、导套、推杆、模板、圆锥定位件等标准件基本尺寸和技术条件要求都有相应的标准，这些零件之间具有相互配合关系，其尺寸范围适用于中小型模架，可根据相应的需要选择合适的标准件配套以组装成模架。

b．注射模零件技术条件。

该标准适用于 GB/T4169.1～GB/T4169.11—1984（塑料注射模具零件）所规定的通用零件，其内容包括技术要求、检验规则及标记、包装、运输和储存等。其技术要求部分见表8-6。

表 8-6　　　　　　　　　　GB/T4170—1984 中的技术要求内容

标准条目编号	内　容
1.1	零件图未注公差尺寸的极限偏差按 GB/T1804—2000《一般公差　未注公差的线性和角度尺寸的公差》中的 js14
1.2	零件图中未注形位公差按 GB/T1184—1996《形状和位置公差　未注公差》的规定，其中直线度、平面度、同轴度的公差等级均按 C 级
1.3	板类零件的棱边均须倒钝
1.4	零件图中螺纹的基本尺寸按 GB/T196—1984《普通螺纹基本尺寸（直径 1～600mm）》的规定，其偏差按 GB/T197—1981《普通螺纹　公差与配合》（直径 1～355mm）的 3 级
1.5	零件图中砂轮越程槽的尺寸按 GB/T6403.5—1986《砂轮越程槽》的规定
1.6	零件材料允许代用，但代用材料的力学性能不得低于规定的材料要求
1.7	零件表面经目侧不允许有锈斑、裂纹、夹杂物、凹坑、氧化斑点和影响使用的划痕等缺陷
1.8	凡重量超过 25kg 的板类零件均须设置尺寸，由承制单位自行决定
1.9	如对零件有其他技术要求，由供需双方协商决定

4．注射模装配、配作

（1）模具零件的配作加工

模具零件依照零件图加工，如所有零部件都完全达到零件图的技术要求，每部分零件配合均达配合要求，则可以尽量不用配作加工，这样可以提高零件互换性和装配效率。虽然现在技术越来越娴熟，设备发展也够先进，需配作加工内容的零件也在减少，但仍有部分零部件不能或很难单独加工而完全达到零件图技术要求，有时零件必须要在配作时才能加工达到要求，则应该将其一部分加工内容单独加工完全达到技术要求，而另一部分的加工内容留到装配时配作完成。

（2）装配与配作要求

装配与配作要求即总装配要求，其包括模具总装要求及零件具体技术要求。在装配及配作时，必须清楚理解其各项技术要求，再按要求进行装配。

（3）模具的总装图要求

总装图要求规定了整副模具的总体要求，它既包括每个零件的要求，又包括零件之间协调和综合结果要求。当具体单个零件满足要求后，还要将所有具体单个零件组装成整体，并最终达到要求。这就要求装配及配作也要选择合理的方法和技术。装配尺寸链的封闭环就是装配后的精度或技术要求。模具的装配精度包括：①各零部件的相互位置精度，如距离尺寸精度、同轴度、平行度、垂直度等；②相对运动精度，如传动精度、直线运动回转运动精度等；③配合精度和接触精度，如配合间隙，过盈量、接触状况等。

（4）模具零件图纸要求

模具零件图要求，这里表示的意思是将不能完成模具零件图要求的零件，在装配过程中通过配作加工而完成零件的全部加工内容。

注射模一般成型部分、浇注系统、排溢系统、脱模机构、温度调节系统和模体组成。经常需要在装配及配作中完成的内容如下。

成型部分：分型面的密合及需要留有间隙的分型面处（当模具既有水平分型面又有垂直分型面时，修正时应使垂直分型面接触水平分型面时稍留有间隙。间隙值视模具大小而定，小型模具只需涂上红丹粉后相互接触即可，大型模具间隙约为 0.02mm 左右。对于斜面合模的模具，斜面合模后，分型面处留有 0.02~0.03mm 的间隙）；成型尺寸留有余地（修配脱模斜度，原则上型腔应保证大端尺寸在制件尺寸公差范围内，型芯应保证小端尺寸在公差范围内；角隅处圆角半径，型腔应偏小，型芯应偏大。修配表面圆弧与直线连接要平滑，表面不允许凹痕，锉削纹路应与开模方向一致）；型腔和型芯及镶块等的装配形位精度等都属成型部分的配作要求。

浇注系统：流道的配作加工、浇口尺寸留有余量等。

排溢及引气系统：排溢槽的配作等。

脱模机构：有些顶杆或顶出件的长度及端部配作、多个限位钉一致性配作、顶杆孔配作、斜导柱安装孔的配作、锁紧楔的配作、滑块的配作等。

模体：固定螺钉孔的配作、导柱和导套孔的配作、精定位的配作、防锈和涂润滑油（在装配过程中和装配完成后，要对模具零件特别是运动摩擦零件加润滑油，对型腔涂防锈油，对模具整个外表应进行光饰处理，并涂防锈油），打标记（模具在装配过程中和装配完成后，要用钢字码或样冲打上模具基准、各易混淆的零件符号、技术符号、模具编号）等。

其他相关联尺寸的配作加工。

（5）装配及配作过程

装配前的准备工作如下。

① 研究分析总装配图、零件图，了解各零件的作用、特点及其技术要求，掌握关键装配关联尺寸。

② 检验待装配的所有零件，确定种类、数量。并确定有哪些零件需要配作加工处理。

③ 确定装配基准和先后顺序。可以有如下选项：

a. 以注射模中主要零件如型芯、型腔和镶块等作为装配的基准件，模具的其他零件都依装配基准件进行配制和装配；

b. 以导柱、导套或模具的模板侧面基准为装配的基准面，进行修整和装配。若采用标准模架一般都属于这种情况，相当于把所有零件放置到模体的相应位置上，并通过模体将整个模具有机地联系在一起。

④ 清理模具零件，归类。

装配工作是按照装配技术要求，将所有模具零部件结合成组件，并进一步结合成系统部件直到整个产品的工艺过程。此工艺过程分别叫做组装、部装、总装。在装配过程中，有直接的装配，有配作加工、修整调配。

下面就具体的典型装配工艺进行说明。

① 成型零部件的组装。装配要点见表 8-7。

表 8-7　　　　　　　　　　　　　　　型芯与固定板装配要点

装配简图	工艺要点
型芯与通孔固定板的组装	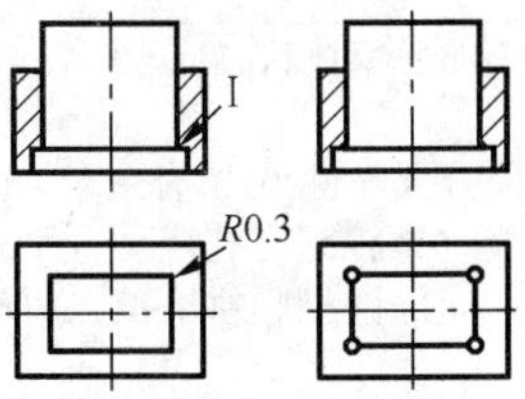 1．型芯压入前，通常在固定板的孔口加工出工艺倒角或引入锥度（左图 I 处），有利于型芯压入和保证型芯垂直度 2．对于尖角部位，可将型芯尖角修成 R0.3mm 圆弧或将固定板孔角部用锯条修出窄槽 3．型芯压入过程中，要经常检查型芯的垂直度和方位（盒型模型芯与动模板的装配可参照此法）
埋入式型芯组装	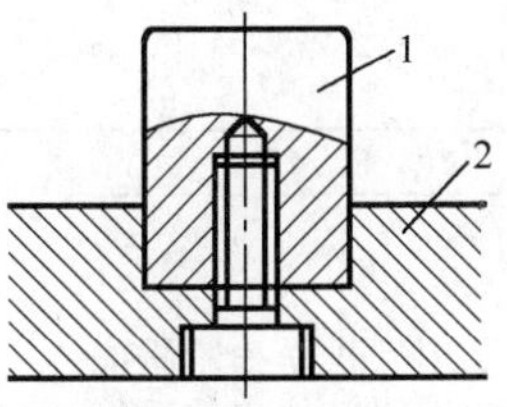 1．型芯 1 的装配端应倒角或倒圆 2．当固定板 2 的沉孔与型芯配合尺寸有偏差时，要按合模的相对位置确定修整方向和修整量，一般修整型芯较为方便
螺钉固定式型芯组装	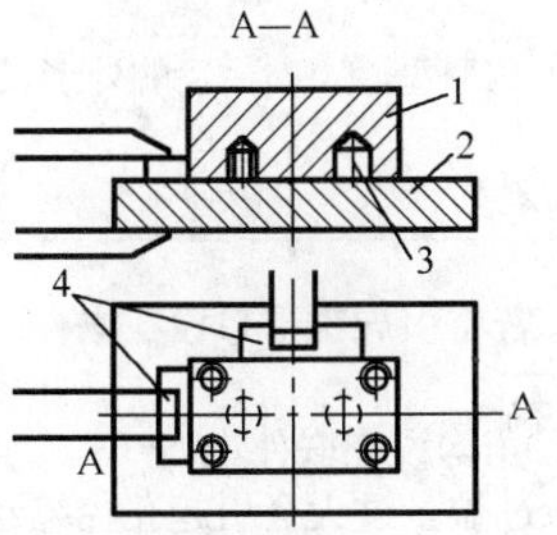 1．人型芯与固定板的连接，常采用螺钉和销钉 2．型芯的相对位置，可以导柱导套中心作基准或以模板侧面为基准来确定。具体方法如左图。用定位块 4 作为型芯位置的粗定位，用红丹粉将型芯上的螺孔位置复印到固定板上，然后钻孔、锪孔 3．对淬硬型芯上销钉孔，则在型芯的销钉孔位置压入不淬硬的销钉套3，待型芯准确定位后，再按固定板上相应的销钉孔位置钻、铰到销钉套上，销钉与销钉套的配合长度仅需 3～5mm，以便于拆卸型芯
螺纹联接式型芯的组装	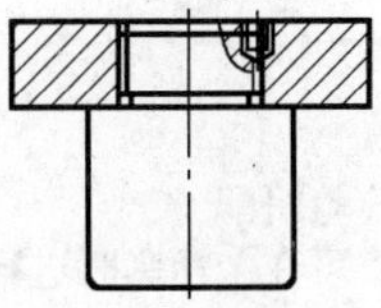 1．适用于圆形型芯的固定，具有模具紧凑、工艺简单的特点 2．不对称型芯的螺纹旋到终点时，型芯和固定板往往有角度偏差，此时可采用修磨固定板厚度或修磨型芯固定板台肩平面的方法进行调整，或在型芯位置固定好后再加工型芯的不对称型面 3．型芯固定好后，加工紧定螺钉孔（骑缝孔）用螺钉锁紧，防止型芯转动

装配简图	工艺要点
多型腔与模板的联接	1. 圆形型腔镶入模板孔中的相对位置，要求精确可靠，需要防转时，应装入防转销 2. 小型芯 2 以淬硬的定模板镶块 1 为组装基准，装配时用工艺销钉插入定模镶块的孔中，并套上镶块 4、型腔 3，确定型腔外形位置。根据确定的外形位置修整动模板，因此动模板上的孔应留有修整量，以供纠正孔的位置偏差 3. 小型芯固定板 5 上型芯固定孔，在型腔、镶块装配后，从镶块孔中引钻
型腔拼块的镶入	1. 所有拼合面要用红丹粉检验对研，检查贴合程度，在压入模板后应尽量避免再加工 2. 模板上拼块型腔的固定孔，一般要留有余量，以拼块拼合时的最终尺寸来修整，修整时型腔固定孔应垂直于基面，压入时经常检查垂直度，固定孔应保证型腔拼块镶入时有足够的过盈量 3. 为了在压入时平稳，不使拼块进入固定板有先后，压入时应在拼块上放一平垫块

② 过盈配合零件的装配工艺要点。见表 8-8。

表 8-8　　　　　　　　　　　过盈配合零件的装配工艺要点

装配简图	工艺要点
对拼模块导钉的装配	1. 对拼模块经热处理后，对拼面要用红丹粉检验研磨 2. 以型腔为基准，将两拼块合拢后用研磨棒修整导钉孔尺寸和孔距 3. 在一模块上压入导钉，另一模块用研磨棒将孔研到与导钉成 H7/h7 或 H8/k7 配合 4. 二模块以导钉定位，对拼合拢，修整型腔、对拼后的外形尺寸和锥度
精密件的压入	1. 引导锥形口一般设在模板上。若将引导锥形口设在嵌件上，则嵌件应加长，压入后再将引导锥部分磨去 2. 沉孔中压入嵌件，引导锥或圆角均设在嵌件上 3. 薄壁嵌件要严格控制过盈量，过盈量过大会引起孔径缩小。一旦孔径缩小时，可用研磨棒研正 4. 直径大、高度低的嵌件，不能采用引导锥而采用小圆角。压入时可用百分表测量嵌件端面与模板平面之间的平行度来间接检查垂直度。也可用导向芯轴 2 引导，模板 3 下垫等高块 4，将导套 1 压入模板
锥面配合件的压入	1. 对拼外锥面配合状态，用红丹粉检验研配 2. 对拼件型腔与模板孔的相对位置，可在未压紧时进行测量与调整 3. 锥面配合的预压力，由压入量控制 4. 压入件两端面均应留有余量，压入后再将两端面和模板一起磨平

③ 装配中的各种修整方法。

在注射模装配时，尽管各零件的制造公差限制较严，但局部组装后仍有一些部位可能没有达到装配技术要求，因此在装配过程中就需要对这些部位进行局部修整。修整可参照如下方法。

a. 当型腔端面与型芯端面出现间隙时，可修磨型芯固定板端面或修磨型芯的台肩面，在不拆下型芯的情况下，可修磨型腔端面均能达到消除间隙的目的。

b. 当型腔端面与型芯固定板之间出现间隙时，如型芯工作面为平面，可修磨型芯工作面；如小型模具可在型芯与固定板之间（台肩面）加垫等同间隙的垫片；如大中型模具，可在型芯固定板与型腔配合的表面加装垫板（一般适用于 2mm 以上厚度）。

c. 当型腔成型尺寸有误差时，这主要是指埋入式型芯修磨后要保证其成型尺寸。可修磨型腔或型芯固定板平面，但当其两配合表面有凹凸面时，可修磨型芯底面或加垫薄片调整误差。这种情况下，在零件加工时，型芯高度尺寸应留修正量，固定板沉孔深度应加工至下限尺寸。

d. 当型腔成型面贴合部位出现间隙时，如图 8-10 所示，修磨型芯斜面，使合模后型面互相贴合。小型芯斜面必须先磨成型，高度上留修磨余量，型芯装入合模后，使小型芯与定模型芯相接触，测出修磨量 $h'-h$，然后修磨小型芯。

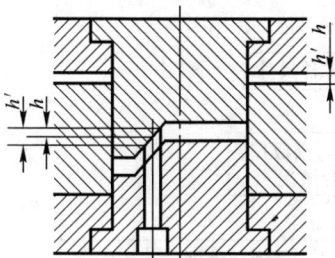

图 8-10 型芯贴合面修磨　　　　　　图 8-11 浇口套的修磨

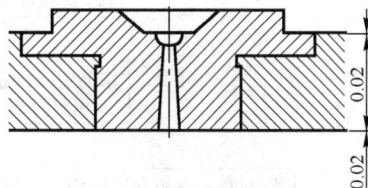

e. 浇口套的修磨。浇口套与定模板的装配一般采用过盈配合，装配后要求与模板配合紧密，与模板孔的定位台肩应配合无缝隙，并保证高出模板平面 0.02mm，如图 8-10 所示。修磨方法是先将浇口套压入模板后磨平，再拆下浇口套将模板磨去 0.02mm。

④ 导柱、导套的孔加工与装配。

模板上的导柱、导套孔的加工次序基本可分为两种情况：一种情况是以型腔、型芯为装配基准时，导柱、导套的安装孔加工应在完成型芯、型腔的组装后时进行；另一种情况是塑件结构形状使型芯、型腔在合模后很难找到相对位置，或者模具设有斜滑块抽芯机构时，通常先加工导柱、导套安装孔，将导柱、导套装配好作为模具的装配基准。

在未淬硬的模板上加工导柱、导套安装孔，可在坐标镗床上分别镗孔，或将动、定模板叠在一起用工艺销定位后，在车床或铣床上镗孔。

导柱与导套的配合间隙应控制在 0.02～0.04mm，要求滑动灵活、平稳。

导柱、导套与模板孔固定结合面之间不允许有间隙，一般导柱固定部分与模板安装孔的配合为 H7/k6；当采用台肩导套时，导套固定部分与模板安装孔的配合为 H7/k6；当采用直导套时配合为 H7/n6。

⑤ 顶杆装配加工。

一般顶杆在模具中只起顶出塑件的作用，所以顶杆的导向部分既要确保顶杆动作灵活，又要防止顶杆活动间隙过大而渗料。导向部分的配合一般采用 H8/h7 或 H8/h8。顶杆与顶杆固定板的装配间隙为 0.5mm，所以顶杆固定孔可采用引钻法加工。其顺序可参照如下：

型腔→（引钻）→支承板（引钻）→顶杆固定板

顶杆长度在装配时需配磨，应留有修磨余量。修磨后顶杆长度不允许低于型腔表面，应高于型腔表面 0.05~0.10mm。

复位杆长度允许修磨至低于分型面 0.02~0.05mm，而不允许高于分型面。

根据模具选用合适的工具，如铜棒和手锤，清理模具的毛刷是不能少的。模具通常就在钳工工作台上进行装配，对于大型模具，可用专门的模具翻转机械以方便模具的装配与翻转。模具装配中同样需要输运机械如吊车、叉车等。

（6）装配及配作图 8-1 塑料盒注射模

装配盒形注射模应在充分了解上述装配准备工作、装配方法、修整方法的基础上进行。装配要求如下。

① 模具上下平面的平行度误差不大于 0.05mm，分型面应紧密贴合。

② 顶件时顶杆、推板顶杆动作必须保持同步。上下模型芯必须紧密接触。装配时分型面作为模具的装配基准。

装配及配作过程简述如下：

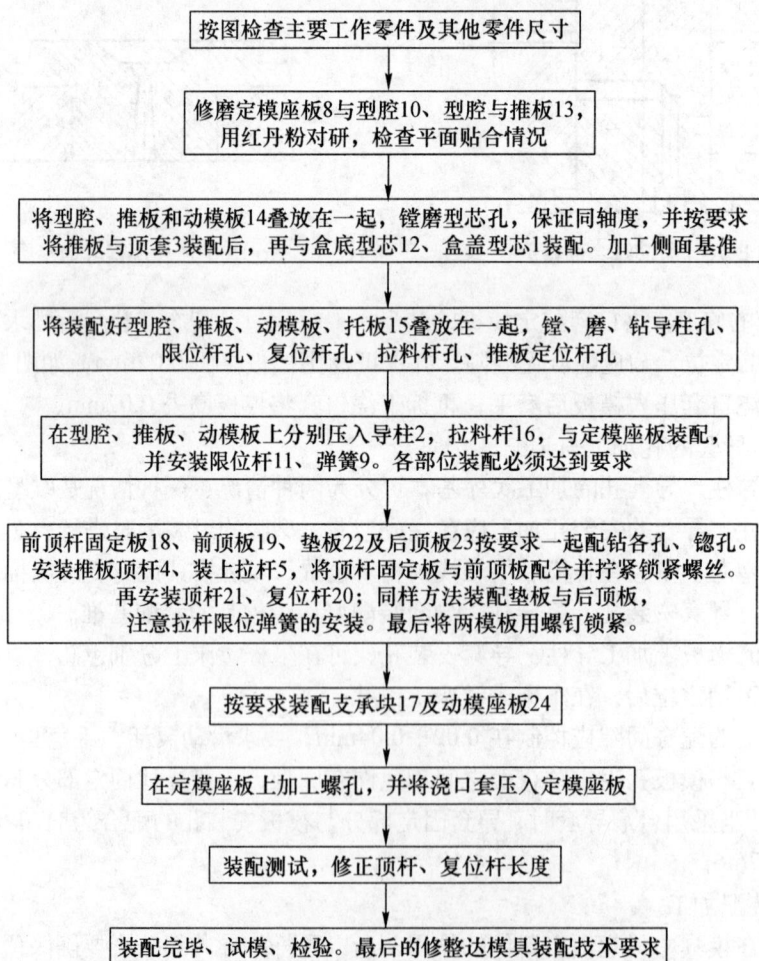

按图检查主要工作零件及其他零件尺寸

修磨定模座板8与型腔10、型腔与推板13，用红丹粉对研，检查平面贴合情况

将型腔、推板和动模板14叠放在一起，镗磨型芯孔，保证同轴度，并按要求将推板与顶套3装配后，再与盒底型芯12、盒盖型芯1装配。加工侧面基准

将装配好型腔、推板、动模板、托板15叠放在一起，镗、磨、钻导柱孔、限位杆孔、复位杆孔、拉料杆孔、推板定位杆孔

在型腔、推板、动模板上分别压入导柱2，拉料杆16，与定模座板装配，并安装限位杆11、弹簧9。各部位装配必须达到要求

前顶杆固定板18、前顶板19、垫板22及后顶板23按要求一起配钻各孔、锪孔。安装推板顶杆4、装上拉杆5，将顶杆固定板与前顶板配合并拧紧锁紧螺丝。再安装顶杆21、复位杆20；同样方法装配垫板与后顶板，注意拉杆限位弹簧的安装。最后将两模板用螺钉锁紧。

按要求装配支承块17及动模座板24

在定模座板上加工螺孔，并将浇口套压入定模座板

装配测试，修正顶杆、复位杆长度

装配完毕、试模、检验。最后的修整达模具装配技术要求

5．注射模具的试模及试注射

模具装配成功后，要进行试模。试模及试注射是为了检验所设计的模具质量是否达到要求，是否存在缺陷，经过试模可以检验注射工艺系统的运行情况，确定正式注射生产的最合适的工艺参数。通过试模及试注射可以提供修正模具及整个注射工艺系统的依据。

（1）模具注射机的选用

要根据模具设计所确定的塑料、注射成型方法、注射工艺等进行选择。需注意以下几点。

① 最大注射量的校验。注射机最大注射量要大于塑件质量及浇注系统产生的废料。

② 注射压力要大于塑件注射所需的实际压力。

③ 注射机最大注射速率应大于塑件成型所需要的注射速率。

④ 加料方式、料筒温度与喷嘴温度应满足塑化要求。

⑤ 浇口套浇口要与喷嘴前端的孔径与球面半径匹配。

⑥ 锁模力、开模力校核。锁模力要大于塑件成型实际注射压力与注射压力损失系数（一般为 0.34~0.69）和塑件、浇注系统在分型面上的投影面积（m^2）的积。

⑦ 模具闭合高度及开模行程的校验。

装入模具应满足要求：$H_{min} \leqslant H_m \leqslant H_{max}$、$H_m > L_{min}$，如果模具的厚度小于规定的 H_{min}，装模时应加垫板。（H_{min}：可装模具最小厚度；H_m：模具的闭合高度；H_{max}：可装模具的最大厚度；L_{min}：注射机模板间最小开距）

⑧ 顶出装置与顶出行程的选择符合模具顶出要求，其行程达到脱模时注射机所能达到的最大行程范围之内。

选择好注射机后，应对注射机空程试验，以确定注射机的完好状态。

（2）模具的安装

模具的安装是将模具从制造地点运至注射机所在地并安装在注射机的过程。在安装过程中要注意人身安全，以及确保模具和设备在调试中不受损坏。

在模具安装时，要装注射机按钮选择在"调整"的位置上，使机器的全部功能处于调试者手动控制之下。在吊装模具时，要将电源关闭，避免接触开关时产生突然动作引起意外事故。

① 模具在试模安装前，其操作者应对该模具的基本结构、动作过程及注意事项了解清楚。

② 依照模具装配图对模具外形尺寸等检查核实。如模具总体高度及外形尺寸是否符合已选定的注射机的尺寸要求；模具闭合后有无吊环或吊环孔，其是否处于平衡状态；模具闭合状态必须有锁紧板，以防吊装模具开启，造成意外事故发生。

③ 调整锁模机构。

④ 模具的吊装。一般吊装需要 2~3 人或更多人操作，这取决于模具的大小。吊装最好是整体吊装，如受条件限制，也可以分体吊装。吊装操作方式有如下说明：

a．注意模具安装方向。在模具总图上，一般以吊装方向为图样上主视图的上方，也有另标示出起吊方向和位置的。

b．吊装方式。一般将模具从设计上方吊进设备拉杆模板之间。如模具水平方向尺寸大于拉杆间水平距离时，可以采用从设备拉杆侧面滑进的方法（适用于中小模具），或是将模具长方向平行于拉杆轴线（模厚小于拉杆水平距离），吊入拉杆之间后，旋转 90°，即可使模具定位环与设备定位孔吻合，这时模具短方向尺寸必须小于拉杆垂直方向的距离。

c．模具的整体吊装。将模具吊入设备拉杆模板之间后，调整方位，使定模上的定位环进入固定板上的定位孔，并且放正，慢速闭合动模板，然后用压板或螺钉压紧定模，并初步固定动模，再慢速微量开启动模 2～5 次，检查模具在启闭过程中是否平稳、灵活，有无卡住现象，最后固定动模板。

d．模具分体吊装。先将定模部分吊入模板及拉杆之间，定位找正，使定模环进入定位孔后用螺钉压紧，然后将动模部分吊入，依靠模具导柱、导套等将动模部分与定模部分闭合，设备动模机构以微量前推，闭合后，初步压紧动模部分。后续操作同前。

e．人工吊装。中小型模具可以采用人工吊装，一般从设备侧面装入，在拉杆上垫两块木板，模具滑入。需注意保护合模装置和拉杆，防止拉杆表面拉伤。

⑤ 模具的紧固，即模具安装使用螺钉紧固的方式。

a．紧固螺钉的数量。采用螺钉将模具紧固在设备模板上，要求平稳可靠。中小型模具（注射量在 $500cm^3$ 以下设备所使用的模具）采用四块压板压紧动模或定模。大中型模具则要采用六块或八块压板压紧。压板分布应尽量对称，受力均匀。大型模具紧固时，模具下方要加支承压板，螺钉距模具与支承块中间的位置要合适，避免压板工作点受力不足。

b．紧固螺钉的选用。紧固螺钉一般选用普通六角螺钉和内六角螺钉，其规格大小依设备模板孔尺寸来定。使用普通六角螺钉安装方便，需注意压脚处要有足够的空间进行拧紧，尤其是直接紧固形式时，只有在压紧空间受限制时，才考虑使用内六角螺钉。

⑥ 模具空循环试验。模具主体安装在注射机后，要进行空循环试验，其目的在于检验模具上各运行机构是否灵活，定位装置是否能够有效起作用。

首先，对顶出距离进行调节。模具紧固后，慢速开启模具，直到动模板停止后退，将注射机上顶出机构的顶出杆位置调节到使模具的顶出板和动模板之间的间隙尚有不小于 5mm 的间隙，做到既能顶出制件，又能防止损坏模具。对于依靠顶出力和开模力实现抽芯的模具，应注意顶出距离和抽芯机构工作协调，以保证动作起止、定位、行程的准确，避免发生干涉现象。

其次，要观察锁模松紧程度，对于全液压式合模机构，锁模的松紧度只要观察锁模力是否在预定的工艺范围内即可。对于液压肘杆式合模机构，可以根据锁模压力大小或经验来判断。通常既要保证锁模后注射不产生飞边，又要保证有足够的排气间隙。控制锁模力的大小，一方面要防止模具被挤压过量，另一方面也要避免锁模力过大，使设备模板上产生很大的集中压力，从而引起模板金属塑性变形，产生凹坑。

⑦ 模具配套部分的安装。当模具主体部分安装在注射机上以后，通过空循环运行确认正常，就可以进行配套部分的安装。配套部分主要包括：热流道元件及电气元件的接线；电控部分的调整；液压回路连接；冷却水路的连接等辅助部分的安装。

（3）注射机喷嘴的调整及注料

调整喷嘴与模具浇口套的接触应力，以使喷嘴与浇口套之间不漏料。并根据塑件设计要求将塑料注入注射机的料斗。

（4）试模、试注射

① 模具预热。

模具安装完毕，需对模具预热，一般有两种方法：一是利用模具本身的冷却水道，通入热水进行加热；二是外加热法，将铸铝加热板安装在模具外部，从外向内进行加温，这种方法加热较快。

对于中小模具，可以通过注射料的热量来提高模温，采用注射不困难的原料是无需进行模具预热的。

② 确定注射工艺参数。

不同的塑料有不同的工艺要求（可查相关手册），通过上述步骤确定模具安装、模具结构、塑件设计均无任何缺陷差错，即应对塑件成型相关工艺参数进行设置，并开启设备所有相关控制系统，使注射机处于待注射状态。同时启动料筒加热及模具的预热（如需预热时）。相关工艺参数的设置如下。

a．料筒温度的设置。料筒温度要大于塑料的流动温度（熔点），小于塑料的分解温度。以图 8-1 小塑料盒注射模成型为例。材料为 PS，其温度参数如下。

料筒温度：后段（140°～160°），中段（160°～170°），前段（170°～220°）

喷嘴温度：165°～170°

预热温度：60°～75°

b．注射压力。注射压力应适宜，太高，易产生内应力、溢料、脱模困难、塑件变形等；太低，塑料流动性下降、成型不足、产生气泡、凹痕和波纹等。

注射压力：60～110 MPa

c．速度（或时间）。

塑料预热时间：2～3h。

塑盒注射时间：5～10s。

闭模锁模时间：10～20s。

螺杆转速：48r/min。

开模速度：不可过快。

顶出速度：顶出速度过大，则塑件容易产生变形。

通过以上工艺参数的设定，使注射工艺系统达到可以注射的状态。

当料筒中的塑料达到熔融状态及模具达到预热的温度时，可以进行试模、试注射。注射机操作回路如下：

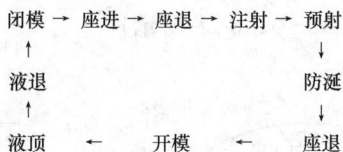

```
闭模 →  座进  →  座退  →  注射  →  预射
 ↑                                     ↓
液退                                  防涎
 ↑                                     ↓
液顶   ←   开模   ←   座退
```

观察试注射成型塑件质量情况，找出原因，不断调整注射工艺参数，直至注射出合格的制件为止。如塑件成型质量原因在模具上，则应卸下模具进行修整，然后装上再试。

8.1.2 塑料模技能训练

1．实训课题材料

件号	名称	规格（mm）	数量	件号	名称	规格（mm）	数量
1	定位圈	$\phi 70 \times 12$	1	10	推杆固定板	$140 \times 78 \times 8$	1
2	浇口套	$\phi 40 \times 34$	1	11	推板	$140 \times 78 \times 8$	1

件号	名称	规格（mm）	数量	件号	名称	规格（mm）	数量
3	定模板	$160 \times 160 \times 25$	1	12	限位钉		2
4、16	导柱	$\phi 11 \times 40$	2	13	动模座板	$160 \times 160 \times 15$	1
5	复位杆	$\phi 11 \times 43$	1	14	型芯	$\phi 10 \times 95$	2
6、18	导套	$\phi 41 \times 16$	1	15	推杆	$M8 \times 25$	4
7	型芯固定板	$140 \times 140 \times 15$	1	17	拉料杆	$\phi 6 \times 45$	1
8	支承板	$140 \times 140 \times 10$	1	19	圆柱销	$\phi 8 \times 60$	4
9	垫块	$140 \times 30 \times 30$	2	20	螺钉	$M8 \times 60$	4

2. 实训工件图

（1）塑料模装配图（如图 8-12 所示）

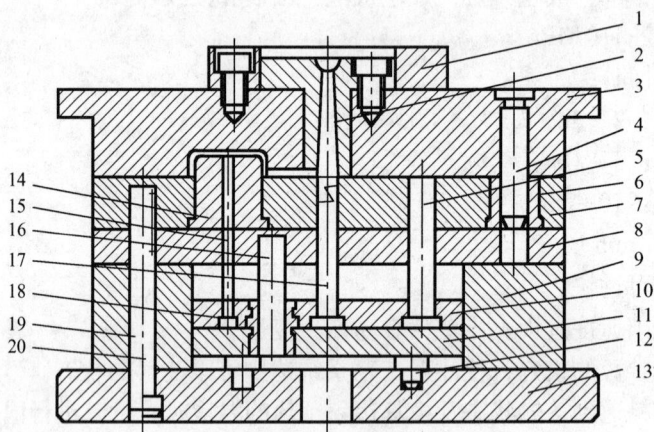

图 8-12 装配图

（2）塑料模零件图（如图 8-13~图 8-28 所示）

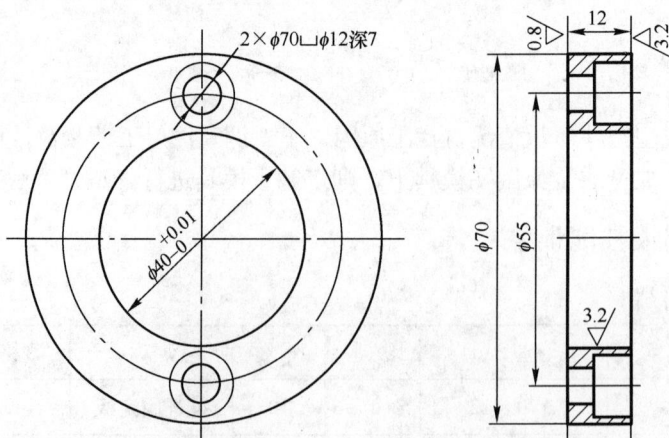

图 8-13 件 1 定位圈（材料：45 钢，调质：HRC23~26）

其余 3.2

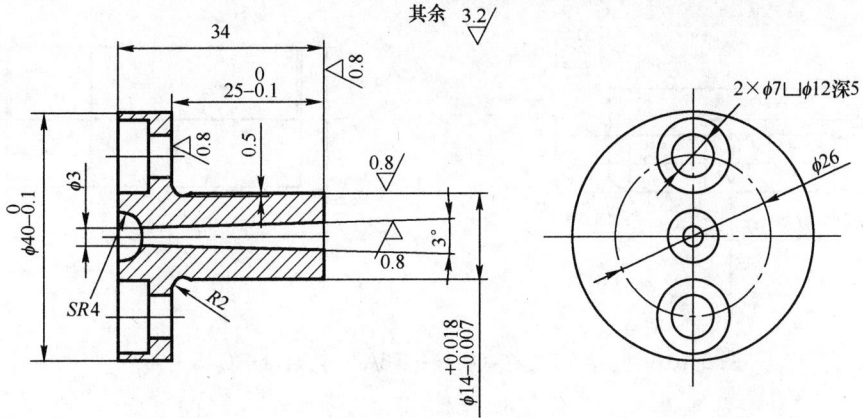

图 8-14　件 2　浇口套（材料：T8A，淬硬：HRC55～57）

其余 1.6

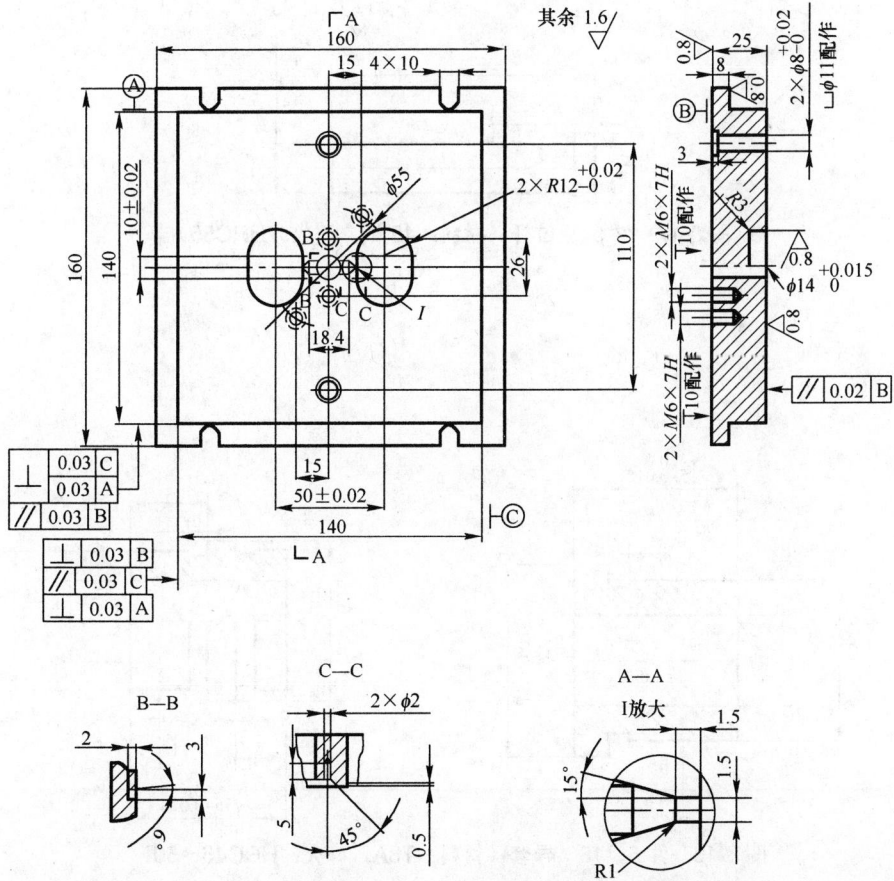

图 8-15　件 3　定模板（材料：CrWMn，淬硬：HRC58～62）

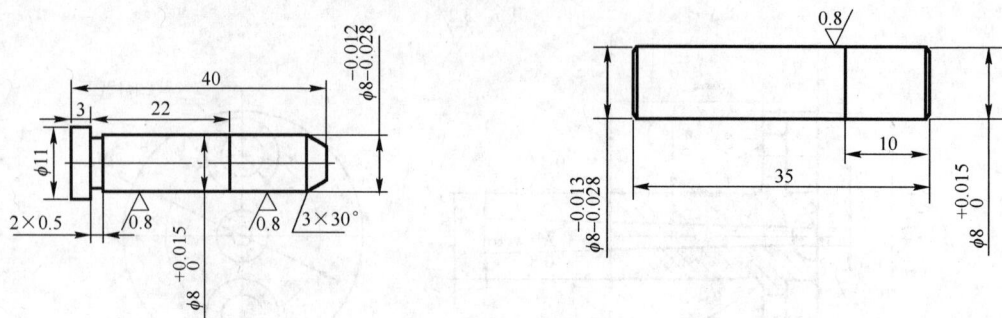

图 8-16　件 4、16 导柱（材料：T8A，淬火：HRC45～50）

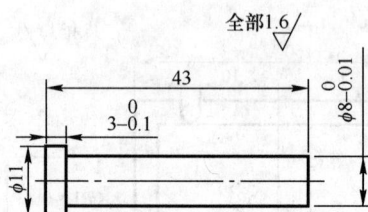

图 8-17　件 5 复位杆（材料：45 钢，淬火：HRC55）

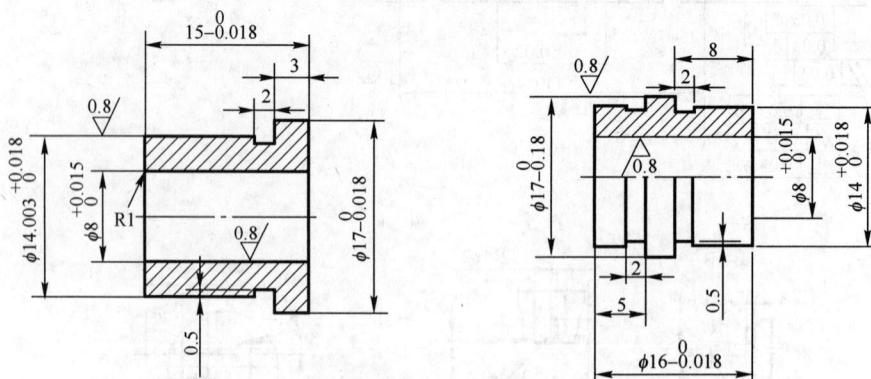

图 8-18　件 6、18　导套（材料：T8A，淬火：HRC45～50）

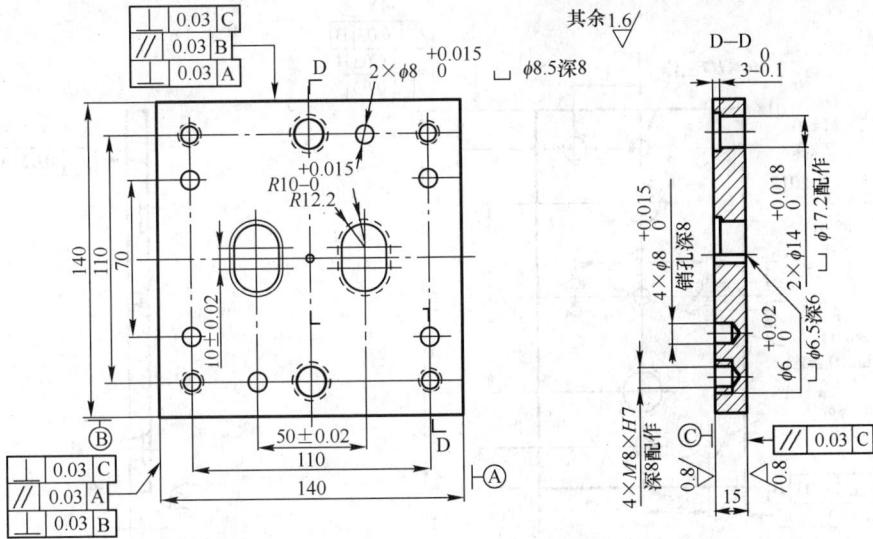

图 8-19 件 7 型芯固定板（材料：45 钢，调质：HRC23～26）

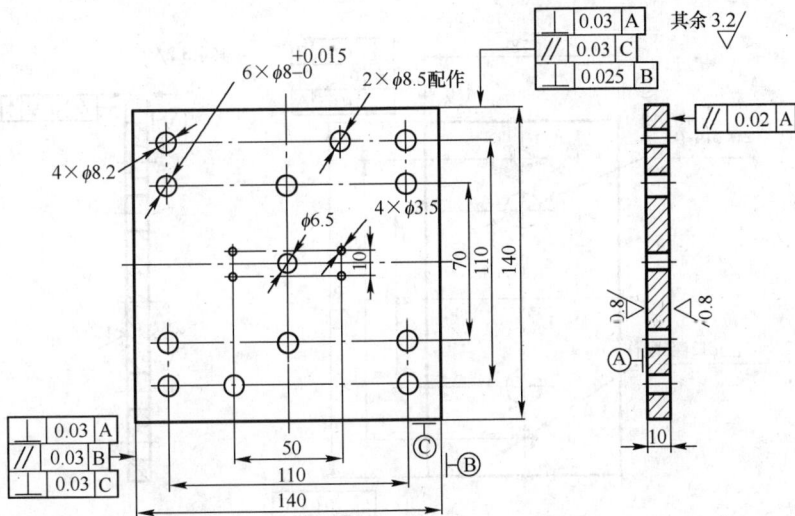

图 8-20 件 8 支承板（$4 \times \phi 8.2$mm 孔与型芯固定板配作，$6 \times \phi 8_0^{+0.015}$mm 销孔分别
与型芯固定板、动模座板配作，保证各形位公差；材料：45 钢，调质：HRC23～26）

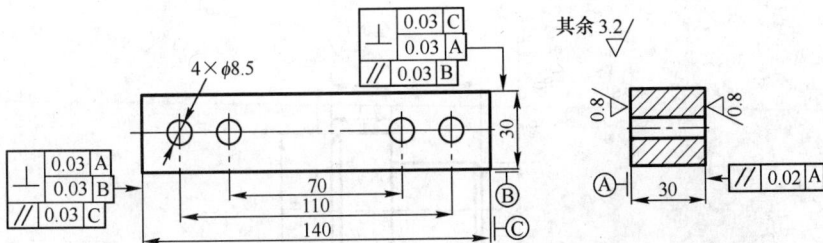

图 8-21 件 9 垫块（材料：45 钢，调质：HRC23～26）

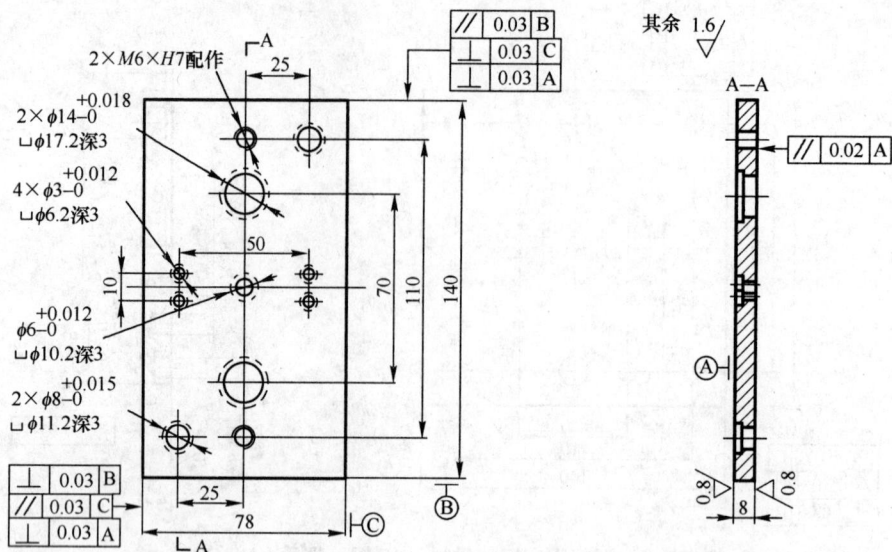

图 8-22　件 10　推杆固定板（材料：45 钢，淬火：HRC45～50）

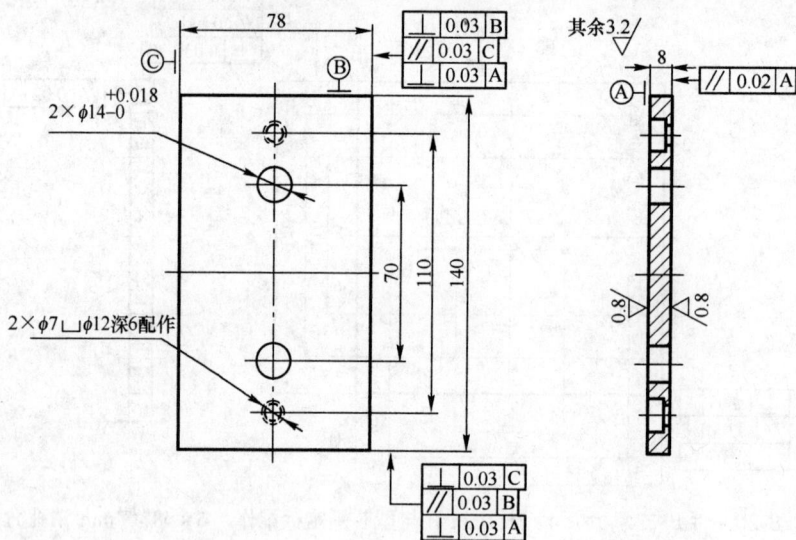

图 8-23　件 11　推板（材料：45 钢，淬火：HRC45～50）

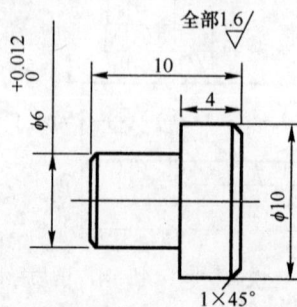

图 8-24　件 12　限位钉（材料：45 钢，淬火：HRC45～50）

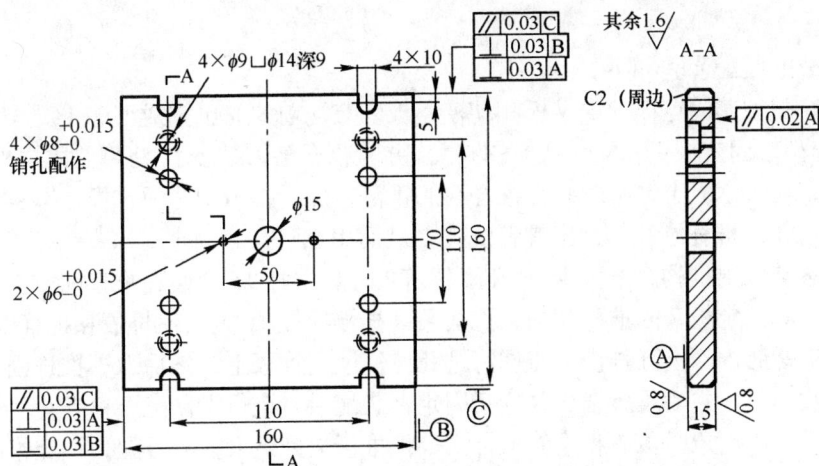

图 8-25 件 13 动模座板（材料：45 钢，调质：HRC23～26）

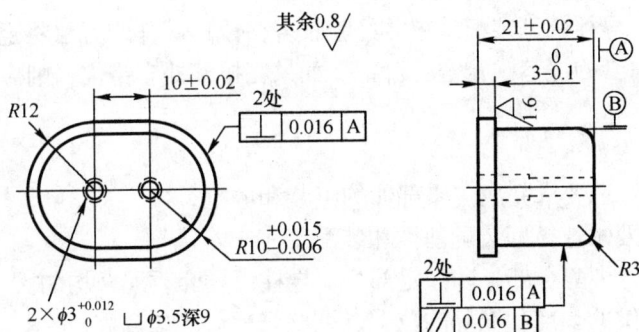

图 8-26 件 14 型芯（材料：CrWMn，HRC58～62，保证各形位公差）

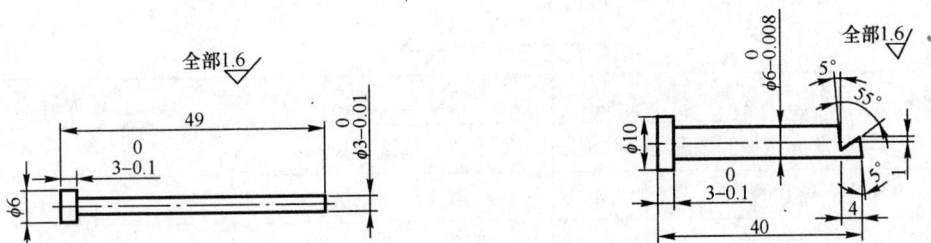

图 8-27 件 15 推杆（材料：45 钢，淬火：HRC55）   图 8-28 件 17 拉料杆（材料：45 钢，淬火：HRC45～50）

3. 椭圆盒塑料模加工与装配工艺程序

① 定模板的型腔孔在完成工件的外形加工后，进行电火花成型加工。

② 所有零部件都可由学生个人（或小组）自编模具零部件加工工艺，并完成各零部件的钳加工，最后装配成"微型塑料模"。

③ 装配工艺程序如下。

a．精修定模及型腔。用油石修光型腔表面，控制型腔深度，抛研分型面。

b．装配型芯。将型芯固定板组装，装配后，型芯外露部分应符合图样要求。

c．装配导柱、导套。将导柱、导套分别压入定模板、型芯固定板、支承板和推杆固定板。

d．装配浇口套。用虎钳或压力机将浇口套压入定模板，并配钻螺钉孔。

e．装配推出机构。将推杆或复位杆与推杆固定板及推板组装。

213

f. 总装。

动模部分的装配步骤如下。

第一，装配型芯固定板、支承板和动模座板。装配前，先已完成型芯 14，导柱 4、16，拉料杆 17 与型芯固定板 7 和支承板 8 的装配，并验收合格。装配时，将型芯固定板上的螺孔、推板孔定位，在支承板上钻出螺孔、推杆孔的锥窝，然后拆下型芯固定板，以锥窝为定位基准钻出螺钉过孔、推杆过孔和锪出螺钉沉孔，最后用螺钉拧紧固定。

第二，总装推出机构。推板 11 放在限位钉上，将推杆 15 套装在推杆固定板上的推杆孔内，并穿入型芯固定板 7 的推杆孔内，再套装到推板导柱 16 上，使推板和推杆固定板重合，在推杆固定板螺孔内涂上红丹粉，将螺钉过孔位复印到推板上，然后取下推杆固定板，在推板上钻孔并攻螺纹，之后重新合拢并拧紧固定。装配后，进行滑动配合检查，经调整使其滑动灵活，要无卡阻现象。最后将推件板拆下，把推板放到最大极限位置，检查推杆在型芯固定板上平面露出的长度，将其修磨到与型芯固定板上平面对齐或低 0.02mm。

定模部分的装配步骤如下。

总装前浇口套、导柱都已装配结束并经验收合格。用同样的方法将定位圈装在定模板 3 上，检查型腔和浇口套的浇道锥孔是否对正。如果在接缝处有错位，则应进行铰削修整，使其光滑一致。

④ 装配技术要求如下。

a. 按装配图和工艺要求完成各零部件的组装和调整。

b. 按装配工艺要求选择好装配基准和装配工序。

c. 按要求调整好各配合部分和固定部分，导柱、导套要配合均匀。

d. 推杆要有足够的长度和准确的位置，调整好后应均匀紧固。

4. 实习记录与成绩评定

实习记录与成绩评定表见表 8-9。

表 8-9　　　　　　　　　　　　装配实习记录与成绩评定

项次	项目与技术要求	配分	评定方法	实测记录或得分
1	型芯与型芯固定板的装配	15	测量	
2	导柱、导套的装配	8	用红丹粉涂试	
3	浇口套的装配	7	需略高于模板 0.02	
4	推出机构装配	15	测量	
5	总装	30	总体评定	
6	准备工作充分	5	每缺一项扣 1 分	
7	装配过程安排	5	安排不合理每一处扣 1 分	
8	装配质量符合技术要求	10	发现一项不符合要求扣 2 分	
9	安全文明生产	5	违者全扣	

参 考 文 献

[1] 殷铖，王明哲. 模具钳工技术与实训[M]. 北京：机械工业出版社，2007.
[2] 屈华昌. 塑料成型工艺与模具设计[M]. 北京：机械工业出版社，2008.
[3] 王芳. 冷冲压模具设计指导[M]. 北京：机械工业出版社，2008.